JN213611

農林水産・食品ビジネス法務

投資・融資におけるポイント解説

編 | 長島・大野・常松法律事務所
農林水産・食品プラクティスチーム

編著 | 弁護士 笠原康弘 　 弁護士 宮城栄司
弁護士 宮下優一 　 弁護士 渡邉啓久
弁護士 鳥巣正憲 　 弁護士 岡　竜司

商事法務

　本書は、長島・大野・常松法律事務所の農林水産・食品ビジネス法務チームが執筆した書籍である。

　従来、1次産業として位置付けられてきた農林水産分野が、今日、国の政策も含め、大きな変革を迎えている。また、ESG投資が拡大する中、農林水産分野も、ESGの観点から再構築が求められている。こうした時代の変容に伴う農林水産ビジネスの変革に伴い、法務のあり方も大きく様変わりしており、企業法務の総合法律事務所としての長島・大野・常松法律事務所が有するファイナンス、コーポレート・M&A、テック、知的財産、ヘルスケア・ライフサイエンス、環境法、再生可能エネルギー・インフラ・不動産、競争法、通商、労働法、人権、外資規制等に関する知見を用いる余地が大きいと考えている。これまでも農林水産および食品に関係する法令を個別に概説した書籍は刊行されているが、投融資の視点から農林水産および食品ビジネスに関する法務全般を一気通貫で記した書籍は稀有であった。本書は、農林水産および食品ビジネスを投融資の対象として検討を行う金融機関や事業会社を念頭に置きつつ、上記知見を活用しながら、個々の法律の概説書では決して表現することのできない、実務目線かつ体系的な農林水産・食品ビジネス法務を執筆することを目指した。なお、本書に含まれる見解は、執筆者の現時点における個人的な見解であり、現在所属しているまたは過去に所属した組織の見解ではないことを申し添える。

　本書の執筆者の多くは、「i-Project」という、新規分野の開拓や課題解決等につながるチャレンジを事務所が積極的に応援するincubation/innovationプロジェクトに参加している弁護士である。変革期を迎えている農林水産分野についても、事務所の総合力を発揮していきたいと考えている。

　最後に、本書の出版に当たっては、執筆者の所属する長島・大野・常松法律事務所のスタッフにも多大なご協力をいただいた。また、本書の出版機会というご縁をいただいた上、早期の出版に向けて周到な準備や執筆者らの無理難題へのご対応等をはじめ多くのご支援をいただいた株式会社商事法務の

辻有里香氏および澁谷禎之氏に大変お世話になった。この場を借りて本書の出版にご協力いただいた皆様に感謝を申し上げる。

2025年1月

執筆者を代表して

長島・大野・常松法律事務所

弁護士　笠原康弘、宮城栄司、宮下優一、渡邉啓久

目　次

目　次

◇凡　例

略　　称	正式名称
GI 法	特定農林水産物等の名称の保護に関する法律
JAS 法	日本農林規格等に関する法律
安衛則	労働安全衛生規則
安衛法	労働安全衛生法
温対法	地球温暖化対策の推進に関する法律
化製場法	化製場等に関する法律
家畜排せつ物法	家畜排せつ物の管理の適正化及び利用の促進に関する法律
再エネ海域利用法	海洋再生可能エネルギー発電設備の整備に係る海域の利用の促進に関する法律
外為法	外国為替及び外国貿易法
技能実習法	外国人の技能実習の適正な実施及び技能実習生の保護に関する法律
牛トレーサビリティ法	牛の個体識別のための情報の管理及び伝達に関する特別措置法
漁港法	漁港及び漁場の整備等に関する法律
クリーンウッド法	合法伐採木材等の流通及び利用の促進に関する法律
景品表示法	不当景品類及び不当表示防止法
古都保存法	古都における歴史的風土の保存に関する特別措置法
再エネ特措法	再生可能エネルギー電気の利用の促進に関する特別措置法

凡　例

略　称	正式名称
飼料安全法	飼料の安全性の確保及び品質の改善に関する法律
事業性融資推進法	事業性融資の推進等に関する法律
自賠法	自動車損害賠償保障法
種の保存法	絶滅のおそれのある野生動植物の種の保存に関する法律
食鳥処理法	食鳥処理の事業の規制及び食鳥検査に関する法律
食品リサイクル法	食品循環資源の再生利用等の促進に関する法律
食品ロス削減推進法	食品ロスの削減の推進に関する法律
鳥獣保護法	鳥獣の保護及び管理並びに狩猟の適正化に関する法律
直投命令	対内直接投資等に関する命令
直投令	対内直接投資等に関する政令
都会の木造化推進法	脱炭素社会の実現に資する等のための建築物等における木材の利用の促進に関する法律
投資円滑化法	農林漁業法人等に対する投資の円滑化に関する特別措置法
特定農山村法	特定農山村地域における農林業等の活性化のための基盤整備の促進に関する法律
特定農地貸付法	特定農地貸付けに関する農地法等の特例に関する法律
独占禁止法	私的独占の禁止及び公正取引の確保に関する法律
内水面漁業振興法	内水面漁業の振興に関する法律
入会林野近代化法	入会林野等に係る権利関係の近代化の助長に関する法律
農業組合法	農業協同組合法

略　称	正式名称
農山漁村活性化法	農山漁村の活性化のための定住等及び地域間交流の促進に関する法律
農山漁村再エネ法	農林漁業の健全な発展と調和のとれた再生可能エネルギー電気の発電の促進に関する法律
農山漁村余暇法	農山漁村滞在型余暇活動のための基盤整備の促進に関する法律
農山漁村余暇法施行規則	農山漁村滞在型余暇活動のための基盤整備の促進に関する法律施行規則
農振法	農業振興地域の整備に関する法律
農地バンク法	農地中間管理事業の推進に関する法律
農用地土壌汚染防止法	農用地の土壌の汚染防止等に関する法律
廃棄物処理法	廃棄物の処理及び清掃に関する法律
肥料取締法	肥料の品質の確保等に関する法律
米穀新用途利用促進法	米穀の新用途への利用の促進に関する法律
みどりの食料システム法	環境と調和のとれた食料システムの環境負荷低減事業活動の促進等に関する法律
薬機法	医薬品、医療機器等の品質、有効性及び安全性の確保等に関する法律
立木法	立木ニ関スル法律
労基法	労働基準法
労務費価格転嫁指針	労務費の適切な転嫁のための価格交渉に関する指針

◇序章　本書の視点

　農林水産および食品ビジネスは、人々の生活にとって不可欠な食料システムの礎である。しかし、国内においては今日の少子高齢化に伴い、供給面では農林水産業の担い手不足、需要面では食品分野を含めた国内市場の縮小といった大きな問題を抱えている。同時に、食料安全保障の強化、気候変動・脱炭素化への対応、災害レジリエンスの向上など、様々な社会的課題にも直面している。こうした状況を打開すべく、農林水産業の6次産業化、海外輸出の促進、スマート農林水産業やDXの導入をさらに進め、食品の安定供給の確保および農林水産業の持続可能な発展を構築することが求められている。こうしたなか、近時は、これまで農林水産・食品分野とは関わりのなかった企業が新たに投資を行い事業参画する例も増加している。

　従来、農林水産と食品に関する法律の諸問題といえば、個々の規制法の解釈・適用の問題が典型的であった。たとえば、農地法上の農地転用許可、食品衛生法上の営業許可制度の規律などがそれであり、ある意味、古典的な規制法の解釈が中心的な課題とされてきたといっても過言ではない。しかしながら、新しい時代の農林水産および食品ビジネスにおいて、法務を最大限活用するという視点でみた場合、農林水産と食品ビジネスに関する法務のあり方は大きく様変わりするはずである。たとえば、スマート農林水産業やフードテックの活用、遺伝子・ゲノム関連技術の開発、食料安全保障の確保、ブランディングや海外輸出戦略、カーボンニュートラルや生物多様性保護の潮流の中での事業活動のあり方、投資判断における企業情報開示の利用促進など、農林水産および食品ビジネスを発展させていく上では、個々の規制法の理解だけでは到底対応しきれない法務問題に直面するであろう。

　本書は、農林水産および食品ビジネスを投融資の対象として検討を行う金融機関や事業会社を念頭に置きつつ、事業参入のために最低限押さえておくべき基本的かつ古典的な規制法の概要に触れながらも、新しい時代の農林水産・食品法務の重要テーマを扱うことを主眼とする。

　1章では、まず導入として、グリーンフィールド投資のように農林水産お

よび食品ビジネスを新規に自社で開拓・参入するに際して理解しておきたいルールを中心に取り扱う。ただ、それに留まらず、農業、漁業、林業、食品ビジネスの現状がどのようになっているのか、投資に当たっていかなる視点を持つことが有益か、また、留意すべき法的論点は何か、といった内容を概説する。

2章では、農林水産・食品事業へのもう一つの典型的な参入方法として、M&Aにより既存ビジネスへ参入する場面を取り扱う。ここでは、M&Aの手法のほか、外資規制、法務デュー・ディリジェンス、契約条項のポイントなど、実務家目線で、農林水産・食品事業のM&Aのあり方を実践的に概説する。

3章では投資家・金融機関がファイナンスを行う場面を取り扱う。変革が求められている農林水産および食品ビジネスにおいて、その変革を支えるための資金供給の方法も従来型のものから新しいものが検討されてよいはずである。伝統的な金融手法にも触れつつ、今後発展していくことが期待される新しいファイナンス手法や論点を議論する。また、昨今において、ファイナンスとESG・サステナビリティは密接に関係していることから、インパクトファイナンスやサステナビリティ情報開示についてもここで解説する。

4章では、実務的な視点から、投融資を実行した後で投資融資先が遭遇し得るコンプライアンス上の問題や危機対応について取り扱う。具体的には、他の業種とは異なる配慮が必要となる農林水産業における労働法や人権の問題、食中毒等の食品の安全性確保と問題発生時の危機対応、独特なサプライチェーンを有する農林水産業における独占禁止法上の論点を取り挙げる。

5章では様々な投資テーマに着目する。近時注目されている投資領域であるフードテック、DX、バイオテクノロジー、再生可能エネルギー、地域創生というバラエティ豊かな新しいテーマについて、法規制が追いついていないものや実務上悩ましい問題も含め、発展的な内容を取り扱う。

6章は、将来の農林水産および食品ビジネスのあり方や投融資先の企業価値の向上を考える上で不可欠となる、農林水産・食品ビジネスのグローバル進出のための、外国企業との合弁事業や海外でのライセンスビジネス、海外との関わりにおいて課題となる通商問題を取り扱う。

　以上のとおり、本書は、農林水産および食品ビジネスに伝統的な投融資を行う場合の取引上の法的留意点を述べるに留まるものではない。むしろ、そのような説明は最小限に留めた上で、農林水産および食品ビジネスを取り巻く環境や様々な社会的課題を背景に、投融資やその実行後の各局面における法務上の新しいテーマを取り扱うものである。

第1章　農林水産・食品ビジネスへの新規投資

◇Ⅰ　農業

1　農業ビジネスの現状と投資の視点

　昨今、ロシアによるウクライナ侵攻により小麦価格が世界的な急騰をみせた。わが国では円安の影響も加わって輸入小麦の政府売渡価格は歴史的高水準となり、パンや麺類の値上げを引き起こす形で家計を直撃した。小麦価格の高騰は一旦落ち着きをみせたものの、世界的に安全保障リスクが高まるなか、今後もわが国が輸入に頼っているあらゆる食料にこうしたリスクが生じ得ることはいうまでもなく、一刻も早い食料の国内生産の強化が待たれる。

　他方、わが国のカロリーベースの食料自給率は2010年に40％を割り込んでからなおも横ばいまたは緩やかな減少傾向が続いている。また、基幹的農業従事者の平均年齢は68.7歳に達する等、農業生産者の高齢化が著しく進行するなか、物価高の流れを受けた農業機械や資材の高騰も影響し、全国的に離農が進んでおり、今後も回復の見込みは乏しい[1]。

　こうしたなか、新たな農業の担い手となる企業や若手農業者の参入を支援することは急務であり、投資家による農業分野への積極的な投資は極めて有効な支援策となる。また、農業分野で顕著な零細固定型の営業形態は転換期を迎えているが、未だ国内の営農主体は個人経営が大半を占めており、投資により強大な生産能力を有する農業経営体の構築に成功すれば、経営の効率

1）農林水産省ウェブサイト（URL：https://www.maff.go.jp/j/tokei/sihyo/data/08.html）

化による経費の削減・平準化が見込まれ、利益率の大幅な上昇が期待される。

　このように、農業分野への投資はわが国の食料安全保障の維持・強化に大きく資するばかりか、投資メリットの観点でも大きな可能性を秘めている。本節では、新規農業参入企業や、新たに法人化して経営拡大を目指す農業者等を支援する投資家として理解しておくべき、法人による農業参入に当たっての法規制や活用できる公的支援等について概説する。

2　農業法人の設立

(1)　農業法人の種類

　農業を行うことに許認可・登録等の規制はなく、自由に行うことができるが、後述する農地法の適用下において、農地の所有権、賃借権等を取得し、農地を利用することができる農業法人は、大きく分けると、農業組合法72条の10第1項2号に基づく農業経営農事組合法人[2]と、農業を営む会社法人（株式会社および持分会社）に分類される。上記以外の法人は農地に係る権利を取得することは認められない。そのため、農地を使用して農業生産を営む法人を設立するためには、これらのうちいずれかを選択する必要がある。

　農業経営農事組合法人と株式会社の違いを図表1-1に示す。

[図表1-1] 農業経営農事組合法人と株式会社の違い

	農業経営農事組合法人	株式会社
根拠法	農業組合法	会社法
事業の範囲	農業の経営[3] および付帯する事業（農業組合法72条の10）	事業全般 （定款に定めた目的の範囲内）
従業員	組合員および同一世帯の者ではない常時従事する者の人数が、全体の三分の二を超えてはならない（農業組合法72条の12）	法律上の制限なし

2）農事組合法人には、農業組合法72条の10第1項1号に基づき、農業に係る共同利用施設の設置や農作業の共同化に関する事業を営む法人（いわゆる「1号法人」）も存在する。

5

社員／組合員の資格	農民等[4]（農業組合法72条の13）	法律上の制限なし
役員の資格	理事：農民である組合員 監事：理事以外の者 （農業組合法72条の17）	取締役・監査役：自然人[5]（会社法331条1項、335条1項）
議決権	組合員一人につき一議決権（農業組合法72条の14）	原則、一株につき一議決権

　農業法人の設立に当たって、いずれの法人形態を選択するかを決めるに際しては、これらの違いを踏まえて、どの法人形態が、農業法人設立後に行おうとする事業に適しているかを検討することが重要であるが、農事組合法人は役員・組合員等の資格要件が厳格であるため、投資という観点からは、会社法人を選択することが通常である。

　もっとも、農地所有適格法人である農事組合法人には、税法上、耕種農業（農産物の仕入販売、農産加工、畜産等を除く。）に係る事業税が非課税になる（地方税法72条の4第3項）といった優遇措置が設けられている等、農事組合法人を選択することによるメリットもある。

3）①農畜産物を原料または材料として使用する製造または加工、および農業と併せて行う林業経営（同条第1項2号）、②農畜産物の貯蔵、運搬または販売（農業協同組合法施行規則215条1号）、農畜産物もしくは林産物を変換して得られる電気または農畜産物もしくは林産物を熱源とする熱の供給（同条2号）、③農業生産に必要な資材の製造（同条3号）、④農作業の受託（同条4号）、⑤農山漁村余暇法に基づく農村滞在型余暇活動に利用されることを目的とする施設の設置および運営ならびに農村滞在型余暇活動を行う者を宿泊させること等農村滞在型余暇活動に必要な役務の提供（同条5号）、⑥農地に支柱を立てて設置する太陽光を電気に変換する設備の下で耕作を行う場合における当該設備による電気の供給（同条6号）を含む。
4）農民（自ら農業を営み、または農業に従事する個人（同法2条2項））のほか、農業協同組合および農業協同組合連合会（同条1項2号）、当該農事組合法人に現物出資を行った農地中間管理機構（同3号）、当該農事組合法人からその事業に係る物資の供給もしくは役務の提供を受ける者またはその事業の円滑化に寄与する者として農業協同組合法施行令で定める者（同項4号）。
5）会社法違反等により刑に処せられ、その執行を終わり、またはその執行を受けることがなくなった日から2年を経過しない者、およびその他の法律により禁錮以上の刑に処せられ、その執行を終わるまでまたはその執行を受けることがなくなるまでの者（刑の執行猶予中の者を除く。）を除く。

(2)　農業法人の設立

　本節３以下で述べるとおり、農地の権利取得に当たっては農地法に基づく規制が適用され、農地を取得するに当たって原則として農業委員会の許可を要するが、農業法人の設立に関して許認可等の制限はないため、会社法や農業組合法等の要件を満たすことにより、自由に設立することが可能であり、農業法人であるからといって、会社の設立手続に違いはない。なお、農事組合法人の設立手続も、株式会社の場合とほぼ同一の手続であるが、設立登記の日から２週間以内に都道府県への登録が必要である。

コラム①〈畜産業の位置づけ〉

　広義では農業に分類される畜産業（畜産および酪農）であるが、令和４年の農業産出額が約９兆円であるのに対し、そのうち畜産産出額は３兆4,700億円を占め、実に全体の約39％を構成する重要な産業である。

[図表１－２] 令和４年の農業・畜産産出額

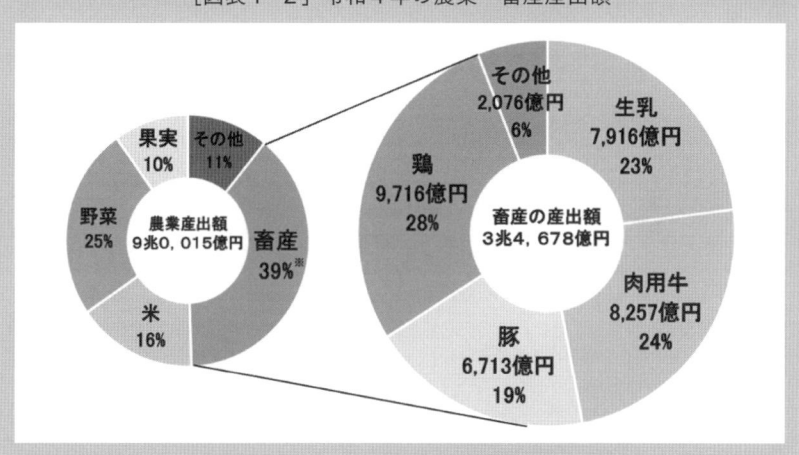

出典：農林水産省「畜産・酪農をめぐる情勢（令和６年11月）」３頁。

　農業協同組合法も、「農業」を耕作、養畜または養蚕の業務（これらに付随する業務を含む。）と定義しており、畜産業の経営を目的とする農業経営農事組合法人を組成することも可能である。

3　法人による農地の権利取得

(1)　農地法による規制

(i)　農地法とは

農業を行うためには、植物工場を用いる場合等を除いて農地が必要であるところ、農地については、農地法の規制に服する。農業実務においては、農業への規制の中で最も重要な規制が農地法による規制といっても過言ではない。農地法は、昭和27年（1952年）に制定された、わが国の農政に関する代表的な法律である。農地法は、その時々の政策的要請により、幾度も改正が重ねられ、その目的も変更されているが、現行法の第1条は、農地法の目的について以下のように定めている（下線部は筆者らによる。）。

> **（目的）**
> **第1条**　この法律は、国内の農業生産の基盤である農地が現在及び将来における国民のための限られた資源であり、かつ、地域における貴重な資源であることにかんがみ、耕作者自らによる農地の所有が果たしてきている重要な役割も踏まえつつ、農地を農地以外のものにすることを規制するとともに、農地を効率的に利用する耕作者による地域との調和に配慮した農地についての権利の取得を促進し、及び農地の利用関係を調整し、並びに農地の農業上の利用を確保するための措置を講ずることにより、耕作者の地位の安定と国内の農業生産の増大を図り、もって国民に対する食料の安定供給の確保に資することを目的とする。

農地は、狩猟採集社会から農耕社会に移行して以来、人の生命に欠かせない食料の生産基盤となっており、もとより、国民にとって極めて重要な資源であるが、わが国は、国土の4分の3を山地が占めるという地理的条件から、農業に適した土地が少なく、他方で、農業による収益性が商工業等の他産業に比べて相対的に低いという経済的不利性から、農地以外の用途への転用の圧に晒されてきた。

　そこで、農地法は、農地を農地以外の土地に転用することに厳しい規制を設けることで、農地の減少を食い止めるとともに、農地の権利者を、農地をきちんと耕作し、農業生産を上げることができる者に限定することで、限られた農地における生産性を最大限に高めようとするのである。

(ii)　農地とは

　農地法における農地とは、「耕作の目的に供される土地」をいう（農地法２条１項）。「耕作」とは土地に労費を加え肥培管理を行って作物を栽培することをいい、「耕作の目的に供される土地」には、現に耕作されている土地のほか、現在は耕作されていなくても耕作しようとすればいつでも耕作できるような、客観的に見てその現状が耕作の目的に供されるものと認められる土地（休耕地、不耕作地等）も含まれるとされている（農地法関係事務に係る処理基準について　平成12年６月１日12構改Ｂ第404号農林水産事務次官通知（以下「処理基準」という。））。

　つまり、耕作放棄地であっても少し手を入れれば耕作に用いることができる場合は農地に当たり得るが、宅地の一部等を一時的に耕作に用いている場合や、公園の花壇のように社会通念上耕作に用いられる土地と認められない場合は、農地には当たらない[6]。

　また、上記の定義のとおり、基本的に土地に直接接して耕作されているものを農地としている。このため、土地に直接接することなく栽培が可能であるものについては、農地に該当せず、農地法の規制の対象外となる。土地に直接接さずに栽培されている植物工場は、農地法の対象外となるが、詳細は(5)においてさらに述べる。

　ある土地が農地に該当するかは、登記簿上の地目により判断されるのではなく、土地の現況によって判断される（処理基準）。これを現況主義という。したがって、地目上は「田」や「畑」であっても農地に当たらない場合はあるし、同様に地目上「田」や「畑」でなくとも農地に当たる場合もある。

6）農林水産省構造改善局農地制度実務研究会（編）『逐条農地法』（学陽書房、1996年）26頁。

(iii)　農地の権利取得の許可制

物権の移動は、当事者間の合意に基づき自由に行い得るのが民法上の原則である（民法176条）から、土地を売買したり貸借したりするためには、通常は、誰かの許可を得る必要はない。しかし、農地法は、前述の目的を踏まえ、農地に対する権利の設定および移転について許可制を採用している。具体的には、「農地について所有権を移転し、又は地上権、永小作権、質権、使用貸借による権利、賃借権若しくはその他の使用及び収益を目的とする権利を設定し、若しくは移転する場合」には、原則として農業委員会の許可を得ることが必要とされている[7]（農地法3条1項柱書）。

(iv)　法人による農地の権利取得に対する規制緩和の流れ

農地法においては、その制定当時、法人による農地の権利取得は認められていなかったが、法改正により、限定的な条件下で認められるようになり、その後も幾度もの法改正が行われ、現在も、さらなる規制緩和の過程にある。その背景には、農地法の目的の変化がある。

具体的には、農地法制定当時、農地法は、戦後の農地改革による成果、すなわち、自作農主義を定着させることに主眼を置いていたため、耕作をする

7）例外として農業委員会の許可を得ずに農地の権利移動が認められる場合として、後述する農業関連法令に基づく権利移動のほか、①農林水産大臣による農地の売払い（同項1号）、②遊休農地等について農地中間管理権が設定される場合（同項3号）、③所有者等を確知することができない遊休農地等に利用権が設定される場合（同項4号）、④国または都道府県が権利を取得する場合（同項5号）、⑤土地改良法等に基づく交換分合によって権利が設定・移転される場合（同項6号）、⑥農事調停に基づき権利が設定・移転される場合（同項10号）、⑦土地収用法に基づき収容または使用される場合（同項11号）、⑧遺産分割・財産分与等に基づき権利が設定・移転される場合（同項12号）、⑨農地中間管理機構が農地売買等事業により権利を取得する場合（同項13号）、⑩信託事業を行う農業協同組合または農地中間管理機構が信託の引受けにより所有権を取得する場合および当該信託の終了によりその委託者等が所有権を取得する場合（同項14号）、⑪農地中間管理機構が農地中間管理事業の実施により農地中間管理権または経営受託権を取得する場合（同項14号の2）、⑫農地中間管理機構が引き受けた農地貸付信託の終了によりその委託者等が所有権を取得する場合（同項14号の3）、⑬政令指定都市が古都保存法11条1項の規定による買入れによって所有権を取得する場合（同項15号）、⑭農地法施行規則15条で定める場合（同項16号）が法定されている。その他、時効取得により農地の権利を取得する場合等（最判昭和50年9月25日民集29巻8号1320頁）、判例上、農業委員会の許可が不要とされている場合もある。

者が農地の所有者であるべきということが農地法の理念とされ、「耕作」という物理的労働を行い得ない法人については農地の権利取得が認められないというのが自然な解釈とされてきた[8]。

　ところが、次第に、法人による農地取得を認めるべきニーズが生まれるようになり、さらに、海外における大規模農場経営に倣った農業経営の規模拡大化の流れ、それに加えて、少子高齢化や過疎化の急速な進行による後継者不足の問題等も重なり、政府は農業経営の法人化、法人参入の拡大を推奨するようになり、さらなる規制緩和を推し進めた。

　以下では、農地法において、いかなる場合に、法人が農地の権利を取得することが認められているかについて解説する。

コラム②〈畜産業と農地法〉

　農地法において、「農地」は「耕作の目的に供される土地」を意味するのに対し、「農地以外の土地で、主として耕作又は養畜の事業のための採草又は家畜の放牧の目的に供されるもの」は「採草放牧地」と定義される（同法2条1項）。採草放牧地についても、その所有権を移転し、または地上権、賃借権その他の使用および収益を目的とする権利を設定・移転する場合には、原則として、農業委員会の許可を受ける必要がある（同法3条1項）。

　また、畜産業においては、畜舎・鶏舎・堆肥舎等の建物も必要となるが、農地や採草放牧地を取得し、その上にこれらの建物を建築する場合は、その土地を農地・採草放牧地以外の目的で使用することになるため、農地法4条1項または5条1項の転用許可を予め取得する必要が生じる点に留意が必要である（ただし、同法4条1項の転用許可は農地のみが対象となる。**5章Ⅳ2(2)参照**）。

---

(2)　農地法上の許可要件

(ⅰ)　農業委員会の許可を受ける原則要件

　農地法3条2項各号は、原則として農業委員会が農地の権利移動を許可してはならない場合として、以下の事由を列挙している[9]。

8）髙木賢＝内藤恵久『改訂版　逐条解説農地法』（大成出版社、2017年）2頁。

① 取得後において農地の全てを効率的に利用して耕作の事業を行うと認められない場合（全部効率利用要件）

② （法人の場合は、）農地所有適格法人以外の法人が農地の権利を取得しようとするとき（農地所有適格法人要件）

③ （個人の場合は、）取得後において行う耕作の事業に必要な農作業に当該個人または世帯員等が常時従事すると認められない場合

④ 信託の引受けにより権利が取得される場合[10]

⑤ 農地につき所有権以外の権原に基づいて耕作の事業を行う者がその土地を貸し付け、または質入れしようとする場合

⑥ 取得後において行う耕作の事業が、農地の集団化、農作業の効率化その他周辺の地域における農地の農業上の効率的かつ総合的な利用の確保に支障を生ずるおそれがあると認められる場合（地域との調和要件）

　裏返すと、上記事由の全部に該当しないことが農業委員会の許可を得るために必要な要件といえる。

　以下では、①全部効率利用要件、②農地所有適格法人要件、および⑥地域との調和要件について詳しく解説する。

（a）　全部効率利用要件

　この要件は、全ての農地等を効率的に利用して農業を行う者のみについて権利取得を認め、他人への転売や貸付けの目的での権利取得を排するとともに、農地等の効率的な利用の確立を図るためのものである[11]。実務上は処理基準に基づいて判断されている。処理基準のもとでは、許可申請の対象となる農地および既に許可申請者が権利を有している農地に関して、近傍の自然

9）かつては、農業委員会の許可を得ようとする権利移転の対象となる農地に係る権利を取得後に、当該権利を取得する者が経営する農地の合計面積が原則として都府県では50アール、北海道では2ヘクタールに達しない場合には、権利取得は認められなかったが（いわゆる下限面積要件）、当該要件は、2023年4月1日の農地法改正によって廃止された。

10）農地については原則として信託することが認められていないため、信託受益権による不動産流動化スキームを用いることはできない。

11）髙木＝内藤・前掲注8）84頁。

的条件および利用上の条件が類似している農地等の生産性と比較して、機械・労働力・技術の観点から、効率的な農地利用が確実的に図られる場合に、当該要件を満たすものとして扱われる。

　法人の新規農業参入に当たって障壁になりやすいのは、「技術」である。充分な「技術」を有すると判断されるためには、一般的には、少なくとも1人以上の役員または従業員が十分な農業経験を有する者であることが必要とされる（農作業を外部に委託する場合は、委託先の農作業に関する技術も勘案される（処理基準）。）。充分な農業経験を有するかどうかについての画一的な基準はなく、具体的な運用は各都道府県・農業委員会によって異なるものの、農業未経験者であれば、たとえば、1年程度、各都道府県の農業大学校や農業アカデミーで農業研修を受けたり、経験豊富な農家の下で農業に従事した経験が求められるだろう。

(b)　農地所有適格法人要件

　農地所有適格法人以外の法人による農地の権利取得は原則として認められない。農地所有適格法人と認められるための要件は、以下のとおりである。

① 　農事組合法人、株式会社（非公開会社に限る。）、または持分会社（合名会社、合資会社、および合同会社）であること（農地法2条3項柱書）
② 　直近3か年（新規参入の場合は今後3か年）の農業関連事業（農業および農産物を材料とする製造または加工等）の売上高が法人の売上高の過半を占めること（農地法2条3項1号、同法施行規則2条、処理基準）
③ 　（会社の場合）議決権または総社員の過半数を農業者等（農地法2条3項2号イ〜チ）が占めること（同号柱書）
④ 　業務執行役員（株式会社の場合は取締役）の過半数を農業関連事業に常時従事する構成員（株式会社の場合は株主）が占めること（農地法2条3項3号）
⑤ 　常勤の業務執行役員または農業に関する権限および責任を有する使用人の1人以上は、原則として年間60日以上、農作業[12]に従事すること（農地法2条3項4号、同法施行規則7条・8条）

普通の事業会社が一つの事業として農業に参入しようとする場合、これらの要件のうち、②〜⑤を満たすことは非常にハードルが高く、このことから、後述するリース法人による農業参入の事例が多くなっている。

(c)　地域との調和要件

これは、農業は、周辺の自然環境等の影響を受けやすく、地域や集落で一体となって取り組まれていることも多いことへの配慮から設けられた要件である。

地域との調和要件について、明確な基準は法定されていないが、処理基準は、集落営農等により農地がまとまった形で利用されている地域で、小面積の農地の権利取得によって、その利用を分断するような場合や、無農薬や減農薬での付加価値の高い作物の栽培の取組みが行われている地域で、農薬使用による栽培が行われる場合、地域の実勢の借賃に比べて極端に高額な借賃で賃貸借契約が締結され、周辺の地域における農地の一般的な借賃の著しい引上げをもたらすおそれのある権利取得がなされる場合等を例示している。

当該要件を充足するか否かを判断するに当たっては、人工衛星画像を利用した調査や現地調査が行われる（処理基準）。

事前に地域の農業委員会や農地中間管理機構と協議の上で、合理的な営農計画を立てる限りは、基本的に問題となることはないと思われる。

(ii)　リース方式による権利取得

前述のとおり、農地所有適格法人の要件を満たすためには、株式会社であれば非公開会社でなければならず、また議決権の過半数を農業者等が占めなければならない等、一般の会社法人が農地所有適格法人になるのは容易ではなく、法人の農業参入に当たって大きなハードルとなっている。

一方、農地所有適格法人の要件を満たさない一般の会社法人であっても、賃貸借または使用貸借の場合に限って、一定の要件を満たすことにより、い

---

12) 耕うん、整地、播種、施肥、病虫害防除、刈取り、水の管理、給餌、敷わらの取替え等耕作または養畜の事業に直接必要な作業をいい、農業に必要な帳簿の記帳事務、集金等は農作業には含まれない（処理基準）。

わゆるリース法人として、農地の権利を取得することが認められる（農地法3条3項）。

　具体的には、農地法3条2項の要件（2号および4号を除く。）に加えて、以下の要件を満たすことを要する。

① 取得後において農地を適正に利用していないと認められる場合に使用貸借または賃貸借の解除をする旨の条件が書面による契約において付されていること（農地法3条3項1号）
② 権利を取得しようとする者が地域の農業における他の農業者との適切な役割分担の下に継続的かつ安定的に農業経営を行うと見込まれること（農地法3条3項2号）
③ 法人の業務を執行する役員または当該法人の行う耕作の事業に関する権限および責任を有する使用人のうち、一人以上の者が当該法人の行う耕作の事業に常時従事すると認められること（農地法3条3項3号、同法施行規則17条）

　一般の会社法人によるリース方式での権利取得は、平成21年の農地法改正により全国的に認められるようになったが、図表1‐3のとおり、同改正以降、一般の会社法人の農業参入は一貫して増加傾向[13]にあり、積極的に活用されている。特に異業種から農業に参入する企業に対しては、まずは、農業委員会や自治体から、リース方式による農業参入を勧められ、参入後、ある程度事業が成熟した段階で農地所有適格法人への移行が認められる場合が多く（たとえば、埼玉県）、リース方式による権利取得は、法人の農業参入におけるファーストステージともいえる。

13）令和5年度の減少は、集計方法の見直しに起因するもの。

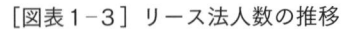

[図表1-3] リース法人数の推移

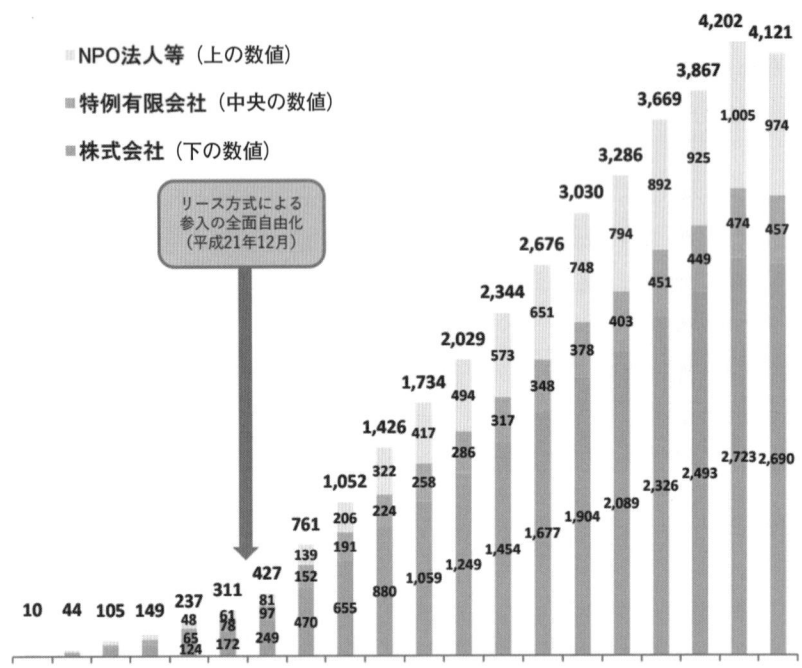

出典：農林水産省「リース法人の参入状況（令和5年1月1日現在）」1頁。

⑶　農地法以外の法律による権利取得

　これまでは、農地法に基づく農業委員会の許可を得て、法人が農地の権利を取得する方法について解説してきた。

　一方、農地法の特別法に当たる他の法律の要件を満たすことにより農地の権利取得が認められる場合もあり、実際に、法人がこれらの法律を活用して農地の権利を取得するケースは珍しくない。

　そこで、以下では、農地法以外の法律に基づいて農地の権利を取得できる場合について解説する。

(i)　農地バンク法

　農地バンク法18条1項の規定に基づき、農地中間管理機構の定める農用

地利用集積等促進計画によって、賃借権の設定等を受ける場合は、農業委員
会の許可は得ることなく農地の権利を取得することが認められる（農地法3
条1項7号）[14]。

(a)　農用地利用集積等促進計画とは

　農用地利用集積等促進計画は、農地を借り受け、耕作を希望する者の申請
に基づき、当該者に対してまとまった農地を貸し出すために農地中間管理機
構（農地バンク）により作成される計画であり、出し手と受け手との間の契
約条件や、受け手により行われる農業の内容、契約を解除する場合の条件等
が定められる（農地バンク法18条2項）。

　農用地利用集積等促進計画による権利移動には、以下のような特徴がある。

　第一に、農地バンク法18条1項の「賃借権の設定等」とは、賃借権、使
用貸借による権利もしくは経営受託権の設定または移転を意味し、所有権の
移転や地上権の設定等は含まれない[15]。

　第二に、農用地利用集積等促進計画に基づく賃借権の設定等は、必ず農地
中間管理機構が所有者から農地中間管理権の設定等を受け、さらに農地中間
管理機構が受け手に対して賃借権等を設定するという二段階の形式で行われ
る。相続により農地の所有権が細分化しているなかで、広大な農地を経営す
る上では、場合によっては数百人もの所有者から農地の貸借を受ける場合も
あるが、受け手としては、そのような場合でも農地中間管理機構との契約に
一本化できるというメリットがある。

　第三に、農用地利用集積等促進計画に基づく賃借権等に関しては、農地法
17条の定める法定更新が適用されず、契約期間の満了とともに農地の利用
に係る契約は終了する（特定農地貸付法4条2項）。法定更新の定めがあるこ
とにより、農地の所有者の間では、「一度農地を貸したら帰ってこない」と
いう意識が芽生え、従来、農地の貸借が進んでこなかったという実情を踏ま
えて、特例を定めたものである。

---

14) ただし、都市計画法上の市街化区域は対象外。
15) なお、権利ではないが、同条に従って、農作業の委託を受けることもできる。

[図表1-4]　農地中間管理機構の仕組み

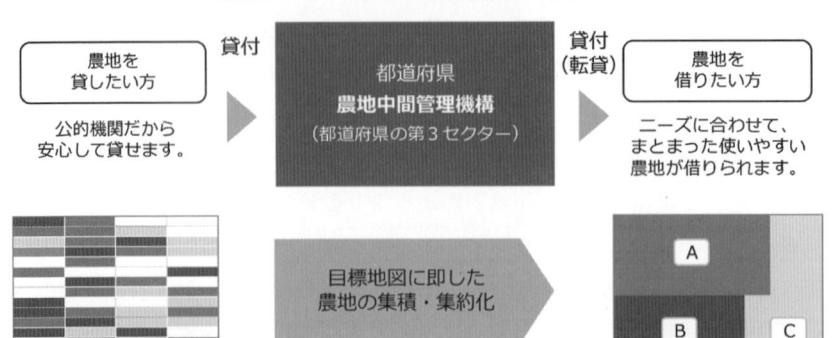

出典：農林水産省「農業経営支援策活用カタログ2024【地域計画版】」2頁をもとに筆者ら
にて作成。

(b)　農用地利用集積等促進計画の作成および認可

　農用地利用集積等促進計画は、農業経営基盤強化促進法19条1項に基づ
き市町村の定める「地域農業経営基盤強化促進計画」（以下「地域計画」とい
う。）に沿って作成される。地域計画とは、地域の農家や役所、農業委員会
等の協議によって、当該地域における将来の農業の在り方の計画や、10年
後に誰がどの農地を耕作するかを示した地図（目標地図）を作成するもので
ある。そのため、農用地利用集積等促進計画の作成を受け、農地の権利を取
得するためには、地域の農業委員会等を通じて当該地域における協議の場に
参加し、地域計画に位置づけられる必要がある。

　また、農地バンク法に基づく農地の権利移動に際しては、農用地利用集積
等促進計画について都道府県知事の認可を受けることを要する（同法18条1
項）。

(c)　令和5年4月1日の法改正による変化

　これまで説明してきた農用地利用集積等促進計画に基づく農地の権利取得
の方法は、令和5年4月1日に施行された農地法関係法令の改正により新た

に誕生した制度である。従来は、農業経営基盤強化促進法に基づき市町村が作成する農用地利用集積計画に基づく利用権設定等と、農地バンク法に基づき農地中間管理機構が作成する農用地利用配分計画による賃借権の設定等という２つの制度が存在していた。これらが統合された結果生まれたのが現在の制度である。

　今般の改正の特徴としては、まず計画に基づく農地の権利移動に係る契約が、農地中間管理機構を経由する方法に一本化された点が挙げられる。これは、これまでの市町村が作成する相対の計画による貸借では、農地の分散錯圃が解消されず、農地の集約化を進めることが困難であったことを踏まえ、複数の所有者が所有する農地についての権利を一旦、農地中間管理機構に集中させ、ある程度の広さの農地を一括して担い手に提供することで、農地の集約化を図ろうとするものである。

　次に、従来の農地バンク法に基づく農地中間管理機構による農地の公募制度が廃止され、従来の「人・農地プラン」が「地域計画」として法定化された点が挙げられる。公募制度には、導入当時、多くの注目が集まったものの、公募対象となるのは、地域で担い手を募っても担い手が決まらない農地、すなわち、日照や土壌の問題等で生産性の低い農地が多くなってしまうという課題もあり、公募制度を利用した地域外からの参入実績は低調で、参入したとしても結局事業がうまくいかず、すぐに撤退してしまう場合も少なくなかった。こうした問題を踏まえ、農地の受け手を決めるに当たって、「人・農地プラン」（地域計画）を核に、地域の関係者間の協議を重視するという方向にシフトした。

(ii)　農業経営基盤強化促進法

　農業経営基盤強化促進法に基づく利用権設定等を受ける場合は、農業委員会の許可は不要とされている。同法に基づく利用権設定等は、各市町村における農業経営基盤の強化の促進に関する基本構想に沿って、当該市町村が作成する農用地利用集積計画が公告されることにより、当該計画の定める内容で行われる。

　上記のとおり、農業経営基盤強化促進法に基づく農用地利用集積計画によ

り利用権の設定等を行う制度は、令和 5 年 4 月 1 日の法改正により廃止され、農地バンク法に基づく新制度に移行した（(i)参照）。ただし、令和 7 年 3 月 31 日までの間は、経過措置により、地域計画の対象となる土地以外の土地に限り、引き続き、農用地利用集積計画により、利用権の設定等を受けることが可能である（農業経営基盤強化促進法等の一部を改正する法律（令和 4 年 5 月 27 日号外法律第 56 号）附則 5 条 1 項）。

(iii)　構造改革特別区域法

　「特定法人による農地取得事業」に関する構造改革特別区域内に位置する農地については、リース方式による一般の会社法人の権利取得を認める農地法 3 条 3 項とほぼ同一の要件を満たすことにより、農地の所有権の取得が認められる（構造改革特別区域法 24 条 1 項本文）。ただし、この場合は、リース法人による権利取得と同様、農業委員会の許可は必要であるため、農地法 3 条 2 項（2 号および 4 号を除く。）の要件を満たさなければならない。

　「特定法人による農地取得事業」は、以前は、国家戦略特別区域法に基づき国が指定する国家戦略特区でのみ実施されていたが、令和 5 年 9 月 1 日の法改正により、自治体の申請により認定される構造改革特区においても実施が認められるようになった。2024 年 8 月現在、構造改革特区における「特定法人による農地取得事業」が実施されているのは、従前も国家戦略特区に指定されていた兵庫県養父市のみであるが、今後拡大することが見込まれる。

(iv)　その他の法律

　その他、特定農山村法 9 条 1 項に基づく公告があった所有権移転等促進計画によって、所有権の移転等が行われる場合（農地法 3 条 1 項 8 号）、農山漁村活性化法 9 条 1 項に基づく公告があった所有権移転等促進計画によって、所有権の移転等が行われる場合（農地法 3 条 1 項 9 号）、および農山漁村再エネ法 17 条に基づく公告があった所有権移転等促進計画によって、所有権の移転等が行われる場合（農地法 3 条 1 項 9 号の 2）は、農地法 3 条 1 項に基づく農業委員会の許可を得ずに農地の権利を取得することが認められる。

　これらの法律に基づく所有権移転等促進計画は、市町村が作成すること

なっており、農業経営基盤強化促進法に基づく利用権設定等と類似の仕組みにより、権利移転等が行われる。

(4)　法人の合併等による農地の権利取得

　法人の合併・分割や株式譲渡等、権利の包括承継により農地の権利を取得する場合は、農業委員会の許可を得ることなく、農地の権利を取得することが認められる（ただし、事業譲渡は特定承継であるため、農業委員会の許可が必要である。)[16]。農地所有適格法人である会社法人は、2023年現在、約16,000社が存在し[17]、農業法人の合併等による農業参入も選択肢になり得る。もっとも、この場合、買収後も農地所有適格法人の要件を満たし続ける必要があるため注意が必要である。

　このような場合は、農業委員会が許可等の過程で農地の権利移動を把握できないため、権利を取得した者は、農地法3条の3に基づき、遅滞なく（概ね10か月以内（処理基準））、取得した農地の属する市町村の農業委員会に、農地を取得した旨を届け出る必要がある。

(5)　農地法適用外の土地の利用

　前述のとおり、農地法における農地とは、「耕作の目的に供される土地」であり（農地法2条1項）、「耕作」とは土地に労費を加え肥培管理を行って作物を栽培することをいうため、基本的に土地に直接接して耕作されているものを農地としている。したがって、土地に直接接することなく栽培が可能であるものについては、農地に該当しないものとされ、農地法の規制の対象外となる。近年、技術の進展により、必ずしも土地自体を利用しなくとも栽培が可能となっている農作物も増えてきており、たとえば、イチゴ、レタス、ミニトマト等は植物工場で生産されることも多くなっている。キノコ栽培等も、土地を利用しないため、農地を利用しないケースが多いものと思われる。

　農地を利用せずに、生産が可能である場合、農地法の規制がなく、土地の利用に当たっては通常の土地の取得や利用権の取得を行えば足りるため（た

16）髙木＝内藤・前掲注8）65頁。

17）農林水産省「農地をめぐる状況について」（令和6年6月）19頁。

だし、別途地方自治体等への届出等の一定の手続が必要になる場合はあるものと思われる。)、投資家にとっても参入しやすい形態の農業ビジネスとなっている。

4　法人の農業参入と実務

これまでは、法規制の観点から、法人の農業参入に当たって満たさなければならない要件等を述べてきたが、以下では、実務的な観点から、法人の農業参入について解説する。

(1)　法人の農業参入のパターン

法人が農業に参入する例としては、大きく分けて2パターンが存在する。一つは、法人が自ら農業事業を立ち上げて、一からスタートするケース、もう一つは、既に農業経営をしている企業や個人に出資をし（合弁企業を設立する場合を含む。)、経営に参画するケースである。

後者の事例としては、①東京都に本社を置く大手不動産企業が茨城県の農業法人と合弁企業を設立し、生産・加工一体型の農業事業をコンセプトに、ホウレンソウ等の野菜の生産を営む例、②都市銀行と秋田県の地方銀行、農業法人、大手電機メーカーのグループ企業等の出資により設立した農業生産法人が、秋田県内の広大な干拓地に拡がる農地で、米やタマネギの生産を営む例等が挙げられる。

このような形での農業参入は、当然ながら、マッチング先が見つかることが大前提となるが、パートナーとなる農業事業者の有するノウハウや生産基盤を活かすことにより、農作物のより確実な生産が見込まれる上、参入企業が有するマーケティング力や技術、流通網等を組み合わせることによるイノベーションが期待できるというメリットがあり、取引等の関係先に農業事業者がいる企業は選択肢として検討することが望ましい。

(2)　法人の農業参入の流れ

前者のパターンにより法人が農業に参入する場合は、大まかにいうと、以

下の図表1−5のような流れで行われるのが通常である。

[図表1−5] 法人の農業参入の流れ

① 事前準備
- 農業に参入する目的の整理、作付け品目や参入地域を検討、活用できる制度や補助金、支援策等の情報収集等

② 営農計画の作成
- どこで、どの作物を作るのか、いつどこで農業技術を習得するのか、資金はどうするのかなど営農開始に向けて具体的な計画を作成

③ 経営に必要なリソースの確保
- 農地、営農場所の確保
- 農業技術の習得、農業技術を有している従業員の雇用等
- 農業機械や設備等の整備

農業経営参入

出典：青森県ウェブサイト（URL：https://www.pref.aomori.lg.jp/soshiki/nourin/kozoseisaku/first-sannyu_01.html）をもとに筆者らにて作成。

　図表1−5の①や②の段階で、いかに綿密な計画を立てることができるかが、経営参入後に、順調な事業運営ができるかの分かれ目になるであろう。この点、昨今は、農業の担い手不足が進行するなか、新たな担い手を確保するために、自治体等が中心となって、企業の誘致に向けた支援が行われており、自治体の窓口への相談等を通じて、行政の支援を活用していくことが効果的である。

　たとえば、青森県では、企業の農業参入に当たってのマニュアルを整備しており、県内7か所に用意した農業参入に関する県の相談窓口で、事前準備から実際の農業経営の参入に至るまでインクルーシブな相談を受け付けてい

るようである。

(3) 農地を確保するには

　上記のように農地法上の規制がある点を措いても、営農に適した農地・営農場所を確保することは、往々にして、異業種からの農業参入に当たって障壁となる。

　実務上は、異業種から参入する企業が農地を探すに当たっては、概ね、①取引等における関係先や、地元のネットワーク等を駆使して自力で見つけ出す場合と、②農業委員会や農地中間管理機構が農地の出し手を紹介・仲介することにより農地を確保する場合が多い。

　なお、②の場合の進め方としては、どのような作物を栽培するか、利便性等の観点から、ある程度参入先となる地域に目星を付けた上で、その地域を管轄する農業委員会等にコンタクトをして情報を募るのが効率的であろう。

　①の場合と②の場合のメリット・デメリットを図表1-6に整理する。

[図表1-6] 農地確保手段のメリット・デメリット

	①関係先等から自力で農地を見つけ出すことを目指す場合	②農業委員会等の紹介による農地の確保を目指す場合
メリット	・早期に農地を確保することができる。 ・営農開始後、出し手との良好な関係を築くことが期待できる。	・幅広く、条件に適した農地を探すことができる。 ・農業委員会等は、農地の権利取得に係る許可主体であるため、同時並行で、事実上の審査を受けられる。
デメリット	・農地の選択肢が限定され、必ずしも実施する事業に適した農地を確保できるとは限らない。	・農地の確保に時間を要する。

　なお、その他にも、農地台帳等に掲載された農地に係る情報をインターネット上で閲覧できる「eMAFF農地ナビ」を活用することも考えられる。もっとも、「eMAFF農地ナビ」は、図表1-7のように、地図上に農地の情

報が表示されるため、ある地域にどのような農地がどれくらい存在するのか
を把握する上では便利なツールであるものの、現状、反映されている情報が
多くないため、あまり活用されていないのが実態である。

[図表 1 − 7] eMAFF 農地ナビの地図画面

出典：eMAFF 農地ナビウェブサイト（URL：https://map.maff.go.jp/）。

　他方、所有者の農地に関する意向（「貸したい」、「売りたい」等）も確認で
きる仕様になっているため、今後情報が充実すれば、農地を探すに当たって
のベストツールになることは間違いないだろう。

⑷　農業参入に当たって活用可能な公的支援制度
　農業経営基盤強化促進法は、市町村の農業経営基盤強化促進基本構想に示
された農業経営の目標に向けて、自らの創意工夫に基づき、経営の改善を進

めようとする計画を市町村等が認定し、当該認定を受けた農業者に支援を行う認定農業者制度、および新規就農者等[18]が作成する青年等就農計画を市町村が認定し、その計画に沿って農業を営む農業者に対して重点的に支援を行う認定新規就農制度を用意している。

　認定農業者や認定新規就農者は次のような公的支援制度を活用できるため、新たに農業参入をするに当たっては、これらの認定を受けることを検討すべきである。

[図表1-8] 認定農業者および認定新規就農者に対する国の支援制度

	認定農業者	認定新規就農者
融資	農業経営基盤強化資金（スーパーL資金） ⇒農業経営改善計画の達成に必要な資金を長期間・低金利で融資	青年等就農資金 ⇒農業経営を開始するために必要な資金を長期間・無利子・実質無担保で融資
支援金		経営開始資金 ⇒新規就農後に経営が安定するまでの最大3年間、毎月定額の支援金を交付
補助金	担い手確保・経営強化支援事業交付金（令和5年度補正予算） ⇒必要な機械・施設の導入費用の一定割合等を補助	
		経営発展支援事業（令和6年度予算） ⇒都道府県が機械・施設等の導入を支援する場合、都道府県支援分の2倍を国が支援
税制優遇	農業経営基盤強化準備金 ⇒経営所得安定対策等の交付金を農業経営基盤強化準備金として積み立てた場合に積立額を損金に算入でき、また、積み立てた準備金を取り崩して農用地を取得した場合等に圧縮記帳できる特例	

18) 新規に農業を始める者、または農業経営を開始して5年未満の者で、18歳以上45歳未満の青年もしくは65歳未満の特定の知識・技能を有する中高年齢者、またはこれらの者が役員の過半数を占める法人。ただし、認定農業者は含まない。

　上記のほかにも、自治体が独自に行う補助制度も存在し、たとえば、静岡市では、農作業の省力化、先進的技術の導入等、経営基盤の強化に資する事業を実施する認定農業者および新規就農者に対して、静岡市認定農業者等経営基盤強化事業補助金を交付している[19]。

　また、大阪府では、経営規模が小規模であるため認定農業者等の要件を満たさないながらも、地産地消に取り組んでいる農業者等を育成・支援するため、独自に「大阪版認定農業者制度」を設け、様々な支援を行っている[20]。

コラム③〈農業における公的保険制度〉

　農業における公的な保険制度として、農業保険法に基づく農業共済保険、および農業経営収入保険が存在する。また、その他にも、農業者の経営安定を目的とした、農林水産省の実施する収入減少影響緩和交付金（ナラシ対策）や、野菜生産出荷安定法に基づく野菜価格安定制度等が存在している。これらの制度を利用するための掛金には国の補助もあるため、わが国の農業者に広く活用されている。

　上記の４種類の制度には、それぞれ、下表のような特徴があるため、何の農作物を栽培するか等によって、適用を受ける制度を選択することになる。

[図表1-9]　農業における4種の公的保険制度

	農業共済	収入保険	ナラシ対策	野菜価格安定制度
対象農作物	米、大豆、たまねぎ、みかん等、特定の農作物	原則、全ての農作物	米、麦、大豆、てん菜、でん粉原料用ばれいしょ	産地で指定されている特定の野菜
対象者	全ての農業者	青色申告を行う農業者	認定農業者、集落営農組織、認定新規就農	共同出荷組織を通じて出荷を行う生産者、直接

19）静岡市ウェブサイト（URL：https://www.city.shizuoka.lg.jp/s5436/s003961.html）。
20）大阪府ウェブサイト（URL：https://www.pref.osaka.lg.jp/o120090/nosei/seisyansyasapo-to/osakabannintei.html）。

			者	出荷を行う一定規模以上の生産者
補填の対象	自然災害による収量減少、収量減少を伴う生産金額の減少[21]	自然災害による収量減少や、価格低下等農業者の経営努力では避けられない収入減少	自然災害による収量減少や、価格低下による地域平均の収入減少	地域平均の価格低下による販売金額の減少
補填の範囲	当年の収穫量が基準収穫量の一定割合を下回った場合や、当年の生産金額が基準生産金額の一定割合を下回った場合に最大10割	当年の収入が、基準収入の9割を下回った場合に、下回った額の9割	当年の収入が、基準収入を下回った場合に、下回った額（最大2割まで）の9割	当年の価格が、基準価格の9割を下回った場合に、下回った価格（最大4割まで）の9割
掛金	掛捨て	掛捨て／掛捨て＋積立て	積立て	積立て

出典：農林水産省「収入保険制度と既存の類似制度との比較のポイント」（平成30年6月）。

コラム④〈畜産業への参入と規制〉

　畜産業に関しては、耕種農業に比べ、特に伝染病予防や衛生面、環境保護の観点から留意しなければならない規制が多い。また、流通や食の安全に関する様々な規制にも留意する必要がある。さらに、牧場や養鶏場等を設置するに当たっては、前述した農地法のほか、森林法の開発許可、建築基準法[22]等の建築関連規制も遵守する必要がある。このように、畜産業参入に際しては多岐に亘る法令・規制に留意する必要があるところ、その中でも特に留意すべきものを挙げるとすれば、図表1-10のとおりである。

---

21) 農業共済のうち、園芸施設共済制度では、風水害や雹害等によりビニールハウス等の園芸施設が損壊した場合に、損壊した資産価値が補填の対象となる。

[図表 1 －10] 畜産業に関連する主な規制の概要

法令	概要
Ⅰ．伝染病・衛生関連規制[23]	
家畜伝染病予防法	家畜の伝染疾病の発生・蔓延を防ぐことを目的とする法律であり、家畜の種類ごとに感染性の高い疾病（家畜伝染病）を列挙し、予防のための届出・検査等の手続が規定されている。
牛トレーサビリティ法	BSE のまん延防止措置の的確な実施や個体識別情報の提供の促進等を目的として、牛トレーサビリティ制度が運用されており、牛の管理者においては、子牛が出生した場合や輸入した場合は農林水産大臣に届出が必要となる（同法 8 条）、個体識別番号の通知を受けて耳標を装着する（同法 9 条）といった規制が設けられている。
と畜場法	と畜場（食用に供する目的で獣畜をとさつし、または解体するために設置された施設をいう。）の設置を許可にかからしめ、衛生管理の基準を定めること等を目的とする法令であるが、と畜場以外の場所で食用に供する目的で獣畜をとさつ・解体をすることを禁じるとともに（同法13条 1 項・ 2 項）、出荷に際して検査の実施が求められる。
食鳥処理法	と畜場法が牛、馬、豚、めん羊、山羊を対象とするのに対し、鶏、あひる、七面鳥等の食鳥には、食鳥処理法の適用がある。
化製場法	死亡獣畜（牛、馬、豚、めん羊、山羊）の処理および動物の飼養または収容によって起こる衛生上の危害の発生を防止し、生活環境を保全することを目的として定められた法律である。同法の下で、化製場（獣畜の肉、皮、骨、臓器等を原料として皮革、油脂、にかわ、肥料、飼料その他の物を製造するための施設）や死亡獣畜取扱場、魚介類鳥類等貯蔵施設を設置するためには許可取得が必要となる（同法 3 条、 8 条）。

22) なお、2022年 4 月 1 日に施行された畜舎特例法は、建築関連規制の遵守に伴う畜産事業者の負担を軽減し畜産業の国際競争力の強化を図るべく、一定の要件を満たす畜舎と堆肥舎を新築、増築、改築等する際に農林水産省に届け出ることで建築確認を不要とする制度や、構造等に関する技術基準の緩和制度、工事完了時の完了検査を不要とする制度などを設けている。

Ⅱ．流通・食の安全保護に関連する法令[24]	
家畜商法	家畜のうち、牛、馬、豚、めん羊および山羊の取引（売買や交換）を行うためには、都道府県知事の免許を受けなければならない（同法3条1項）[25]。
薬機法	家畜用飼料であっても、疾病を予防する旨の表示等がある場合、動物用医薬品等に該当し、同法の規制を受ける。 家畜の所有者が動物用医薬品等を選定・使用する際は、未承認医薬品等の対象動物への使用禁止（同法83条の3）等の規制に注意する必要がある。
飼料安全法	飼料の製造方法等の基準・成分規格が設定され、これに違反する飼料等の製造、輸入、販売、使用が禁止される（同法4条4号）。
食品衛生法	畜産業との関係では、特定の疾病にかかった（疑いを含む。）家畜等の肉、骨、臓器等を食品として販売したり、食品として販売するために採取・加工・使用・調理等することが原則として禁じられること（同法10条1項）等に留意が必要となる。
乳及び乳製品の成分規格等に関する命令	食品衛生法に基づく厚生省令として制定された命令であるが、加工乳や乳製品の定義、成分規格、表示、製造、保存方法等について規律を設けている。
肥料取締法	家畜のふん尿やその燃焼灰、堆肥等は同法上の「特殊肥料」に含まれるため（同法2条2項、特殊肥料等を指定する件1

23）なお、法律ではないが、農林水産省が特定家畜伝染病ごとに防疫指針を作成しており（口蹄疫、BSE、鳥インフルエンザ、豚熱等）、伝染病対策としてこうした指針も参照する必要がある。

24）その他にも、和牛遺伝資源関連2法（改正後の家畜改良増殖法、家畜遺伝資源に係る不正競争の防止に関する法律）等がある。

25）鶏の取引では、家畜商免許のような免許その他の許認可は要求されない。もっとも、養鶏振興法では、ふ化業者に対し、そのふ化場が農林水産省令で定める施設基準や経験者の設置といった要件を満たすことで、都道府県知事の登録を受けることのできる制度を設けている（養鶏振興法7条1項）。このふ化業者登録制度は、養鶏農家が安心してひなの購入ができるようにするため、一定の要件を満たしたふ化業者を申請に基づいて登録する制度である。ただ、この登録も、ひなの取引に必須のものではなく、一定の要件を満たせば名簿に記載できる（取引の円滑化につながる）というプロモーションの側面を有するものである。

	号（ロ））、畜産業者が特殊肥料の生産も業として行う場合、事業の開始前に都道府県知事へ届出を行う必要がある（同法22条1項）ほか、生産した特殊肥料を販売する場合は、販売業務の開始後2週間以内に都道府県知事に届出を行う必要がある（同法23条1項）。
Ⅲ．環境関連規制	
廃棄物処理法	畜産農業に係る動物のふん尿や死体も、事業活動に伴って生じたものである限り産業廃棄物に含まれることから（同法2条、同法施行令2条10号・11号）、同法に従って適切に運搬・処分する必要がある。
家畜排せつ物法	家畜排せつ物は、悪臭や水質汚濁の原因にもなり得る一方、土壌改良資材や肥料としての有効活用も期待されることから、同法は、畜産業を営む者に対し、農林水産省令で定める管理基準に従った家畜排せつ物の管理を求めている（同法3条）。
水質汚濁防止法	畜産業者の場合、以下のいずれかに該当する施設が特定施設として同法の規制対象となる（同法2条2項、同法施行令1項、別表1第1号の2）。 　①　総面積50平方メートル以上の豚房 　②　総面積200平方メートル以上の牛房 　③　総面積500平方メートル以上の馬房 特定施設の設置者たる事業者には、設置届出を行うべき義務（同法5条1項）や排出水の排出を排水基準に適合させる義務（同法12条1項）が課される。

コラム⑤〈アニマルウェルフェア〉

　近年、ESG経営・投資の重要性が増し、サプライチェーン全体におけるESG経営が求められる中で、畜産業におけるアニマルウェルフェアが重要視され、ESG経営・投資の評価基準ともなってきている。

　国際獣疫事務局（WOAH）の陸生動物衛生規約（OIEコード）の定義によると、「アニマルウェルフェア」とは、動物が生活および死亡する環境と関連する動物の身体的および心理的状態をいうとされている。いわゆる「5つの自由」（①飢え、渇きおよび栄養不良からの自由、②恐怖および苦悩からの自由、③身体的および熱の不快からの自由、④苦痛、傷害および疾病からの自由、⑤

通常の行動様式を発現する自由）はこのアニマルウェルフェアの状況を把握するために役立つ指針とされている。

　その具体化の一例として、日本では、畜種ごとの OIE コードが順次採択されてきたこと等を踏まえ、農林水産省が「アニマルウェルフェアに配慮した家畜の飼養管理の基本的な考え方について」を発出した。これには、畜種ごとの飼養管理等に関する技術的指針が含まれ、畜産技術協会が定める飼養管理指針の普及に努めている。

　倫理的な観点からの重要性もさることながら、ESG 投資を喚起するという観点でも、畜産業者には、同指針を積極的に遵守することが期待されよう。

◇Ⅱ　漁業

1　漁業ビジネスの現状と投資の視点

(1)　漁獲量の減少の現実

　日本の漁獲量が減少に転じて久しい。2022年の漁業生産量は約392万トン（うち養殖業は約91万トン）と過去最低の水準に落ち込んでいる。日本の水産業は、戦後、沖合へ漁場を拡大することによって発展したが、排他的経済水域の設定の影響を受けた遠洋漁業からの撤退、漁獲量の急増を支えてきたマイワシの漁獲量の減少、漁業就業者および漁船の減少、水産資源の減少等によって、1984年を境に、漁業生産量は減少の一途を辿ってきた。

[図表 1-11] 漁業・養殖業の生産量の推移

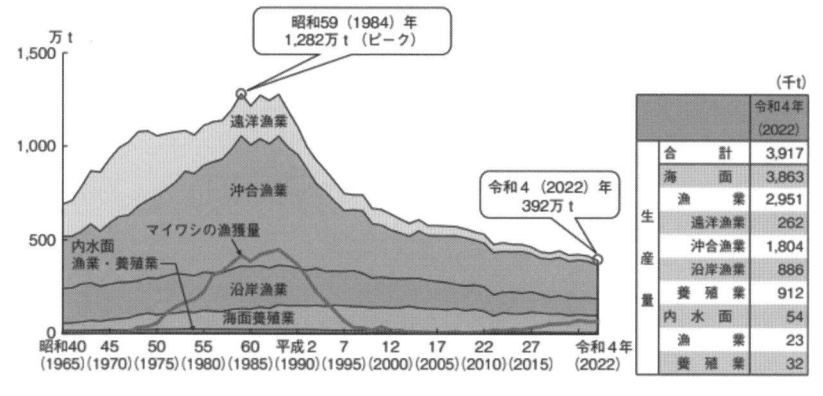

出典：水産庁「令和 5 年度水産白書」84頁。

　また、今日の海洋では、水産資源の保護と管理、プラスチックゴミ問題、海と沿岸の生態系保護等の課題が山積しており、海洋資源の保護と持続可能な利用を促進していく必要性が高まっている。SDGs における14番目の目標「海の豊かさを守ろう」も、海が人間生活や食料の源であるとともに、経済活動の源泉でもあることを再認識すれば、その意味をよく理解できるであろう。

(2)　水産資源の保護と養殖業の関係

　一方、近年の世界人口の増加および人口あたりの食用魚介類の消費量の増加に伴って、水産物の全世界的な消費量は年々増加している。特に、伝統的に魚食習慣のあるアジア地域では、生活水準の向上に伴って顕著な増加を示している[26]。こうした需要に応えられる持続可能な水産業の構築に当たっては、まず水産資源の保護のためのルール強化が必要であり、日本でも漁業法を中心とする規制が強化されてきた。

26）水産庁「令和 5 年度水産白書」176頁によれば、中国では過去50年で約10倍、インドネシアでは約 4 倍となるなど、新興国を中心とした伸びが目立つ一方で、日本の 1 人 1 年当たりの食用魚介類の消費量は、世界平均の約 2 倍ではあるものの、減少傾向で推移し、主要国の中では例外的な動きを見せている。

　ただ、海洋における水産資源の保護と管理を強化しようとすればするほど、天然の水産物の漁獲量を規制する動きにつながる。水産物の生産量の向上と増え続ける世界の水産物の需要への対応という2つの要求を同時に満たすためには、天然資源の捕獲に頼らず、養殖によって水産物の生産高を増やすことが重要となってくる。実際、世界的にみれば、2013年以降、藻類養殖や内水面養殖の生産量の大幅な増加により、漁業・養殖業生産量に占める養殖業の割合は既に5割を超えている。

[図表1-12] 世界の漁業・養殖業生産量の推移

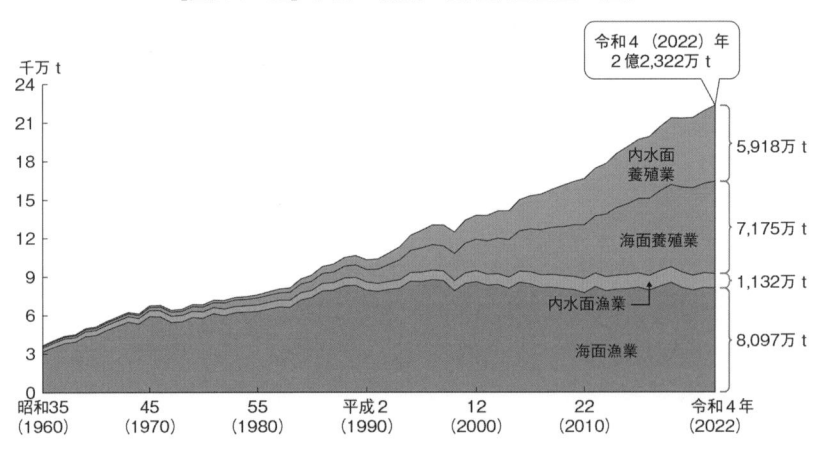

出典：水産庁「令和5年度水産白書」172頁。

　これに対して日本では、伝統的に、養殖水産物よりも天然水産物に依存する比率が高い。2022年の日本の漁業・養殖業の生産量は391万6,946トンであったが、そのうち海面養殖業（ぶり類、まだい、ぎんざけ、貝類、海藻類等）の収穫量は91万1,839トン、内水面養殖業（うなぎ、にじます、あゆ、こい等）の収穫量は3万1,503トンであったから、漁業・養殖業生産量に占める養殖業の割合は3割弱に留まる[27]。

　少子高齢化に伴って人口減が今後進んで行くと予想される日本では、国内

27）農林水産省「令和4年漁業・養殖業生産統計」「Ⅰ　調査結果の概要」1〜7頁。

の水産物消費量の大幅な増加を期待することは難しいかもしれない。ただ、日本産の水産物に対する世界的な人気が根強い中で今後も海外輸出は増加していくと見込まれるし、ESG/SDGsの潮流の中でより一層の水産資源管理が進み、養殖へのシフトが加速していくものと想定される。海面養殖および陸上養殖ともに、養殖ビジネスは今後投資の観点で有望な産業であるといえよう。

　本節では、漁業ビジネスを投資家目線でみたときに理解しておくべき漁業法の基本的な規律と、養殖ビジネスへの投資を検討する際に把握しておくべきルールについて概説していく。

2　漁業管理のあり方

(1)　漁業管理の概観
　漁業管理とは、水産資源の利用・保護のため、公的または自主的に漁業を規制し、管理することを意味する。

　国内法の下における漁業管理は、主に漁業法により規律されており、大きく分けて、①漁業参入のための規制、②漁業参入後の事業者に対する水産資源管理の2つの側面がある。①漁業参入のための規制とは、漁業を行うための許認可、すなわち漁業権の免許制度や大臣許可漁業に係る許可制度等の規制により漁業への新規参入をコントロールする仕組みである。一方、②漁業参入後の事業者に対する水産資源管理とは、TAC制度や資源管理協定に基づく公的および自主的な水産資源の管理を指す。

　漁業への新規参入や投資を行うためには、上記の①および②からなる日本の漁業管理の仕組みを理解した上で、取組みを検討する事業の内容やリスクを検討することが不可欠である。以下ではその概要と投資に際しての留意点を概説する。

(2)　漁業に関する基本的な考え方とその具体的分類
(i)　漁業を行うに当たっての許認可の分類
　図表1-13のとおり、漁業を行う際に必要となる許認可は、主に、漁場や

漁法に応じて分類されている。そのうち許認可を要する漁業は、①養殖を含む沿岸漁業における漁業権漁業と、②沖合または遠洋漁業に関する農林水産大臣または都道府県知事による許可漁業がある。そのほかに、許認可を要しない類型である自由漁業（一定の魚種を除く一本釣り漁など）がある。漁業者は、自らが行う予定の漁場や漁法に応じて、それぞれの許認可の取得の要否および内容を検討すべきことになる。

[図表1-13] 漁業を行うに当たっての許認可のイメージ

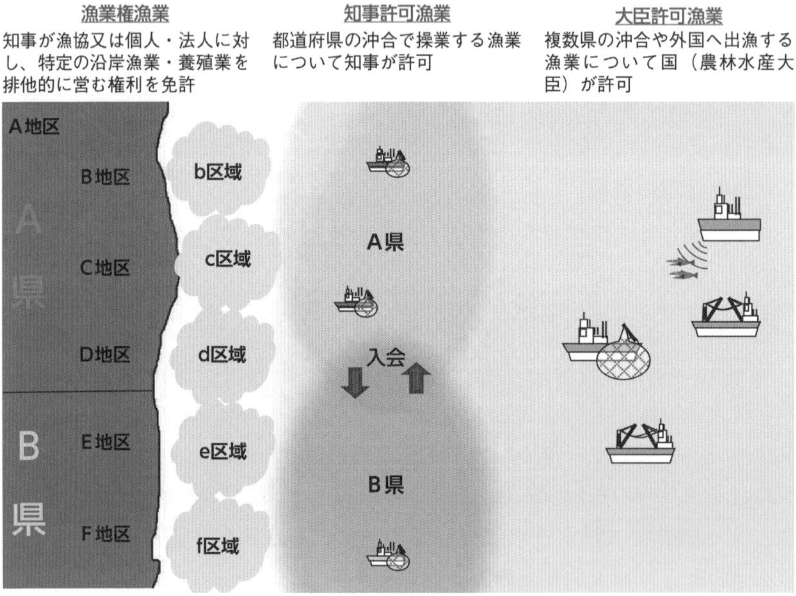

出典：水産庁「令和5年度水産白書」134頁。

(ii)　漁業権漁業

(a)　漁業権とは

　漁業権は、都道府県知事の免許を受けて一定の水面において特定の漁業を一定期間排他的に営む権利であり、行政庁による免許により設権される権利である。定置漁業権（大型定置など）、区画漁業権（真珠養殖、藻類養殖や魚類小割式養殖など）および共同漁業権（採貝採藻など）の3つに分類される（漁

業法60条1項）。一般に、漁業権は、沿岸での漁業を行う際に取得すること
が求められる。漁業権の各類型の概要は、図表1-14のとおりである。

[図表1-14] 漁業権の類型まとめ

	共同漁業権	区画漁業権	定置漁業権
漁業権の内容	採貝採藻など、漁場を地元漁民が共同で利用して漁業を営む権利	一定の区画において養殖業を営む権利	定置網を設置して漁業を営む権利
存続期間	10年	10年または5年	5年
免許者	地元の漁業協同組合（団体）（組合員が行使権者となる）	漁業者（個別）または漁協（団体）既存の漁業権者が水域を適切かつ有効に活用している場合は、その者に優先して免許	漁業者（個別）既存の漁業権者が水域を適切かつ有効に活用している場合は、その者に優先して免許

(b)　漁業権の分類

　ア　定置漁業権

　定置漁業とは、水中を回遊する魚を捕らえるため、一定の水域に漁網など
の漁具を定置して行う漁業のことである。漁業法上、定置網のうち、身網
（漁網のうち、魚群を囲う袋状の網の部分）が設置される場所の水深の最深部が
27メートル以上となる網を使用する場合が定置漁業に該当する（同法60条3
項1号）[28]。

　イ　区画漁業権

　区画漁業とは、一定区域内で行われる水産動植物の養殖業であり、海面養
殖ビジネスに参入する際に通常取得することが必要となる。

28）例外として、①沖縄で、身網の設置される場所の水深の最深部が15メートル以上の網を
　使う場合、②北海道で、身網の設置される場所に関係なくサケを主たる漁獲物とする場合
　は定置漁業とされており、③瀬戸内海のます網漁業、陸奥湾のおとし網漁業、ます網漁業
　は、定置漁業には含めないこととされている（漁業法60条3項1号括弧書）。

　漁業法60条４項において、養殖に用いる漁具およびその使い方に応じて、図表１-15のとおり第一種区画漁業から第三種区画漁業の３つに分類される。

[図表１-15]　区画漁業の分類

第一種区画漁業	一定の区域内において石、瓦、竹、木その他の物を敷設して営む養殖業。竹や木などの支柱自体に水産動植物を定着させる手法で、たとえば、真珠養殖業、かき養殖業、海苔・わかめ養殖業や、いけすを敷設して行われるぶり、クロマグロ等の給餌養殖業等がある。
第二種区画漁業	土、石、竹、木その他の物によって囲まれた一定の区域内において営む養殖業。たとえば、水面を網等で仕切って実施されることが多く、ハマチ、クルマエビ等を養殖する場合等がこれに当たる。
第三種区画漁業	一定の区域内において営む養殖業であって第一種区画漁業、第二種区画漁業以外のもので、たとえば、地蒔式のアサリ等の貝類養殖業がある。

　ウ　共同漁業権

　共同漁業権は、各地区の漁業協同組合または漁業協同組合連合会の組合員が一定の水面を共同で利用して漁業を営む権利をいう（漁業法60条５項）。すなわち、共同漁業権は個人に対して付与される免許ではなく、漁業協同組合または漁業協同組合連合会に対して免許が付与され、当該漁業協同組合等に加入している組合員において行使方法を定め、それに従って、漁業を行うこととなる。

　漁業法60条５項において、共同漁業の類型がその漁法または対象となる水産動物ごとに第一種共同漁業から第五種共同漁業に分類されている。たとえば、わかめ、こんぶ、あさり、なまこ等を対象とする藻類、貝類または農林水産大臣の指定する定着性の水産動物を目的とする漁業（第一種共同漁業）や、海面のうち農林水産大臣が定めて告示する湖沼に準ずる海面以外の水面（「特定海面」といわれている。）において営む地びき網漁業、地こぎ網漁業、船びき網漁業、飼付漁業または"つきいそ"漁業（第三種共同漁業）等

が共同漁業の類型に該当する。

(ⅲ)　許可漁業

　許可漁業とは、沿岸以外の、沖合または遠洋で行う漁業で、操業する区域や漁種によって農林水産大臣または都道府県知事による許可を得て行う漁業である。

　このうち、大臣許可漁業とは、船舶により行う漁業であって、遠洋漁業のうち、沖合底びき網漁業、かつお・まぐろ漁業などの、船舶ごとに農林水産大臣の許可を受ける必要があるものをいう（漁業法36条1項）。

　大臣許可漁業の許可または起業の認可をしようとするときは、農林水産大臣は制限措置を定め、船舶の数、総トン数や操業区域などについて公示しなければならない（漁業法42条1項）。大臣許可漁業の許可の有効期間は原則5年で、5年ごとに継続許可を申請することになる（同法46条）。

　次に、知事許可漁業は、大臣許可漁業以外の許可漁業であって、①農林水産省令で定める許可漁業または②都道府県規則で定める許可漁業の2類型があり、いずれも都道府県知事の許可を受けて行う必要がある（漁業法57条1項）。

　①の類型は、漁業の許可及び取締り等に関する省令70条において、中型まき網漁、小型機船底びき網漁業、瀬戸内海機船船びき網漁業、小型さけ・ます流し網漁業の4種の漁業が指定されている。②の類型は、各都道府県の実情に応じ、その都道府県の規則で規制される許可漁業であり、たとえば青森県では、小型いか釣り漁業、かれい固定式刺し網漁業、小型定置漁業等が知事許可漁業として定められている。

　漁業法上、知事許可漁業については、大臣許可漁業の多くの規定を準用している（同法58条）ため、多くの規制が大臣許可漁業に類似している。もっとも、その性質に鑑みて、都道府県規則で定める②の類型の知事許可漁業であって、それぞれの都道府県規則で対処すべき事項については、大臣許可漁業の規定は準用されないため、操業を予定する都道府県における都道府県規則を確認する必要がある。

(3)　水産資源管理の概説

(i)　日本の水産資源管理のあらまし

　1982年に採択された国連海洋法条約によって創設された排他的経済水域の設定の影響により、日本を含む沿岸国による排他的経済水域内での水産資源保護措置の実施が本格化した。1996年には海洋生物資源の保存及び管理に関する法律（通称「TAC法」）が制定され、一定の魚種について、漁獲量の上限を漁獲可能量として設定し、法律に基づいて管理する制度が導入された。その後、平成30年漁業法改正によってTAC法は漁業法に統合され、現在、水産資源管理に関する制度は漁業法に一元化されている。

(ii)　水産資源管理の手法

　日本の公的な水産資源管理規制には、主に3つの方法がある。

　第一に、許可漁業や漁業権免許などの規制により、漁船の隻数、トン数、漁獲日数等を制限することによって漁獲量を制限する「インプットコントロール（投入量規制）」の手法である。この方法は、技術革新等によって1隻当たりの漁獲能力が増加する等、基準値の見直しが必要となるため、それだけでは適切な漁獲量の制限手法とはいいにくい。

　第二に、特定の漁具・漁法の禁止や稚魚等の漁獲の禁止（体長制限等）による「テクニカルコントロール（技術的規制）」の手法である。この方法も、新たな漁具の開発等により規制が陳腐化する可能性がある。

　これらに対し、第三の方法である「アウトプットコントロール（産出量規制）」は、目標となる漁獲可能量などを定めて定量的な数字により資源管理を行う方法である。科学的根拠に基づく制限が可能であり、より効率的に水産資源管理を行うことができるとされる。

　漁業法は、科学的根拠に基づいて水産資源管理を実効的に行うため「アウトプットコントロール」の手法を基本としつつ、図表1-16に表現されるように、3つの手法を組み合わせた形で水産資源管理を行うこととしている。以下、漁業法に基づく水産資源管理の中心となる「アウトプットコントロール」による水産資源管理の仕組みについて説明を加えることとする。

[図表1-16] 水産資源管理の方法のイメージ

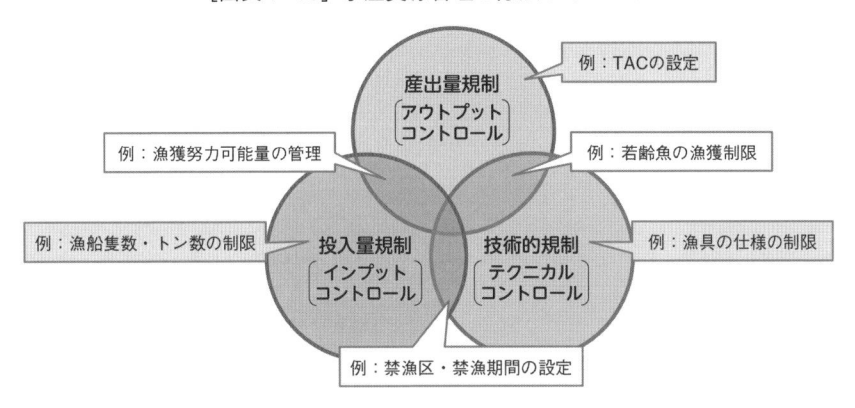

出典：水産庁「令和5年度水産白書」131頁。

(ⅲ)　アウトプットコントロールによる水産資源管理の仕組み

　平成30年改正漁業法の下での日本の水産資源管理の全体像は、図表1-17のとおりである。

　まず、漁業法15条2項各号に掲げる基準に従って、行政庁や漁業者が漁獲情報や海洋環境等についての資源調査を行うことが出発点とされる。次に、資源調査によって得られたデータを用いて、国立研究開発法人水産研究・教育機構を中心に、大学等の研究機関とも協力しながら、最大持続生産量（MSY：Maximum Sustainable Yield）をベースとした資源量や漁獲圧力[29]等についての資源評価が行われる。その後、資源評価を踏まえて、農林水産大臣により、資源管理の目標と資源評価と定められた資源水準の値に応じた漁獲圧力の決定方式（いわゆる「漁獲シナリオ」）が定められる。

　これらを踏まえ、生物学的許容漁獲量（Allowable Biological Catch）の範囲内で、漁獲可能量（Total Allowable Catch。以下「TAC」という。）が定められ、資源管理の目標、TAC による資源管理が行われる対象魚種である特定水産資源（以下「TAC資源」という。）、都道府県別漁獲可能量と大臣管理漁獲可能量への TAC の配分基準といった事項が、農林水産大臣が作成する「資源管

29）漁獲努力量（漁獲対象物を漁獲するために投入される資本、労働などの投入量に比例する、資源を獲得する強さ）を意味する。

理基本方針」において定められる（漁業法11条2項各号参照）。

[図表1-17] 日本の水産資源管理の全体像

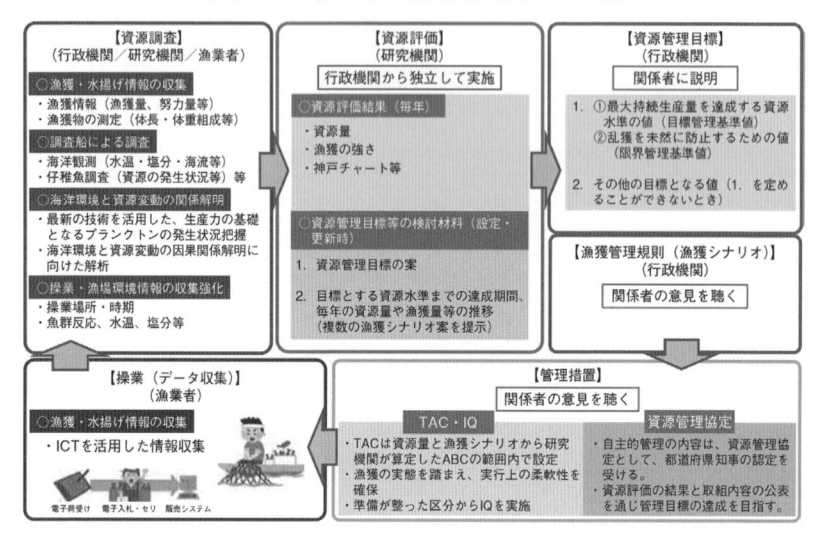

出典：水産庁「令和5年度水産白書」133頁。

TAC資源[30]を漁獲対象としている個別の漁業者や漁業協同組合は、資源管理方針や、都道府県において作成される都道府県資源管理方針において定められる基準にしたがって、漁獲量の割り当てを受けることになる。

　まず、TAC資源については、TACのうち、大臣管理区分に配分する数量と各都道府県の知事管理区分に配分する数量が定められる。この数量は、漁業の種類、水域、期間などに応じて設定された管理区分ごとに、割り振られることになる。

　その上で、TAC資源を採捕しようとする個々の漁業者または漁業協同組合は、漁獲割当割合の設定を農林水産大臣または都道府県知事に対して申請することができる（漁業法17条1項・3項、同法施行規則3条）。申請の結果、

---

30) 2025年1月現在、さんま、すけとうだら、まあじ、まいわし、まさばおよびごまさば、するめいか、ずわいがに、くろまぐろ、かたくちいわし対馬暖流系群、うるめいわし対馬暖流系群、まだい日本海西部・東シナ海系群、まだらの12種。

漁獲割当割合の設定を受けた漁業者は、各管理区分（大臣管理区分は農林水産大臣、知事管理区分は各都道府県の都道府県知事）に配分されたTACの数量を、その範囲内でさらに「船舶等」単位でTACに対して採捕可能な割合を算出し、年次漁獲割当量が年度ごとに割り当てられることになる（漁業法19条）。

　このように、図表1-18のような流れで個々の漁業者や漁業管理組合は自らの漁獲枠を設定されることになる。TACに基づいて個別の事業者に漁獲枠を割り当てるこの方式を、IQ（Individual Quota）方式という。

[図表1-18] IQ方式のイメージ

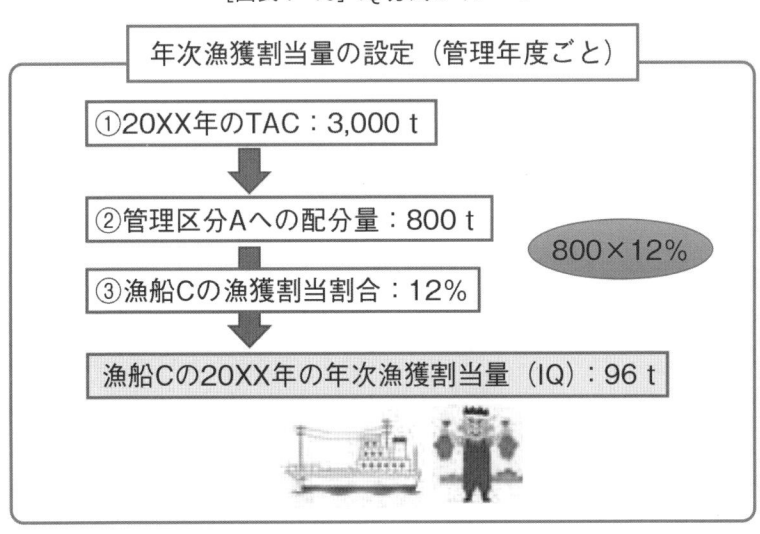

出典：水産庁「令和5年度水産白書」141頁。

　くろまぐろ、するめいか、さんまなど、TAC資源として設定されている大臣許可漁業の一部については既にIQ方式が導入されているが、知事許可漁業においては、今後順次導入されることになっている[31]。TAC資源として設定される魚種が拡大することにより、日本の漁業におけるIQ方式による漁業管理が浸透していくことが見込まれる。

(iv)　自主的な資源管理の取組み

　水産資源管理においては、漁業法を基本とする法制度に基づく規制だけでなく、休漁、体長制限、操業期間の限定、区域制限など、漁業者による自主的な取組みによる資源管理も行われてきた。資源管理基本方針によれば、TAC 資源以外の水産資源については、当該水産資源ごとの資源管理の目標達成に向けて、必要と考えられる資源管理の手法による管理を組み合わせる形で、自主的に資源管理を行うものとされている。漁業法においては、主にTAC 資源以外の水産資源について、漁業者が自主的な資源管理方法を定める資源管理協定を策定して資源管理を行うこととしている（同法124条、同法施行規則36条）。資源管理協定は、漁業者同士で締結した上で、農林水産大臣または都道府県知事が認定・公表を行う。

　新規に漁業の免許を得て事業を行うことを検討する事業者は、公的な資源管理に係る規制を遵守するだけでなく、事業を行う都道府県ごとの資源管理協定の内容も確認する必要がある。

コラム⑥〈うなぎ資源の保全〉

　ウナギは、「土用の丑の日」をはじめとして、江戸時代以来、日本の食文化として定着している魚種である。一方で、日本に生息するニホンウナギおよびその稚魚であるシラスウナギの天然の資源量は近年大きく減少しており、現在、ニホンウナギは絶滅危惧種に指定されている。この状況を踏まえて、うなぎ資源の保全のために近年は様々な規制や取組みが行われている。

　まず、密漁に対する罰則の強化がある。すなわち、令和2年漁業法改正により、漁業の許可等に基づかずに採捕できない特定水産動植物にシラスウナギが追加され、許可等に基づかずに密漁をした場合、3年以下の懲役または3,000万円以下の罰金が科されることになった（漁業法189条1項）。また、シラスウナギが特定水産動植物に追加されたことに伴い、シラスウナギの採捕は、知事許可漁業に分類されることになった。これにより、シラスウナギの採捕状況

---

31) 各都道府県において定める都道府県資源管理基本方針において、科学的知見の蓄積、漁獲量等の報告体制の整備等が整ったものから IQ 方式に移行することとされている。IQ 方式が導入されていない知事管理区分については、漁獲量の総量の管理等により漁業管理を行っている。

等を都道府県知事が把握できることになるため、水産資源管理がより効率的に行えるようになると期待される。

　加えて、2025年12月から、シラスウナギについて水産流通適正化法が適用されることになる。これにより、シラスウナギの採捕事業者およびその流通に携わる取扱事業者は農林水産省に対して届出をすることが必要になるため、今後はシラスウナギのトレーサビリティが担保されることになると考えられる。

　最後に、うなぎ資源の保全のための取組みとして、完全養殖の実現がある。近畿大学水産研究所をはじめとした研究機関では、既に卵から成魚に至るまでのウナギの完全養殖に成功しており、今後は、天然のシラスウナギの資源量に頼らずに、持続的にウナギを養殖生産できるようになることが期待される。

3　養殖ビジネスへの投資

(1)　海面養殖ビジネスと漁業法

(i)　今後の海面養殖ビジネスへの期待

　従前の海面養殖ビジネスに関するルールは、既存事業者（特に地元の漁業協同組合）の保護に重きが置かれ過ぎており、新規参入や民間事業者の投資を呼び込む制度になっておらず、イノベーションを生み出すような環境作りへの配慮も欠けていたといわざるをえない。

　しかし、以下で詳述するが、平成30年改正漁業法（令和2年12月施行）による閉鎖的な漁業権の免許付与に関する優先順位の廃止と「活用漁業権」制度の導入は、異業種から新たに海面養殖に参入しようとする企業にとって追い風となり、新規投資を喚起することになると期待される。併せて平成30年改正漁業法は、都道府県知事に対し、海区漁場計画の作成に当たって海区に係る海面全体を最大限に活用すべく漁業権が存しない海面をその漁場の区域とする新たな漁業権を設定するよう努めることを求める（同法63条2項）。さらに、農林水産大臣は、都道府県の区域を越えた広域的な見地から、日本の漁業生産力の発展を図るために必要があると認めるときは、都道府県知事に対し、海区漁場計画の案を修正すべき旨の助言その他海区漁場計画に関し

て必要な助言をすることができ（同法65条）、日本の漁業生産力の発展を図るため特に必要があると認められるときは、変更指示等を出すことができるとした（同法66条1号）。

　また、これまではコスト面や海象条件等の関係で不適とされた沖合区域における養殖に関して、今後は、衛星情報や海象・環境データ、数値シミュレーションをベースとするデータサイエンスの活用などの海洋DXを活用することで、養殖適地に変えていくことも期待される。2023年4月28日に閣議決定された第4期海洋基本計画においても、沖合養殖の拡大等によって養殖業の振興を推進することが明記されている（同27頁）。

　平成30年改正漁業法の下で新たな海域に積極的に区画漁業権が設定されていくことになれば、漁業テックや海洋DXにノウハウを有する企業や資金面・人員面に強みのある異業種企業にとって、海面養殖ビジネスへの新規参入の手段が広がるだろう。

(ii)　区画漁業権の取得方法とプロセス

　上記でみたように、海面養殖ビジネスを開始するためには、まず区画漁業権を取得しなければならない。漁業法は申請主義を採用しているので、漁業の免許を受けようとする者は、都道府県知事に対して免許を申請する必要がある（同法69条）。免許申請を受けた都道府県知事は、海区漁業調整委員会の意見を聴取し（同法70条）、申請者が漁業法72条に定める適格性を有しない者（漁業または労働に関する法令を遵守せず、または引き続き遵守することが見込まれない者や暴力団員等）でないか、海区漁場計画または内水面漁場計画の内容と異なる申請ではないか、その申請に係る漁業と同種の漁業を内容とする漁業権の不当な集中に至るおそれがないか、免許を受けようとする漁場の敷地が他人の所有に属する場合または水面が他人の占有に係る場合にはその所有者または占有者の同意があるかを確認した上で（同法71条1項）、免許を付与することになる。

　ただし、海上のどの位置およびどの区域に漁業権の設定を認めるかに関しては、都道府県知事が定める海区漁場計画において決定される（漁業法62条）。すなわち、通常、都道府県知事は5年ごとに海区漁場計画を定めるこ

とになるが（同法62条１項本文）、海区漁場計画には、漁場の位置および区域、漁業の種類、漁業時期などの漁業権に関する事項が規定される（同条２項１号）。この海区漁場計画は都道府県知事によって随時変更が可能なものではあるが、既存の海区漁場計画に定めのない漁場に区画漁業権の設定を受けようとする者は、まず都道府県に働きかけて海区漁場計画を変更してもらう必要がある。その際、都道府県知事は、関連する海区において漁業を営む者、漁業を営もうとする者その他の利害関係人の意見を聴取しなければならない（同法64条１項、変更について同条８項にて準用）。その他の利害関係人として想定されるのは、漁業協同組合、船舶の運行者等である。関係者との調整がついた段階で、利害関係人から聴取した意見についての検討結果の公表（同条２項）、海区漁場計画の変更案の作成（同条３項）、変更案について海区漁業調整委員会への意見聴取（同条４項）、委員会による公聴会開催（同条５項）および答申を経て、海区漁場計画の変更および公示（同条６項）へと至る。

　この一連の手続と想定されるスケジュールをまとめたものが図表１-19である。

[図表1-19]　新たな区画漁業権を免許する際の手順・スケジュール

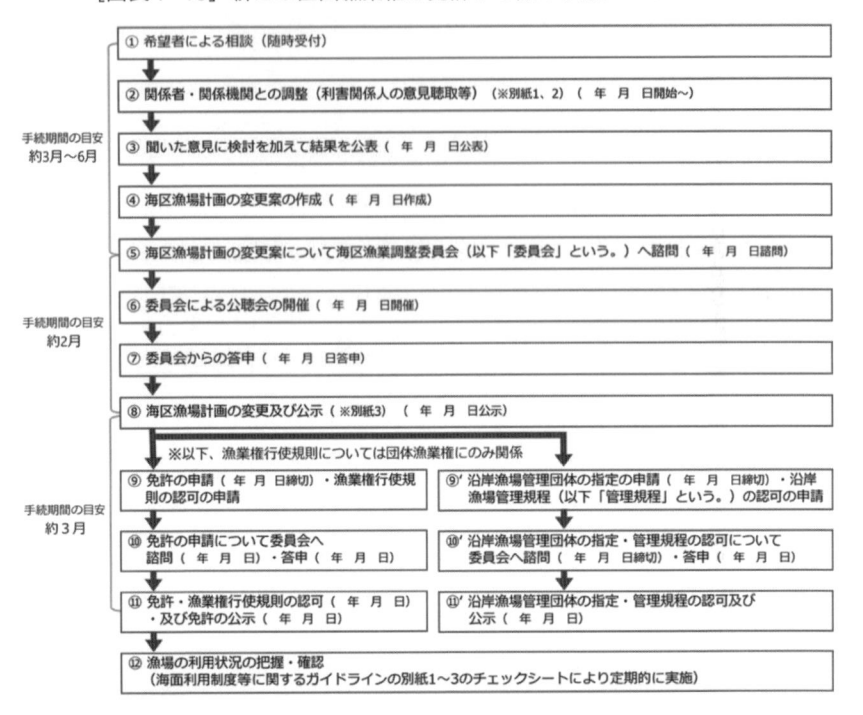

出典：水産庁資源管理部管理調整課長および増殖推進部栽培養殖課長「新たな漁業権を免許する際の手順およびスケジュールについて」（都道府県水産主務部長宛令和3年9月7日付事務連絡）別添2。

(iii)　免許申請が競合した場合の扱い

　優良な漁場であればあるほど、区画漁業権の設定を希望する者が重複する可能性が高くなる。この時、どのようなルールで区画漁業権の免許者が決定されるのかは新規参画者にとって非常に重要な問題であるが、この点については、平成30年改正漁業法により大きくルールが変わった。以下では、同改正前のルールをみた後で、現行の漁業法の下におけるルールをみていくこととする。

(a)　改正前漁業法の下における優先順位制度

　改正前漁業法の下では、漁業権の種類ごとに、詳細かつ全国一律の内容で

免許を付与する優先順位が法定され、特定区画漁業権（ひび建養殖業、藻類養殖業、垂下式養殖業（真珠養殖業を除く）、小割り式養殖業等を内容とする区画漁業権）に関していえば、優先順位１位は地元漁協とされていた。区画漁業権は、漁船による漁業が競合する場所で、広い面積の区画を排他的に利用する権利であるため、関係漁業者との調整、密漁や環境との共生といった観点から、地域の漁民を把握可能な立場にある地元の漁業協同組合に付与することが適切と考えられてきたという経緯があるとされる。

　すなわち、改正前漁業法の下でも、区画漁業権は漁業協同組合等だけでなく、免許付与の要件を満たす限り個別の自然人や法人も付与を受けること自体は可能ではあった。しかし、同一の漁場について複数の区画漁業権の免許申請が競合した場合は法定された優先順位の高い申請者に対して免許が付与される制度となっていたため、一企業の申請と地元漁協の申請が競合してしまえば、必ず地元漁協に免許が付与されるシステムとなっていたのである。その結果、企業が海面養殖ビジネスに参画しようとする場合、多くのケースでは、適地について既に区画漁業権を有する地元漁協に参画しなければならなかった。

　そもそも漁業協同組合は、水産業協同組合法に基づき自主的に設立された協同組合であり、小規模な事業者である漁業者が相互扶助によって経営効率の向上や生活の改善を図ることが企図される一方、漁業者自らの意思に基づく加入・脱退や事業利用により組合員の総意に基づいた事業運営が予定されている。水産業共同組合法上、組合員たる資格を有する者は限定されているが（同法18条１項）、一定の法人、すなわち、組合の地区内に住所または事業場を有する漁業を営む法人（組合および漁業生産組合を除く。）であって、その常時使用する従業者の数が300人以下であり、かつ、その使用する漁船（漁船法２条１項に規定する漁船をいう。）の合計総トン数が1,500トンから3,000トンまでの間で定款で定めるトン数以下であるもの（水産業協同組合法18条１項３号）は、漁協の組合員たる資格を有する。そして、漁協は、有資格者の加入を正当な理由なく拒否し、またはその加入について現在の組合員が加入の際に付されたよりも困難な条件を付してはならないとされている（同法24条）。このように、企業であっても一定の要件を満たす限り漁協の組

合員となることは可能とされてはいるものの、漁協に加入するということは、漁業権行使規則の遵守や漁業権行使料、販売手数料などの費用徴収といった当該漁協のルールに従わねばならないことを意味するため、必ずしも全ての企業のニーズに合っているとも限らない。

　また、改正前漁業法の下における優先順位制度は、企業による新規参入の事実上の障壁であっただけでなく、優先順位が形式的であるがゆえに、優先順位の高い既存免許者にとっては漁場の活用を図ろうとするインセンティブが働きにくいといった問題があった。さらに、優先順位第1位ではない既存免許者が漁業権の存続期間満了時に新たな漁業権付与を申請した場合、より優先順位の高い者が漁業権付与を申請してしまうと既存免許者は新たな免許を受けることができなくなってしまうため、漁業者からすれば、経営の持続性や安定性が確保しにくいといった問題も指摘されていた。

　こうした優先順位制度が企業による養殖事業への参入障壁の一つとなってきたことは疑う余地がない。平成30年漁業法改正へとつながる2017年5月の規制改革推進会議が公表した第一次答申でも、日本の水産を巡る情勢について、資源管理の問題、漁業所得の低迷、新規就労者の低迷、世界的に漁業生産量が増大する中でも日本の漁業生産量が減少していることといった問題のほか、養殖生産量の低さを問題視し、漁業に対する抜本的な改善策の検討が必要と指摘された。

(b)　現行漁業法の下におけるルール

　平成30年改正漁業法は、優先順位制度を廃止し、以下のルールを設けた。

ア　活用漁業権が存在する場合

　漁業法上、都道府県知事が海区漁場計画を定め、その中で、具体的な漁場の位置および区域、漁業の種類、漁業時期などの漁業権に関する事項が規定されること（同法62条1項本文）は(ii)で前述した。

　漁業法上、海区漁場計画は、同法63条1項各号の要件に該当するものでなければならないが（同項参照）、同項2号には、海区漁場計画の作成時において「適切かつ有効に活用されている漁業権」（活用漁業権）が存在する場

合、海区漁場計画は、漁場の位置および区域、漁業の種類ならびに漁業時期が活用漁業権と概ね等しいと認められる漁業権（類似漁業権）を設定する内容とすることを求めている。また、活用漁業権が漁協等に付与された団体漁業権であれば、類似漁業権は団体漁業権として設定しなければならない（同項3号）。そして、既存の漁業権の存続期間満了時に複数の免許申請があった場合、既存漁業者がその漁場を適切かつ有効に活用していると認められれば、既存漁業者に対して免許が付与されることになる（同法73条2項1号）。すなわち、特定の海面に関して、地元漁業が養殖事業のために必要となる区画漁業権を現に有しているのであれば、それが活用漁業権に該当する限り、基本的には、現行の漁業権の存続期間満了後も、実質的に同等の区画漁業権が地元漁協に付与されるということになる。

　このように、特定の海面に関して活用漁業権が存在するか否かは、養殖ビジネスへの新規参入にとって重要なポイントとなる。活用漁業権と認められるための要件である「適切かつ有効」の解釈・運用に関し、水産庁は、漁場の環境に適合するように資源管理や養殖生産等を行い、将来にわたって持続的に漁業生産力を高めるように漁場を活用している状況をいうとし、単に生産金額や生産数量、組合員行使権者数のみをもって判断することは適当ではなく、漁業権または組合員行使権の行使状況、漁業権に係る漁場の現況および利用の状況、その漁場の周辺における漁場利用の状況、法令遵守の状況等の事情を総合的に考慮することが適当とする[32]。

　　イ　活用漁業権が存在しない場合

　一方、活用漁業権が存在しない場合（新たな海域に区画漁業権が新規設定される場合を含む。）において、複数の免許申請（申請者が適格性を有することなど法定の要件を満たす申請に限る。）が競合した場合、免許の内容である漁業による漁業生産の増大ならびにこれを通じた漁業所得の向上および就業機会の確保その他の「地域の水産業の発展に最も寄与すると認められる者」に対して、免許が付与されることになる（漁業法73条2項2号）。なお、都道府県

32）水産庁「海面利用制度等に関するガイドライン」6頁。

知事は、海区漁場計画作成にあたり、漁場の活用の現況および漁業法64条2項の検討の結果に照らし、団体漁業権として区画漁業権を設定することが当該区画漁業権に係る漁場における漁業生産力の発展に最も資すると認められる場合には、団体漁業権として区画漁業権を設定する必要がある（同法63条1項4号）。他方、「最も資する」場合に該当しなければ、一定の適格性を有する個人または企業（同法72条参照）に対して、個別漁業権（なお、団体漁業権以外の漁業権を指す）の付与が想定されている。

　「地域の水産業の発展に最も寄与すると認められる者」に該当するか否かの判断に関しては、都道府県知事の一定の裁量の余地があると考えられる。前述した海面利用制度等に関するガイドラインでは、生産量の増大、漁業所得の向上、就業機会の拡大、地域の漁業者との調和的発展、地元の水産物流通や加工に与える影響等を中長期的な観点から総合的に勘案することが適当であるとされている。

(2)　陸上養殖ビジネスの展開

(i)　陸上養殖への期待

　近時、異業種から陸上養殖ビジネスへ参画する企業が増加している。陸上養殖は、養殖魚の飼育環境を人為的に管理することができるため、海面養殖と比較して新たなブランド魚を育成しやすく、感染症リスクを低減しやすいといった特徴を有するほか、水温管理が困難な海面養殖と異なって魚種の制約も少ない。水産庁「水産政策の改革について」（令和7年1月）をみると、サバ、ヤイトハタ、大西洋サケ、ニジマス、チョウザメなど、近年様々な魚種で陸上養殖が試行または事業化されていることがわかる（同44頁）。一方で、陸上養殖は、用水の調達等の観点で適地が限られること、施設の整備に要する初期費用や電気代等のランニングコストが高額になりやすいこと、飼育槽の水質・水温管理のための高度なIT技術が必要となることなど、海面養殖とは異なる特質もある。

　こうした課題を抱えつつも、農林水産省が令和3年7月に改訂版を公表した「養殖業成長産業化総合戦略」（当初策定は令和2年7月）においては、漁場・生産量の拡大という観点から、陸上養殖は将来有望な技術と目され（同

21頁)、今後の発展が大いに期待される分野である。

(ii)　陸上養殖システムの概要

　現在の陸上養殖システムは、用水利用の方式から大別して、掛け流し式と閉鎖循環式の二つがある（図表1-20参照）。法務の観点からも、システムによって若干の規制上の差異が生じるため、その差異を理解しておく必要がある。

　掛け流し式は、海水、淡水などの天然の水源から継続的に用水を飼育槽に引き込み、飼育水として使用する方式である。他方の閉鎖循環式は、濾過システムなどの水処理装置を活用し汚れた飼育水を入れ替えることなく水処理を行うことで長期間連続的に循環利用する方式である[33]。掛け流し式の場合、豊富な用水が必要であることや養殖場の設置場所に制約が大きいこと、天然の水源を利用するために水温・水質が不安定で感染症の懸念が相対的に高いなどのデメリットがある。一方で、システムは閉鎖循環式よりも簡素化されるため、施設整備のコストを低く抑えることが可能というメリットがある。これに対し、閉鎖循環式の場合、施設整備のコストが高くなるというデメリットがあるものの、水温や水質といった環境制御が比較的容易であったり、少ない用水で足りるといったメリットも挙げられる。

[図表1-20]　用水利用からみた陸上養殖の種類

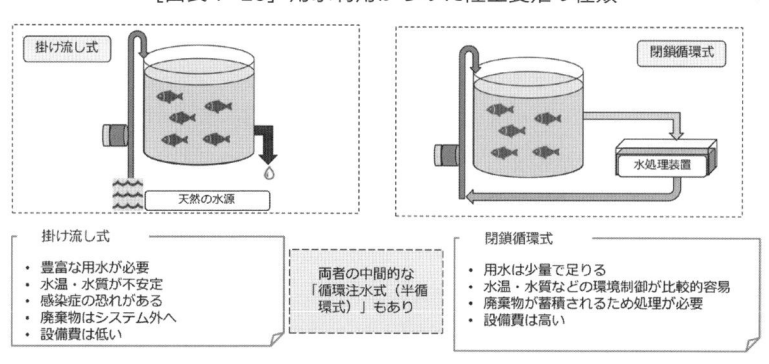

33)　なお、2つの方式の中間的な形態として、循環注水式（半循環式）がある。

(iii)　陸上養殖とレギュレーション

(a)　漁業法との関係

海面養殖の場合、漁業法の適用があるため、養殖ビジネスに新規参入しようとする企業等にとっては、いかにして漁業権を確保するかが事業遂行上の大きな検討課題となる場合が多いと思われる。

　一方で、陸上養殖については、基本的に漁業法の適用はない。漁業法は、「公共の用に供しない水面」については、原則として適用されないためである（同法3条）。「公共の用に供する水面」とは、その水面が水産動植物の採捕に関し一般の公共の使用に供されている水面をいい、水面の敷地の所有または占有が私人に属しているか否かを問わないとされている。そのため、掛け流し式、閉鎖循環式、循環注水式（半循環式）のいずれであっても、海洋と切り離された陸上養殖システムであれば、通常は漁業法の適用がない。

(b)　内水面漁業振興法の適用

ア　「内水面」の概念

　一方、陸上養殖に関しては、基本的に内水面漁業振興法が適用されることになる。内水面漁業振興法は、日本の内水面漁業が食文化と密接に関わる水産物（アユ、ワカサギ等）を供給する機能や、内水面漁業による水産動植物の増殖、漁場環境の保全・管理を通じて国民に釣りや自然体験活動といった自然と親しむ機会を提供する等の多面的機能を発揮している。一方で、河川等における水産資源の生息環境の変化や特定外来生物・鳥獣による被害等によって内水面漁業による漁獲量が減少傾向にあるという事態や、漁業従事者の減少・高齢化により、内水面漁業の有する水産物の安定的な供給機能や多面的機能の発揮に支障を及ぼす懸念があるという状況を踏まえ、内水面漁業の振興を図るべく、平成26年に制定された比較的新しい法律である。

　内水面漁業振興法の適用がある「内水面漁業」は、内水面における水産動植物の採捕または養殖の事業と定義されている（同法3条1項）。ここでいう「内水面」とは、河川、湖沼、私有水面における養殖池など、陸域に囲まれる全ての水面を含むと一般に解釈されているので、陸上養殖システムは通常「内水面」に含まれることになる。

　イ　指定養殖業および届出養殖業

　内水面漁業振興法は、漁業法の規定が適用される水面以外の水面で営まれる養殖業であって政令で定めるもの（「指定養殖業」と定義される。）を営もうとする者は、養殖場ごとに農林水産大臣の許可を受けなければならないと定めている（同法26条）。ただし、現状、指定養殖業として指定されているのはうなぎ養殖業に限られる（同法施行令１条）。これは、ニホンウナギの減少を受け、ニホンウナギの稚魚を利用する日本、中国、韓国および台湾が、平成26年９月の協議で「ニホンウナギの池入数量を直近の数量から20％削減し、異種ウナギについては近年（直近３ヵ年）の水準より増やさないための全ての可能な措置をとる」等の共同声明を取り決めたことを受け、共同声明で課せられた池入数量の遵守を担保すべく、平成27年に許可制の対象となる指定養殖業として指定されたという経緯がある。

　これに対し、現行法上、多くの陸上養殖業は届出制の対象となる。内水面漁業振興法は、漁業法の規定が適用される水面以外の水面で営まれる指定養殖業以外の養殖業であって政令で定めるもの（「届出養殖業」と定義される。）を営もうとする者は、養殖場ごとに、その養殖業を開始する日の１月前までに、農林水産省令で定めるところにより、次に掲げる事項を農林水産大臣に届け出なければならないと定めている（同法28条）。ただ、従来（平成27年にうなぎ養殖業が届出養殖業から指定養殖業に変更されて以降、令和５年４月１日よりも前の間）は、届出養殖業として政令で定められたものはなかった。ところが、近時の技術の高度化等により新たな陸上養殖システムが導入され魚種も増加している中で、養殖業の持続的かつ健全な発展のため、養殖場の所在や養殖方法、排水等による周辺環境への影響などの陸上養殖の実態把握が必要となったという背景を踏まえ、令和５年４月１日以降、多くの陸上養殖が届出制へと移行した。

　具体的には、陸地において営む養殖業であって、食用の水産動植物（うなぎを除く。）を養殖するものであり、①水質に変更を加えた水もしくは海水を養殖の用に供するもの、または②養殖の用に供した水を飼料の投与等によって生じた物質を除去することなく養殖場から排出するものといういずれかの要件を満たすものは、届出養殖業とされる（同法施行令２条）。したがっ

て、①②のいずれにも該当しない場合、たとえば、河川等の淡水、湧水や上下水道の水を利用した掛け流し式（餌料投与等で生じた物質の除去あり）の陸上養殖システムのようなものを除き、届出が必要となる。

[図表 1-21] 内水面漁業振興法に基づく届出の要否

	掛け流し式 （物質除去有）	掛け流し式 （物質除去無）	循環式
河川等の淡水、湧水	不要	必要	必要
上下水道の水	不要	必要	必要
海水	必要	必要	必要

出典：水産庁ウェブサイト（URL：https://www.jfa.maff.go.jp/j/saibai/yousyoku/taishitsu-kyoka.html）をもとに筆者ら作成。

　水産庁によれば、令和 6 年 1 月 1 日時点において、陸上養殖業の届出件数（古くから河川、川沿い等で営まれている陸上養殖および指定養殖業に該当するものを除く。）は662件に上ったとされ、魚種別にみると、以下のとおりである。

［図表 1‑22］魚種別の陸上養殖業の届出件数

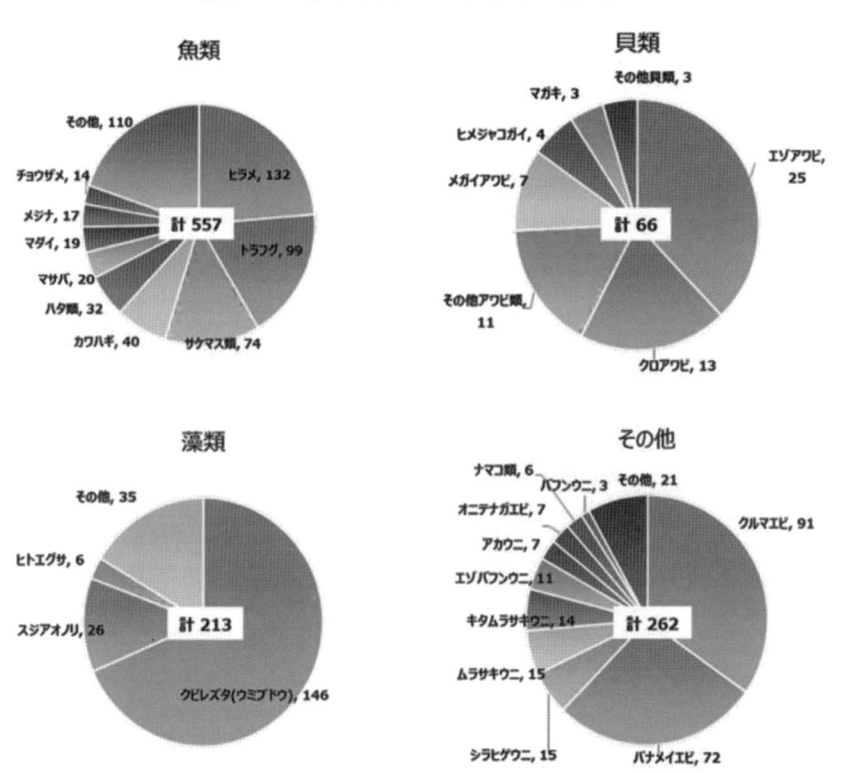

出典：水産庁栽培養殖課「陸上養殖業の届出件数について（令和6年1月1日時点）」1～
2頁。

　届出養殖業を開始しようとする場合、養殖業を開始する1か月前までに、
名称または氏名および住所、法人にあっては代表者の氏名および住所、養殖
場の名称および所在地、養殖場ごとの養殖池数、養殖場ごとの全ての養殖池
の総面積および総体積、養殖の方法、養殖する水産動植物の種類、ならびに
養殖業の開始予定時期を記載した届出書を農林水産大臣に提出することが必
要である（内水面漁業振興法28条1項、同施行規則18条2項）。
　また、届出養殖業者は、各事業年度（4月1日～翌年3月31日までの期間）
に属する最終月の翌月の30日（＝4月30日）までに、養殖の用に供した種苗

の種類別の量や養殖の実績等を記載した実績報告書を農林水産大臣に提出する必要がある（内水面漁業振興法29条、同施行規則21条）。

(c)　その他の主な関連法令

陸上養殖に限られたものではないが、養殖の実施に際しては以下の法令にも留意する必要がある。

[図表1-23]　その他の関連法令

1. 持続的養殖生産確保法	漁協等による養殖漁場の改善促進措置及び特定の養殖水産動植物の伝染性疾病のまん延防止措置を講ずることで、持続的な養殖生産の確保を図り、もって養殖業の発展と水産物の供給の安定に資することを目的
	➤ 漁場改善計画の認定制度（第4条）、特定疾病についての届出義務（第7条の2）、養殖水産動植物の移動制限・禁止（第8条）等
2. 飼料安全法	飼料の安全性の確保及び品質の改善を図り、もって公共の安全の確保と畜産物等（ぶり、まだい、ぎんざけ、かんぱち、ひらめ、とらふぐなど一定の魚類も含まれる）の生産の安定に寄与することを目的
	➤ 農林水産大臣は飼料・飼料添加物の製造等の基準や成分の規格を定めることができ（第3条）、定められた場合の基準・規格外の飼料・飼料添加物の販売や使用等が禁止される（第4条）等
3. 廃棄物の処理及び清掃に関する法律	漁業系廃棄物の処理に関しては廃棄物処理法の適用あり
4. 水質汚濁防止法	アンモニア等の規制物質を排出する場合、排出基準の遵守等が必要

(3)　陸上養殖ファイナンスの視点

規制的な観点だけを考えれば、海面養殖と比較して陸上養殖の参入障壁は格段に低いといえる。他方で、大規模かつ高度な設備を必要とし、電気や水といった多額のユーティリティ調達コストを要する陸上養殖を事業化する場合、大規模な資金調達を行う必要がある。その際、投資円滑化法による漁業法人への投資手法（エクイティ調達）を活用することは一つの有力な選択肢と考えられる。

一方、デットの調達の面に目を向けると、従来は魚類養殖業には、生産着手から販売まで1年を越え、単年度収支で事業性を評価することが困難であること、設備資金やえさ代等に継続的かつ多額の運転資金が必要であること、極端な価格暴落や自然災害による経営リスクが大きいといった特徴があるがゆえに、金融機関からみて伝統的な財務諸表や担保資産に頼った評価では養殖業の経営実態を適切に評価することが難しく、中長期の運転資金等の資金

需要に応えることが困難といった問題が指摘されてきた。水産庁は令和2年4月に「養殖業事業性評価ガイドライン」を策定し、金融機関に対して養殖業の事業特性に対する理解を促すべく努めている。

　さらに、ブルーエコノミーの促進に寄与するファイナンス手法として、近時、海洋資源の保護に資する養殖事業に対する資金提供等のための「ブルーボンド」、「ポジティブ・インパクト・ファイナンス」や「ブルーサステナビリティファイナンス」などの債券発行や借入の形態による取組みが増加していることも注目される（3章Ⅱ参照）。将来的には、長期かつ安定したオフテーカー（養殖業の購入事業者）を確保することで、陸上養殖プロジェクトに対するプロジェクトファイナンスの組成も期待されるところである。

◇Ⅲ　林業

1　林業ビジネスの現状と投資の視点

　2021年に英国で開催されたCOP26において、世界の平均気温上昇を産業革命以前に比べて1.5℃に抑える努力の継続が明記された「グラスゴー気候合意」が採択されたが、同合意にはCO2吸収源や貯蔵庫としての森林の重要性等が明記された。他方で、世界全体でみると森林は減少傾向にあり、森林の減少・劣化への対応が世界的に注目されている。このような中で、近年、特に海外では、木材資源を持続可能に生産している森林が優良なESG投資対象として捉えられ、その投資額は増加している。また、近年世界で発行されたカーボン・クレジットの内訳としても、森林部門の発行量が多くを占める。

　日本においては、国土の3分の2を森林が占めており、また、人工林面積の半分以上が50年生を超え、木材としての利用期を迎えている等、今後森林投資に対する注目がより高まることが予想される。他方で、わが国の森林・林業は、米国等と異なり、作業環境は急峻な地形が多く効率性を上げづらく、路網整備も不十分で搬出コストが嵩みやすいことに加え、木材価格低迷等を受けて収益が見込みづらいこと、境界や所有者等の資源管理情報の整備が遅れていることや民有林における所有構造が小規模零細であること等の

経営効率および収益性の悪さ等にも起因して、これまであまり投資対象となってこなかった。もっとも、後述のように、国や地方公共団体の施策等により、このような阻害要因を克服するための制度の整備も進みつつある。それらの制度について理解を深めることは多くの投資家にとっても有用である。

　また、森林が果たす役割は炭素の蓄積、災害防止、水源涵養、生物多様性の保護等多岐にわたるため（森林の多面的機能）、これらの機能を持続的に発揮させるための森林の適正な整備や保全が必要となる。林業はその森林の多面的な機能の発揮に重要な役割を果たしていることから、林業自体の持続的かつ健全な発展が求められる。これらを踏まえ森林・林業基本法が制定されており、同法に基づき、森林・林業基本計画が定められている（同法11条）。2021年6月15日に閣議決定された森林・林業基本計画においては、社会経済生活の向上とカーボンニュートラルに寄与する「グリーン成長」を実現するため以下の5つの基本方針が掲げられた。

[図表1-24] 森林・林業基本計画の基本方針

森林資源の適正な管理・利用	✓ 森林資源の循環利用を進めつつ、多様で健全な姿へ誘導するため、再造林や複層林化を推進 ✓ 天然生林の保全管理や国土強靱化に向けた取組を加速
「新しい林業」に向けた取組の展開	✓ 新技術を取り入れ、伐採から再造林・保育に至る収支のプラス転換を可能とする「新しい林業」を展開
木材産業の競争力の強化	✓ 外材等に対抗できる国産材製品の供給体制を整備し、国際競争力を向上 ✓ 地域における多様なニーズに応える多品目の製品を供給できるようにし、地場競争力を向上
都市等における「第2の森林」づくり	✓ 中高層建築物や非住宅分野等での新たな木材需要の獲得 ✓ 都市に炭素を貯蔵し温暖化防止に寄与
新たな山村価値の創造	✓ 山村地域において、森林サービス産業を育成し、関係人口の拡大 ✓ 集落維持のため、農林地の管理・利用など協働活動を促進

出典：林野庁「森林・林業基本計画」（令和3年6月）47頁をもとに筆者ら作成。

　なお、森林の多面的機能それ自体についても今後インパクト投資（**3章Ⅱ**参照）における指標として評価が高まる可能性もある。森林の多面的機能を発揮させることを目的とした法制度としては、たとえば、保安林制度、水源地保護条例、生物多様性基本法等が挙げられる。

2　森林についての権利関係

(1)　森林の所有・譲渡

　国土の 3 分の 2 を占める森林のうち私人が所有する森林（私有林）が約 60％を占める。私有林も、基本的には土地として民法の規律を受ける。また、立木は、土地に継続的に付着して使用されることがその物の取引上の性質である[34] ことから、土地の定着物として扱われる。土地の定着物は、土地と離れた独立の不動産とされる場合（たとえば建物）と、土地の一部とされる場合とがあるが、立木については原則として土地の一部となる。もっとも、立木法によって立木登記という特別の登記が認められており、この登記を経た立木（ 1 筆の土地または 1 筆の土地の一部分に生立する樹木の集団）[35] については独立の不動産とみなされ取引の対象とすることができる（同法 2 条

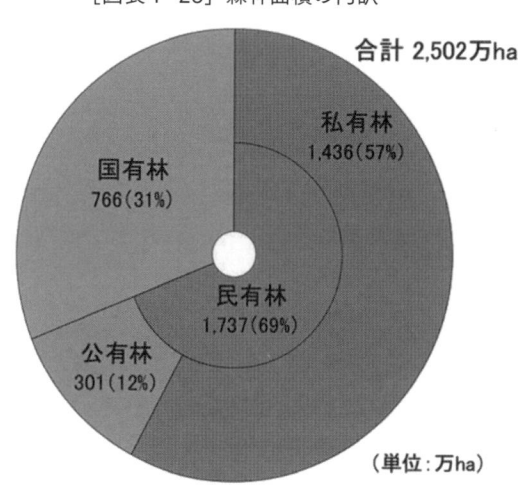

［図表 1 -25］森林面積の内訳

（単位：万ha）

注 1 ：令和 4 （2022）年 3 月31日現在の数値。
　 2 ：計の不一致は四捨五入による。
出典：林野庁「令和 5 年度森林白書」（令和 6 年 6 月）39頁。

---

34) 大判昭和 4 年10月19日法律新聞3081号15頁。

1項）。また、判例上、立木登記を経ていない立木についても、当事者が特に土地から分離して立木だけを譲渡した場合には、土地から独立した所有権の対象とみなされ、樹皮を削ったり、名札を立てたりして所有者の氏名を記す等、慣習上の明認方法を施すことにより、対抗要件を備えることができるとされている[36]。

(2) 森林の管理

(i) 森林法上の制度

　森林法は、森林計画、保安林その他の森林に関する基本的事項を定めて、森林の保続培養と森林生産力の増進とを図り、もって国土の保全と国民経済の発展とに資することを目的とする（同法1条）。同法の「森林」とは、①木竹が集団して生育している土地およびその土地の上にある立木竹、②①以外の木竹の集団的な生育に供される土地をいう（同法2条）。

(a) 森林計画制度

　農林水産大臣は、森林・林業基本法11条1項の基本計画に即し、かつ、保安施設の整備の状況等を勘案して、全国の森林につき、5年ごとに、15年を一期とする全国森林計画をたてなければならない（森林法4条）。全国森林計画は、都道府県知事がたてる地域森林計画等の指針として、森林の整備および保全の目標、伐採立木材積や造林面積等の計画量、施業の基準等を示すものである。2023年10月13日に定められた新たな計画では、新たな計画期間に応じた全国の伐採や造林等の計画量を定めるとともに、盛土等の安全対策の適切な実施、木材合法性確認の取組強化、花粉発生源対策の加速化、林業労働力の確保の促進、高度な森林資源情報の整備・活用等の記載が追加・充実化された。

　また、都道府県知事は、全国森林計画に即して、民有林について5年ごと

---

35) 立木法の対象となる樹木の集団の範囲については、昭和7年勅令第12号（明治42年法律第22第1条第2項の規定に依り樹木の集団の範囲を定むるの件）において、同勅令に規定する133種の樹木のうち、7種類を超えない種類から組成される集団に限定されている。ただし、植栽により生立させた樹木については上記の限定がない。

36) 大判大正9年2月19日民録26輯142頁等。

に、10年を一期とする地域森林計画をたてなければならない（森林法5条）。地域森林計画は、都道府県の森林関連施策の方向および地域的な特性に応じた森林整備および保全の目標等を明らかにするとともに、市町村森林整備計画の策定に当たっての指針を示すものである。

　さらに、市町村は、その区域内にある地域森林計画の対象となっている民有林につき、5年ごとに、10年を一期とする市町村森林整備計画をたてなければならない（森林法10条の5）。

(b)　林地開発許可制度

　地域森林計画の対象となっている民有林において開発行為（土石または樹根の採掘、開墾その他の土地の形質を変更する行為で、森林の土地の自然的条件、その行為の態様等を勘案して政令で定める規模を超えるものをいう。）をしようとする者は、原則として都道府県知事の許可を受けなければならない（森林法10条の2）。

(c)　所有または伐採に係る届出制度

　地域森林計画の対象である民有林について、当該森林の土地の所有者となった者は市町村長に対し、その旨を届け出なければならず（森林法10条の7の2）、森林の所有者等は、地域森林計画の対象である民有林を伐採する場合には、一定の場合を除き、市町村長に対し、森林の所在場所、伐採面積、伐採方法等を届け出る必要がある（同法10条の8）。森林の所有者等が届け出た伐採内容等が市町村森林整備計画に適合しない場合には、市町村長は、届出をした者に対して、伐採および伐採後の造林計画の変更を命じることができる（同法10条の9第1項）。また、市町村長は、森林の所有者等が届け出た計画に従って伐採等を行っていない場合には、当該計画に従って伐採、伐採後の造林をすべき旨を命じることができる（同条3項）。さらに、市町村長は、届出違反による伐採や伐採後の造林によって、①周辺地域における土砂流出等の災害、②伐採前の森林が有していた水害防止機能に依存する地域における水害、③伐採前の森林が有していた水源涵養機能に依存する地域における水の確保への著しい支障、④周辺地域における環境の著しい悪化が生じ

るおそれがある場合には、伐採の中止や、伐採後の造林がそれらの事態の発生を防止するために必要かつ適当であるときは、伐採の中止や期間、方法および樹種を定めた伐採後の造林を命じることができる（同条4項）。

(d)　森林経営計画

　森林所有者または森林所有者から森林の経営の委託を受けた者は、自らが経営を行う森林であってこれを一体として整備することを相当とするものとして政令で定める基準に適合するものにつき、5年を一期とする森林の経営に関する計画（以下「森林経営計画」という。）を作成し、市町村長に対して当該森林経営計画が適当であるかどうかにつき認定を求めることができる（森林法11条1項）。市町村長は、認定の申請があった場合において、森林経営計画の長期方針が森林の整備を図るために有効かつ適切なものであること、森林経営計画が市町村森林整備計画の内容に照らして適当であると認められること等の要件を全て満たす場合には、当該森林経営計画が適当である旨の認定を行う（同法11条5項）。

　森林経営計画が市町村長による認定を受けた場合、以下のようなメリットを享受することができる。

[図表1-26] 森林経営計画認定のメリット一覧

税法上のメリット	森林経営計画に基づいて山林を伐採または譲渡した場合、山林所得の計算上その収入金額（伐採搬出の必要経費を控除した額）の20％に相当する金額（収入金額が2,000万円を超える部分については10％）を森林計画特別控除額として控除可。 林地保有の合理化のために林地を譲渡し、かつ、その土地の取得者が有する山林の全てについて森林経営計画の認定を受けた場合、譲渡者の譲渡所得から800万円を控除可。 相続または遺贈を受けた計画対象森林について、引き続き森林経営計画に基づき施業を継続した場合であって、一定の要件を満たすとき、林地および立木の課税価格の5％減額。

森林整備補助事業	森林環境保全直接支援事業は、原則として、森林経営計画に基づいて行う施業のみが支援対象。
融資	林業基盤整備資金（造林資金）について、貸付利率の特例等による融資。 森林整備活性化資金の一部について、一定の要件を満たす場合は無利子融資。 林業経営育成資金（森林取得資金）の貸付利率の優遇。
必要経費の支援	森林経営計画の作成や施業集約化等に必要となる経費の支援。

　森林経営計画の認定を受けた者は、その対象となる森林につき同計画に定められた立木の伐採・造林をした場合等には、市町村長にその旨を届け出る必要がある（森林法15条）。なお、森林経営計画の認定については、合併や新設分割により包括承継人に承継される（同法17条１項）。

　(e)　保安林制度

　保安林とは、水源の涵養、土砂の崩壊その他の災害の防備、生活環境の保全・形成等、特定の公益目的を達成するため、農林水産大臣または都道府県知事によって指定される森林であり、保安林では、それぞれの目的に沿った森林の機能を確保するため、立木の伐採や土地の形質の変更等が規制される。

　具体的には、農林水産大臣は、民有林について①水源の涵養、②土砂の流出の防備または③土砂の崩壊の防備、国有林について上記①～③のほか④飛砂の防備、⑤風害、水害、潮害、干害、雪害もしくは霧害の防備、⑥なだれもしくは落石の危険の防止、⑦火災の防備、⑧魚つき、⑨航行の目標の保存、⑩公衆の保健、または⑪名所もしくは旧跡の風致の保存の目的を達成するために必要があるときは、重要流域（２以上の都府県の区域にわたる流域その他の国土保全上または国民経済上特に重要な流域で農林水産大臣が指定するもの）内に存在する森林を保安林として指定することができる（森林法25条１項）。

　また、都道府県知事は、上記①～③の目的を達成するため必要があるときは、重要流域以外の流域内に存する民有林を保安林として指定することができ、④～⑪の目的を達成するため必要があるときは民有林を保安林として指

定することができる（森林法25条の2第1項・2項）。なお、保安林の指定または解除に直接の利害関係を有する者は、農林水産省令で定める手続に従い、森林を保安林として指定すべき旨または指定を解除すべき旨を書面により農林水産大臣または都道府県知事に申請することができる（同法27条）。

　保安林として指定を受けた場合、都道府県知事の許可を受けなければ、原則として立木を伐採してはならないが、①法令またはこれに基づく処分により伐採の義務のある者がその履行として伐採する場合、②森林法34条の2に基づく届出を行った上で、保安林における立木の伐採をする場合、③同法34条の3に基づく届出を行った上で、保安林における間伐のために立木の伐採をする場合、④地域森林計画に定められている森林施業の方法および時期に関する事項に従って立木の伐採をする場合（同法39条の4第1項）、⑤同法49条1項に基づき、森林所有者等が森林施業に関する測量または実地調査のための実地調査の許可を受けて伐採する場合、⑥農林水産大臣、都道府県知事または市町村の長が、その職員に実地調査または標識建設の支障となる立木竹を伐採させる場合（同法188条3項）、⑦火災、風水害その他の非常災害に際し緊急の用に供する必要がある場合、⑧除伐する場合、⑨その他農林水産省令で定める場合[37]はこの限りでない（同法34条1項）。

　さらに、保安林においては、都道府県知事の許可を受けなければ、(a)立竹の伐採、(b)立木の損傷、(c)家畜の放牧、(d)下草、落葉または落枝の採取、(e)

37）(i)国または都道府県が保安施設事業、砂防工事、地すべり防止工事、ぼた山崩壊防止工事を実施するために立木を伐採する場合、(ii)法令・処分により測量、実地調査または施設の保守の支障となる立木を伐採する場合、(iii)倒木または枯死木を伐採する場合、(iv)こうぞ、みつまたその他農林水産大臣が定めるかん木を伐採する場合、(v)法34条2項の許可を受けて保安林の機能に代替する機能を有する施設を設置し、または当該施設を改良するため、あらかじめ都道府県知事に届け出たところに従って立木を伐採する場合、(vi)樹木または林業種苗に損害を与える害虫、菌類およびバイラスであって都道府県知事が指定するものを駆除し、そのまん延を防止するため、都道府県知事に届け出たところに従って立木を伐採する場合、(vii)林産物の搬出その他森林施業に必要な設備を設置するために都道府県知事に届け出たところに従って立木を伐採する場合、(viii)土地の占有者・所有者の同意を得て土地収用事業のために必要な測量・実地調査を行う場合において、その支障となる立木を除去するために都道府県知事に届け出たところに従って伐採する場合、(ix)道路、鉄道、電線等や建築物に著しく損害を与えるおそれがあり、またはそれらの用途を著しく妨げている立木を緊急に除去するために、都道府県知事に届け出たところに従って伐採する場合、(x)国の機関が都道府県知事との協議に従い国有林を伐採する場合が定められている（森林法施行規則60条）。

土石または樹根の採掘、開墾、(f)その他の土地の形質を変更する行為をしてはならないが、(i)法令またはこれに基づく処分によりこれらの行為をする義務のある者がその履行としてする場合、(ii)森林所有者等が上記⑤の許可を受けてする場合、(iii)上記⑥の場合、(iv)火災、風水害その他の非常災害に際し緊急の用に供する必要がある場合、(v)軽易な行為であって農林水産省令で定めるものをする場合[38]、(vi)その他農林水産省令で定める場合[39]はこの限りでない（森林法34条2項）。

　なお、森林所有者等が保安林の立木を伐採した場合には、当該保安林に係る森林所有者は、当該保安林に係る指定施業要件として定められている植栽の方法、期間および樹種に関する定めに従い、当該伐採跡地について植栽をしなければならない（森林法34条の4）。

(ii)　水源地の保護

　水源地域の森林は、水資源の貯留、水質の浄化などいわゆる水源涵養機能を発揮することにより、安全で良質な水の安定的な供給に重要な役割を果たしている。民法上、土地の所有権は法令の制限内において、その土地の上下に及ぶとされているため（民法207条）、地下の水資源の採取権は原則として土地所有権に包含される[40]。もっとも、水源地の保護のため、上記保安林制度が存在する他、各地方自治体において水源地に関する規制を定める条例が

---

38)（i)造林または保育のためにする地ごしらえ、下刈り、つる切りまたは枝打ち、(ii)倒木または枯死木の損傷、(iii)こうぞ、みつまたその他農林水産大臣が定めるかん木の損傷が除外されている（森林法施行規則62条）。

39)（i)国または都道府県が保安施設事業、砂防工事、地すべり防止工事、ぼた山崩壊防止工事を実施するためにする場合、(ii)法令・処分により測量、実地調査または施設の保守のためにする場合、(iii)自家生活用に都道府県知事に届け出たところに従って下草、落葉または落枝を採取する場合、(iv)学術研究の目的に供するため、都道府県知事に届け出たところに従って下草、落葉または落枝を採取する場合、(v)国の機関が都道府県知事と協議するところに従い国有林の区域内においてする場合が除外されている（森林法施行規則63条1項）。

40)　近時は地熱発電、CCS（Carbon dioxide Capture and Storage）事業等において地下利用の可能性が生じており、地下のどこまでに土地の所有権が及ぶのかという点についても議論が生じている。民法207条に定める「法令」に該当する大深度地下使用法は、事業者が一定のエリアにおいて道路や鉄道等の公共の利益となる事業を実施するために、国土交通大臣または都道府県知事の認可を受けることで40m以上の地下（大深度地下）を使用することができると規定しており（同法10条）、土地所有権は少なくとも大深度地下にまで及ぶことが前提とされているものと考えられる。

制定されている。

　北海道水資源の保全に関する条例、埼玉県水源地域保全条例をはじめ、本書執筆時点において20の都道府県が水源地保全条例を制定している[41]。これらの条例は、概ね、水資源の保全のために特に適正な土地利用の確保を図る必要がある地域を水資源保全地域として指定し、水資源保全地域内の土地に関する所有権等を有する者に対し、当該土地に関する権利の移転または設定をする契約を締結しようとする場合において、事前の届出を義務付けている。かかる義務を懈怠した者に対する過料、罰金等を定めている条例も多い。

(iii)　森林経営管理制度

　森林経営管理制度とは、森林法上の地域森林計画の対象とする森林について、森林所有者自らが森林の経営管理[42]を行えない場合に、森林経営管理法に基づき市町村が森林の経営管理の委託を受け、市町村が自ら管理しまたは林業経営者に再委託することにより、林業経営の効率化と森林の管理の適正化を促進する制度である。

　市町村は、自らまたは森林所有者からの申出に基づき、その区域内に存する森林の全部または一部について、経営管理の状況や地域の実情等を勘案して、当該森林の経営管理権[43]を当該市町村に集積することが必要かつ適当であると認める場合には、経営管理権集積計画を定める（森林経営管理法4条、6条）。経営管理権集積計画には、市町村が経営管理権の設定を受ける対象となる森林の所在地等、森林所有者の氏名等、経営管理権の始期および存続期間、経営管理の内容等が記載される。経営管理権集積計画の公告により、市町村に経営管理権が、森林所有者に金銭の支払を受ける権利が設定される（同法7条）。なお、共有者不明森林における不明森林共有者や、所有

---

41)　一般財団法人地方自治研究機構ウェブサイト「水源地域保全条例」（URL：http://www.rilg.or.jp/htdocs/img/reiki/042_conservation_of_water_source_area.htm）参照。
42)　森林について自然的経済的社会的諸条件に応じた適切な経営または管理を持続的に行うことをいう（森林経営管理法2条3項）。
43)　森林所有者の委託を受けて立木の伐採および木材の販売、造林ならびに保育（木材の販売による収益を収受するとともに、販売収益から伐採等に要する費用を控除してなお利益がある場合にその一部を森林所有者に支払うことを含む。）を実施するための権利をいう（森林経営管理法2条4項）。

者不明森林における不明森林所有者については、経営管理権集積計画に同意したものとみなす特例等が定められており（同法10条、24条以下）、森林の所有者が明らかでないことを理由に森林の経営管理の効率化や適正化が滞らないような仕組みが採用されている[44]。経営管理権が設定された森林のうち、林業経営に適したものについては、市町村は民間の林業経営者に経営管理実施権[45]を設定することができる（同法35条〜37条）。経営管理実施権の設置を受ける事業者については公募により選定される（同法36条）。

　なお、林野庁の調査よれば、2022年度末までに、私有林人工林があり、制度の活用が必要な市町村のほぼ全て（1,221市町村）で、森林経営管理制度に係る取組み（森林所有者に対する意向調査の準備を含む。）が実施されている。

(iv)　分収林

　分収林とは、国以外の者（造林者）が契約により、国有林において造林または育林した上で、成林後の立木を販売し、その収益を国と造林者とで予め契約した一定の割合（通常、造林者：国＝7：3）で分収する制度をいう。土地の所有者と森林の管理を行う者を分離した上で、森林の管理を適切に行うことができる者に任せるための仕組みであるといえる。植樹された樹木は、国と造林者の共有とすることが予定されている（分収林特別措置法2条1項5号・2項5号）が、民法上の共有物の分割請求の規定（民法256条1項）は排除されている（分収林特別措置法4条）。

　造林者にとっては、社会貢献活動として対外的な評価を上昇させることが見込まれる他、山林を取得することなく初期投資を抑制した投資が可能となるというメリットがある。

44）なお、森林法上、数人の共有に属する森林について、過失なく森林所有者の一部を確知することができない場合に、市町村の裁定を受けることにより、当該確知することができない者の共有持分を取得することができる制度が設けられている（森林法10条の12の2以下）。

45）森林について経営管理権を有する市町村が当該経営管理権に基づいて行うべき自然的経済的社会的諸条件に応じた経営または管理を民間事業者が行うため、市町村の委託を受けて伐採等を実施するための権利をいう（森林経営管理法2条5項）。

(v)　入会権

入会林野とは、昔から集落の「きまり」や「おきて」などの慣習に従って、薪炭材、かや、草等を採取するために使われていた山林原野をいい、入会権とはその山林原野において使用収益する権利をいう。民法上、入会権については、共有の性質を有する入会権（いわゆる共有的入会権、民法263条）と共有の性質を有しない入会権（いわゆる地役的入会権、民法294条）について簡易な条項が設けられているのみである。地方自治法においては、市町村や財産区の所有する山林原野のうち、その市町村の住民の一部だけで旧来の慣習によって使用することが認められている山林原野について、旧慣を変更・廃止しようとするときは市町村の議会の議決を経る必要がある旨の規定が置かれている（地方自治法238条の6第1号）。

昭和41年には、入会林野近代化法が制定された。同法は、入会林野または旧慣使用林野である土地の農林業上の利用を増進するため、これらの土地に係る権利関係の近代化を助長するための措置を定め、もって農林業経営の健全な発展に資することを目的とする。同法では、入会林野整備として、入会林野である土地について、その農林業上の利用を増進するため、入会権を消滅させることおよびこれに伴い入会権以外の権利を設定し、移転し、または消滅させることが予定されている（同法2条2項）。ただし、既存の権利者の保護の観点から、入会林野整備は、その対象とする入会林野に係る全ての入会権者が、その全員の合意によって、入会林野整備に要する経費の分担の方法、代表者の選任の方法、代表権の範囲、事務所の所在地等を内容とする規約および入会林野整備に関する計画を定め、その代表者によって、当該計画書を当該入会林野の所在地を管轄する都道府県知事に提出し、その認可を受けて行うものとされている（同法3条）。

(3)　木材の流通

令和3年10月1日、国内の森林資源が本格的な利用期を迎えたこと、木材の利用は脱炭素社会の実現に貢献するものであること、都会の木造化推進法の制定以降10年が経過し、技術革新等により木材の利用可能性も拡大したこと等を受けて、公共建築物のみならず民間建築物を含む建築物一般で木

材利用を促進することが必要となったため、本法が改正され「脱炭素社会の実現に資する等のための建築物等における木材の利用の促進に関する法律」と改称された。同改正では、目的に「脱炭素社会の実現に資すること」が追加され（都会の木造化推進法1条）、また、木材利用の促進に関する基本理念の新設（同法3条）、建築物木材利用促進協定制度の新設（同法15条）、木材利用促進本部の農林水産省への設置（同法25条～30条）等が行われた。

　また、同改正を受けて、木材利用促進本部では新たに基本方針（同法10条）を策定している[46]。同基本方針では、国や地方公共団体が、CLT（Cross Laminated Timber）や木質耐火部材等の普及や木造建築物の設計および施工に関する先進的な技術の普及に努めること、建築に当たって、建築材料として木材が選択されるよう、建築用木材および木造建築物の安全性に関する情報の提供に努めること、建築物木材利用促進協定制度の積極的な周知徹底を行うこと、国が整備する公共建築物においてはコストや技術面で困難な場合を除き、原則木造化することを目標とすること等が掲げられている。

　なお、建築物木材利用促進協定制度は、建築主たる事業者等が国または地方公共団体と協働・連携して木材の利用に取り組むことで、民間建築物における木材の利用を促進することを目的とするもので、建築主となる事業主は、環境意識の高い事業者として社会的評価が向上すること、ESG投資などの資金獲得につながる可能性があること、国や地方公共団体による財政的支援を受けられる可能性があることといったメリットを享受することができる。

　また、国内および国外における違法な森林伐採および違法な森林伐採に係る木材の流通が地球温暖化の防止をはじめとする森林の多面的機能に影響を及ぼすおそれがあること、木材市場の公正な取引を害するおそれがあることに鑑み、違法な森林伐採を防止することを企図してクリーンウッド法が制定されている。同法は、木材関連事業者による合法伐採木材等の利用の確保のための措置等を講ずることにより、自然環境の保全に配慮した木材産業の持続的かつ健全な発展を図り、もって地域および地球の環境の保全に資することを目的としており、木材関連事業者[47]に対し、合法伐採木材等を利用す

46) 林野庁ウェブサイト「建築物における木材の利用の促進に関する基本方針」（URL：https://www.rinya.maff.go.jp/j/riyou/kidukai/attach/pdf/kihonhousin-7.pdf）。

るよう努めることを求めている（同法5条）。クリーンウッド法は2023年に改正されており、改正法は、2025年4月1日に施行予定である。2025年4月1日以降、木材関連事業者は、素材生産販売事業者から素材の譲受けまたは譲渡しの受託を行う場合、外国において本邦に輸出される木材等の譲渡しをする事業を営む者からの木材等の譲受けまたは譲渡しの受託を行う場合、自ら伐採した樹木を材料として生産した素材の加工を行う場合には、当該木材等が違法伐採に係る木材等に該当しない蓋然性が高いかどうかについての確認を行うこと、原材料情報に関する記録の作成・保存を行うこと、木材等の譲渡しにあたり、原材料情報の伝達を行うこと等が義務付けられることとなった（改正後のクリーンウッド法6条～8条）。

3　森林の今後

(1)　森林と投融資

（i）　森林とカーボン・クレジット

　J−クレジット制度とは、省エネルギー設備の導入や森林経営などの取組みによる、CO2等の温室効果ガスの排出削減量や吸収量を「クレジット」として国が認証する制度をいうが（**5章Ⅳ4参照**）、森林分野のクレジットとしては図表1−27の方法論[48]が存在する。

　なお、森林分野のJ−クレジットへの登録件数およびクレジット認定量は年々増加しており、2023年度は登録件数ベースで前年度の約1.5倍、クレ

47）木材等の製造、加工、輸入、輸出または販売（消費者に対する販売を除く。）をする事業、木材を使用して建築物その他の工作物の建築または建設をする事業および木質バイオマスを変換して得られる電気を電気事業者に供給する事業を行う者をいう。2023年の改正法が施行される2025年4月1日以降は、①木材等の製造、加工、輸入、輸出または販売（自ら所有する樹木または樹木の所有者から委託を受けて伐採した樹木を材料として生産した素材の販売を除く。）をする事業、②素材生産販売事業者から委託を受けて素材の販売をする事業、③木材を使用して建築物その他の工作物の建築または建設をする事業、④木質バイオマスを変換して得られる電気を電気事業者に供給する事業、⑤木材等（クリーンウッド法第2条第1項に規定する木材を除く。）を使用して建築物その他の工作物の建築または建設をする事業を行う者と定義される（同法2条4項、同法施行規則3条）。
48）排出削減・吸収に資する技術ごとに、適用範囲、排出削減・吸収量の算定方法およびモニタリング方法等を規定したものをいう。

ジット認定料ベースで前年度の約3.5倍に増加している。なお、2024年8月時点において、植林活動方法論についての登録実績はない。

[図表1-27] 森林分野におけるクレジット

森林経営活動方法論	適切な施業が行われなかった森林の吸収量を0として、間伐等の適切な森林経営活動を実施することで増加する、地上部・地下部バイオマスの炭素蓄積量や伐採された木材の利用に係る炭素固定により吸収量を算定する方法
植林活動方法論	植林活動前の吸収量を0として、植林活動により増加する地上部・地下部バイオマスにより吸収量を算定する方法
再造林活動	適切な再造林が実施されなかった伐採跡地等の吸収量を0として、再造林活動により増加する地上部・地下部バイオマスにより吸収量を算定する方法

(ii)　森林ファンド

　森林ファンドは、投資家から資金を原資として林地資産を取得し、林業やクレジット取引等を行うことで投資リターンを生み出し、投資家に対して配当を行う。

　日本においても近時は、特にカーボンニュートラルに向けた取組みとの関係で森林ファンドへの関心は高まっており、住友林業株式会社をはじめとする日本企業10社が、米国の森林アセットマジメント事業会社を組成し、運用を開始したことが話題となった[49]。

　森林ファンドは土地およびその定着物としての森林を投資対象とすることから、不動産やインフラと同様の投資の仕組みが用いられることになると考えられるが、森林のマネジメントやキャッシュフローの源泉となる木材の流通・カーボン・クレジット等について固有の問題や課題がある。なお、農林水産ファンドに関する法制度として、投資円滑化法が存在する（**3章Ⅰ2参照**）。

---

49) 住友林業株式会社「日本企業10社　住友林業グループ組成の森林ファンドへ共同投資～600億円規模、脱炭素社会の実現に貢献～（ニュースリリース（2023年7月10日））」。

(iii)　森林の担保化

森林ファンドを含め森林ビジネスに対して融資を行う場合には、融資の回収可能性を高める目的で担保設定が重要となる。農林水産分野においても、令和6年6月に成立した事業性融資推進法に基づく企業価値担保権の設定を受けることも検討の余地があるが（**3章Ⅰ3⑷**参照）、上記のとおり、森林も、基本的には土地として民法の規律を受けるため、まずは森林（の存在する土地）に対して抵当権を設定することが最初に思い浮かぶ。ただし、森林のみではなく土地の所有権者でなければ抵当権を設定することができないため、土地自体は賃借した上で森林のみを所有する事業者が融資先であれば土地への抵当権の設定を行うことができない。

抵当権は、抵当権設定者が使用収益を続け、担保権者はその収益を引当てに見込んで債務の弁済を受けられることを前提とする担保権であるため、森林に抵当権を設定した場合であっても、事業者は森林の使用収益を続けることができる。抵当権の効力は、抵当目的物である不動産の付加一体物に及ぶため（民法370条）、土地の付加一体物である個々の立木についても、立木登記の設定により独立の取引対象とならない限り（同条但書）、抵当権の効力が及ぶのが原則である。なお、この場合立木が林地に付加された時点と林地に対する抵当権の設定時点の先後は問題とならない。

もっとも、判例は、土地上の立木が第三者に伐採されたとしても、土地から搬出される前であれば抵当権の効力が及ぶことを認めたと読めるものがある[50]が、抵当権の対象土地から搬出された木材に対してどのような効力を持つかは明らかではなく、学説においても抵当権の対象土地から搬出された木材については抵当権の効力が及ばないという見解が有力である[51]。

これに対して、土地の所有権を有していない場合であっても、立木について、立木法に基づき立木登記を行うことにより、抵当権の対象とすることができる（立木法2条2項）。土地の権原が地上権や賃借権である場合には、抵当権を設定した立木の所有者は、抵当権者の承諾を得ることなく、その権原を放棄することができず（同法8条）、立木に対する抵当権が保護されている。

---

50)　大判昭和7年4月20日新聞3407号15頁、大判昭和7年5月27日民集11巻1289頁。
51)　たとえば、我妻栄ほか『コンメンタール民法〔第8版〕』（日本評論社、2022年）619頁。

　立木について抵当権を設定する場合、立木の所有者は、抵当権者との間で施業方法について協定を締結することができ、その方法に従って樹木を採取することとなる（立木法3条）。当該協定に基づき分離された場合を除き、立木に対する抵当権は、分離された樹木に対しても効力を有する（同法4条1項）。土地に設定された抵当権とは異なり、この立木に対する抵当権の効力は、分離された樹木が立木の登記がされているエリアから搬出された場合であっても及ぶとされており、搬出された樹木が即時取得されない限り抵当権を行使することが可能である。

　立木法に基づく抵当権設定は、森林に対する融資を行うに当たり、検討の余地があるが、法務省の統計上、過去10年間で立木への抵当権設定が行われたのは1件のみであり、実務的に活用されているとは言いがたい[52]。様々な理由があるところであるが、登記に当たり樹木の位置、地積、名称、樹木の種類、数量、樹齢等を申請する必要がある等立木登記の手続が煩雑であることに加え、中山間地域においてはその立木の対象範囲を特定するための技術的な課題もあったと思われる。林業におけるテクノロジーの進歩により解消可能な課題も増えてくることが期待される。

(2)　林業種苗法とエリートツリーの普及

　エリートツリーとは、地域の人工造林地において、最も成長が優れた木として選抜された「精英樹」のうち、優良なもの同士を人工交配によりかけ合わせ、その中からさらに優れた個体を選んだものをいう。エリートツリーは上長・肥大成長が早いため、施業効率化や育成コスト削減といったメリットがある。

　エリートツリーの普及のためには、その種苗の混同や品質誤認を防ぎ、流通の適正化を図ることが不可欠である。種苗法上、農産種苗の品質の識別を容易にするため、販売に際して一定の事項を表示させる指定種苗制度が存在するが、その特例として、林業の用に供される樹木の種苗については林業種苗法が制定されている。なお、同法における種苗とは、林業の用に供される

52）e-stat「種類別　立木の登記の件数及び個数」（URL：https://www.e-stat.go.jp/dbview?sid=0003268730）。

樹木の繁殖の用に供される種子、穂木、茎、根および苗木（幼苗を含む。）であって、政令で定める樹種に係るものをいう（林業種苗法2条1項）。同法は、優良な種苗の供給を確保するため、主に①優良な採取源の指定、②生産事業者の登録、③配布の際の表示の適正化などに関する措置を規定している。

(i)　優良な採取源の指定（①）

都道府県知事は、優良な種穂（種苗のうち、種子、穂木、茎または根をいう。）の確保を図るため、農林水産省令で定める基準に従い、配布（配布のためにする苗木の育成を含む。）の目的のための優良な種穂の採取に適する樹木またはその集団を、育種により育成されたものにあっては育種母樹または育種母樹林として、その他のものにあっては普通母樹または普通母樹林として指定することができる（林業種苗法3条1項）。また、農林水産大臣は、優良な種穂の採取に適する樹木またはその集団を育成し、または改良するため特に優良な種穂の確保を図る必要があるときは、関係都道府県知事の意見をきいて、配布の目的のための特に優良な種穂の採取に適する樹木またはその集団を特別母樹または特別母樹林として指定することができる（同法4条）。

農林水産大臣は、特別母樹または特別母樹林の指定目的を達成するため必要があるときは、その所有者等に対し、その保護または管理に関し、必要な処置を講ずることまたは有害な行為を行わないことを命ずることができる（林業種苗法6条）。また、特別母樹または特別母樹林の所有者等は、法令等により伐採の義務がある場合等を除き、これらの樹木を伐採してはならず、育種母樹もしくは育種母樹林または普通母樹もしくは普通母樹林の所有者等は、これらの樹木を伐採しようとするときは、その旨を都道府県知事に届け出なければならない（同法7条）。

(ii)　生産事業者の登録等（②）

配布の目的をもって種苗を採取し、または育成する事業（生産事業）を行おうとする者は、その住所地等その他の事項を、管轄する都道府県知事に登録、提出しなければならない（林業種苗法10条）。

他の者が採取し、または育成した種苗を配布する事業（配布事業）を行う

者は、配布事業を開始したときは、その開始の日から30日以内に、氏名および住所等、事業所の所在地その他農林水産省令で定める事項をその住所地を管轄する都道府県知事に届け出なければならない（林業種苗法17条）。

(iii)　配布の際の表示の適正化（③）

　生産事業者は、その採取または育成に係る種苗を配布するときは、農林水産省令で定めるところにより、当該種苗の容器または包装の外部等に生産事業者表示票という文字、種苗の樹種、生産事業者の氏名または名称および住所、採取の場所および採取した樹木が指定採取源である場合にはその種別等を表示した生産事業者表示票を添附しなければならない（林業種苗法18条1項）。

　配布事業者は、種苗をその容器もしくは包装を開きもしくは変更して配布するとき、容器もしくは包装のない種苗を容器に入れもしくは包装して配布するとき、または生産事業者表示票の添附されていない種苗を配布するときは、農林水産省令で定めるところにより、当該種苗の容器または包装の外部に交付する書面に同様の事項を表示した配布事業者表示票を添附しなければならない（林業種苗法18条2項）。

　ただし、いずれの場合であっても農林水産省令で定める場合において、上記事項を表示した書面を当該種苗の配布を受ける者に交付するときは、表示票の添附を要しない。

　かかる表示義務の違反については、都道府県知事は生産事業者または配布事業者に対して是正命令を出すことができ（林業種苗法19条）、また、3万円以下の罰金が定められている（同法32条4号）。

(3)　森林と生物多様性

　森林は多様な生物の生育、生息の場として生物多様性の保全に寄与している。森林の生物多様性を維持するためには、森林生態系タイプの構成をモニタリングする必要があることから、林野庁では全国を4kmメッシュで区切り、その交点に位置する森林（約15,000点）を調査対象として、5年間で全国を一巡するサイクルで調査を行っている[53]。

　生物多様性を維持するための法制度として、国際法的には生物多様性条約が存在し、日本も加盟している。

　国内法としては、環境基本法が「生態系の多様性の確保、野生生物の種の保存その他の生物の多様性の確保が図られるとともに、森林、農地、水辺地等における多様な自然環境が地域の自然的社会的条件に応じて体系的に保全されること」を施策の策定に係る指針として掲げている（同法14条2号）。また、生物多様性基本法は、生物の多様性の確保および持続可能な利用について、基本原則を定めるとともに、国や地方公共団体、国民等の責務を明らかにしている。生物多様性基本法に基づき、「2030年ネイチャーポジティブ」の実現を一つの柱とする生物多様性国家戦略2023-2030が策定された。同戦略は、①生態系の健全性の回復、②自然を活用した社会課題の解決、③ネイチャーポジティブ経済の実現、④生活・消費活動における生物多様性の価値の認識と行動（一人一人の行動変容）および⑤生物多様性に係る取組みを支える基盤整備と国際連携の推進の5つの基本戦略に沿った取組みを行うとされている。

　また、生物多様性増進活動促進法が令和6年4月に公布され、令和7年4月から施行される。生物多様性増進活動促進法の最大のポイントは、①増進活動実施計画と連携増進活動実施計画の認定制度を設け、②認定を受けた者に対し、その活動内容に応じて、自然公園法等に基づく手続のワンストップ化、簡素化を可能とする制度を設けたことである。

　増進活動実施計画は、企業等が作成し、地域生物多様性増進活動[54]の内容および実施時期、区域、目標、実施体制ならびに計画期間が記載される（同法9条）。

　連携増進活動実施計画は、地域の多様な主体と連携し取りまとめ役としての役割が期待される市町村が作成し、連携地域生物多様性増進活動[55]の内

53）現在2014年から2018年までの調査結果が公表されている（URL：https://www.rinya.maff.
　go.jp/j/keikaku/tayouseichousa/）。
54）里地、里山その他の人の活動により形成された生態系の維持または回復、生態系の重要
　な構成要素である在来生物の生息地または生育地の保護または整備、生態系に被害を及ぼ
　す外来生物の防除および鳥獣の管理その他の地域における生物の耐用性の増進のための活
　動をいう。

容および実施時期、区域、目標、実施体制、計画期間ならびに連携地域生物多様性増進活動の促進のために必要な事項が記載される（同法11条）。

　その他に、種の保存法や、外来生物法が制定されている。

◇Ⅳ　食品

1　食品ビジネスの現状

(1)　食品のビジネス・チェーン

　食品は、一般的に、農畜水産物の生産・輸入→製造・加工→卸売→小売・外食という流れを経て、最終的に消費者のもとに届けられる。このような流れはフード・チェーンとも呼ばれ、食品ビジネスはこのフード・チェーンの各プロセスを担うプレーヤーにより構成される。これまでに述べた農畜水産物の生産に関するビジネスを除くと、①食品の製造・加工に関するビジネス、②食品の流通・販売に関するビジネス、および③外食に関するビジネスに大別することができる。各ビジネスは、伝統的にはそれぞれ異なるプレーヤーによって担われてきた。しかし、近時は、「6次産業化」や「プライベートブランド」等のキーワードが示すように、フード・チェーン全体を一体的なビジネスとして運営しようとする動きもみられる。

[図表1-28] 農業・食料関連産業の国内生産額（2021年）

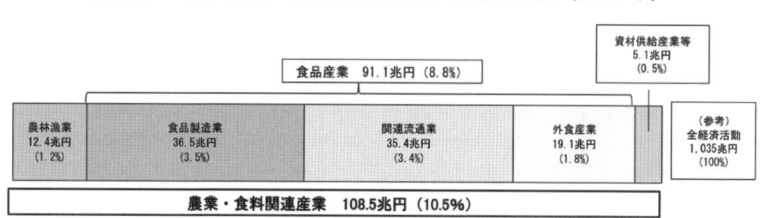

出典：農林水産省大臣官房新事業・食品産業部「食品産業をめぐる情勢」（2023年8月31日付第1回食品産業の持続的な発展に向けた検討会 資料2）6頁。

---

55) 地域生物増進活動のうち、地域の自然的社会的条件に応じ、市町村と地域における多様な主体が有機的に連携して行うものをいう。

(2)　食品の製造・加工

　食品の製造・加工に関するビジネスでは、農畜水産物等の原材料を仕入れた上で、①主に他の食品の製造・加工に用いる素材の一次的な製造・加工を行ったり（製粉業や製糖業等）、②主に消費者向けの販売に用いる最終製品たる加工食品の製造・加工を行ったりする（乳製品製造業、パン製造業等）。食品の製造・加工ビジネスには、他の製造業と比べると、原材料の仕入れが季節や豊凶に左右されること、製品に消費期限があること、人が直接摂取するものであるため高い安全性が求められること等の特徴がある。

　近時は、食品の製造・加工ビジネスにおける人手不足や人材不足が深刻化しており、生産性向上が急務とされている。農林水産省は、生産性に関する実態調査やロボット、AI、IoT 等の先端技術の導入支援等を通じた、生産性向上のための各種補助事業を実施している。また、2022年度に実施された同省の委託調査[56]の結果によれば、生産性向上につなげるための M&A や新規参入、企業間連携等の取組みも多く存在している。

(3)　食品の流通・販売

　食品の流通・販売に関するビジネスは、食品の輸出入に関するビジネス、卸売に関するビジネスおよび小売に関するビジネスに分類することができる。

　食品の輸出入ビジネスは、主に商社によって担われており、輸入の対象は、農畜水産物のような一次製品から、各種加工食品まで幅広い。また、商社と一口にいっても、様々な食品の輸出入や食品関連の投資事業等を行う総合商社の食料部門や、特定の食品の輸出入を専門的に行う専門商社等、各社が取り扱うビジネスの範囲にはバリエーションがある。

　食品の卸売ビジネスは、食品の製造・加工・輸入に関するビジネスと食品の小売・外食に関するビジネスとを橋渡しする役割を担う。具体的には、取引代理機能や物流機能、商品提案機能等を伝統的に担っているほか、近時は、単に仕入れた製品を販売するだけでなく、プライベートブランド等による商品開発機能を担う場合もある。

56）株式会社矢野経済研究所「令和4年度食品製造業における生産性に関する調査委託事業調査報告書」（2023年3月15日）。

　食品の小売ビジネスは、製品としての食品を最終消費者に届ける役割を担う。同ビジネスのプレーヤーは、特定の食品を扱う専門商店、幅広い食品を扱うスーパーマーケットや百貨店のほか、コンビニエンスストア、ドラッグストア等、多種多様である。また、近時は、IT を活用したネットスーパーや無人店舗等、新たな形態でサービスを提供するプレーヤーも注目を集めている。

⑷　外食

　外食に関するビジネスとは、レストランや居酒屋、ファストフード店等、消費者に対して、製品としての食品を提供するのではなく、飲食サービスを提供するビジネスを指す。外食ビジネスへの参入障壁は、一般的には高くないと考えられており、個人経営の小規模な店舗も多く参入している。その分、競争環境は厳しくなる傾向にあり、出店して一定期間が経過すると集客力が低下し、撤退を余儀なくされることが少なくない。また、大規模チェーンの場合には、フランチャイズ方式を採用して店舗網を拡大する戦略がとられることが多いのが特徴である。

　近時は、海外における日本の食文化の認知向上も相まって、大規模チェーンか個人経営の小規模店舗かを問わず、海外市場への新規参入や海外の外食ビジネス企業に対する M&A が行われる例も多くみられる。

2　食品ビジネスへの投資の視点

　食品ビジネスに対する投資を検討する際に考慮すべきポイントとして、①食品の安全性確保のための様々な法規制への対応、②デジタルやバイオ等の新たなテクノロジーの利活用の可能性、③経済・社会・環境のサステナビリティに対して与える影響や貢献等が挙げられる。

　まず、食品ビジネスの最大の特徴は、取り扱う製品やサービスの対象が人に直接摂取される食品であり、その品質等に何らかの問題が生じた場合に人の生命や身体に悪影響を与える可能性が高いという点にある。そのため、食品ビジネスに対しては、食品の安全性確保のための様々な規制が適用される。

食品ビジネスへの投資を検討するに当たっては、既存事業の買収であれば、従前これらの規制を問題なく遵守できているかという観点から、新規の事業参入であれば、規制遵守のための体制構築・運用に不可欠なコストをどう織り込むかという観点から、それぞれ確認する必要がある。

　次に、人員不足による生産性の低下やサプライチェーンの複雑化、消費者側のニーズの多様化等、近時の食品ビジネスが抱える様々な課題の解決の鍵となり得るのが、ITやゲノム関連技術等の新たなテクノロジーの利活用である。食品ビジネスへの投資を検討するに当たっては、投資対象事業とこれらの新たなテクノロジーとの親和性や、テクノロジーの活用を可能とする人員や設備が備わっているか等を確認する必要がある。また、伝統的に食品ビジネスに適用されてきた法規制以外の法規制が適用される場合も多く、それらへの対応も怠らないようにする必要がある。

　最後に、食品ビジネスは、農畜水産物をはじめとする地球上の生物資源を起点として製品を製造・加工し、消費者に届け、費消する構造であり、サステナビリティを最も強く意識すべき産業の一つといえる。また、歴史的に、フード・チェーンの流れの中で人権に関する問題が生じる場面があったことも無視できない。近時は、サステナビリティを追求する食品スタートアップ等への投資も活発化してきており、食品ビジネスへの投資に当たって、投資対象事業とサステナビリティとの関係性を確認することは重要な視点である。

3　食品ビジネスへの投資に当たって留意すべき法制度

(1)　食品ビジネスに必要な許認可
(i)　食品営業に関する許認可
(a)　食品衛生法

　食品衛生法は、食品ビジネスを営む事業者にとって最も重要な法律の一つであり、「飲食に起因する衛生上の危害の発生を防止」することを目的としている（食品衛生法1条）。食品を取り扱う営業で使用する施設や設備に不備がある場合、そのような施設や設備で製造・加工され、提供される食品は、消費者の生命や身体への悪影響、すなわち「衛生上の危害」を生じさせる可

能性がある。そのため、同法は、上記の法の目的を達成するための手段の一つとして、食品営業に使用する施設や設備を公衆衛生上の観点から最低限必要なレベルで構築し運用することを求めるべく、食品ビジネスを営む事業者のうち特定の業種を営む者に対して、一定の許認可を取得することを義務付けている。具体的には、食品に関するビジネスのうち、人の健康に与える影響が著しく、公衆衛生に及ぼす影響が大きな業種として政令で別途定めるものを営む場合には、施設・設備を基準に適合させた上で、営業の許可を取得しなければならない（同法54条、55条）。また、上記の許可が求められる業種、公衆衛生に与える影響が少ないものとして別途定められた業種[57]、または、食鳥処理の事業以外の、食品に関するビジネスを営む場合には、営業の届出を行わなければならない（食品衛生法57条）。

　(b)　営業許可・届出

　営業許可および営業届出が必要な業種の概要は、図表 1 -29のとおりである。食品衛生法の平成30年改正以前は、営業許可制度のみ存在していた。しかし、平成30年改正により、①営業許可業種の統廃合による見直しおよび範囲の明確化と、②営業届出制度の創設がなされた。同改正で営業届出制度が創設された背景には、同じく平成30年改正により HACCP に従った衛生管理（(2)(iv)参照）を原則として全ての営業者に対して求めることとするにあたり、営業許可業種以外の業種を営む事業者についても、行政当局としてその所在を把握し、必要な行政指導を行っていく必要があるとの考えがある。

57）①食品または添加物の輸入業、②食品または添加物の貯蔵のみまたは運搬のみを行う営業（冷凍または冷蔵業を除く。）、③容器包装に入った食品または添加物のうち冷凍または冷蔵以外の方法で保存しても腐敗、変敗等のおそれがないものの販売業、④所定の器具または容器包装の製造業、および、⑤器具または容器包装の輸入・販売業（食品衛生法施行令35条の 2 ）。

[図表1-29]　営業許可および営業届出が必要な業種（概要）

届出業種

許可業種 と 許可や届出が不要な業種 以外の営業が届出の対象

製造・加工業の例
- 農産保存食料品製造業
- 菓子種製造業
- 粉末食品製造業
- 精米・精麦業
- 合成樹脂製の器具／容器包装製造業

調理業の例
- 集団給食（調理を委託する場合、飲食店営業の許可になる場合あり）
- 調理機能を有する自動販売機（高度な機能を有し、屋内に設置されたもの）

販売業の例
- 乳類販売業
- 食肉販売業（包装品の販売のみ）
- 魚介類販売業（包装品の販売のみ）
- 野菜果物販売業
- 弁当などの食品販売業

許可業種

1　飲食店営業	11　菓子製造業	22　豆腐製造業
2　調理の機能を有する自動販売機により食品を調理し、調理された食品を販売する営業	12　アイスクリーム類製造業	23　納豆製造業
	13　乳製品製造業	24　麺類製造業
3　食肉販売業（包装品の販売のみの場合を除く。）	14　清涼飲料水製造業	25　そうざい製造業
4　魚介類販売業（包装品の販売のみの場合を除く。）	15　食肉製品製造業	26　複合型そうざい製造業
5　魚介類競り売り営業	16　水産製品製造業	27　冷凍食品製造業
6　集乳業	17　氷雪製造業	28　複合型冷凍食品製造業
7　乳処理業	18　液卵製造業	29　漬物製造業
8　特別牛乳搾取処理業	19　食用油脂製造業	30　密封包装食品製造業
9　食肉処理業	20　みそ又はしょうゆ製造業	31　食品の小分け業
10　食品の放射線照射業	21　酒類製造業	32　添加物製造業

許可や届出が不要な業種
1　食品又は添加物の輸入業
2　食品又は添加物の貯蔵又は運搬のみをする営業（ただし、冷凍又は冷蔵倉庫業は届出が必要な業種）
3　常温で保存しても腐敗、変敗その他品質の劣化による食品衛生上の危害の発生のおそれがない包装食品又は添加物の販売業（カップ麺や包装されたスナック菓子等）
4　合成樹脂以外の器具・容器包装の製造業
5　器具・容器包装の輸入又は販売業
　このほか、学校・病院等の営業以外の給食施設のうち1回の提供食数が20食程度未満の施設や、農家・漁家が行う採取の一部とみなせる行為（出荷前の調製等）についても、営業届出は不要

出典：東京都福祉保健局健康安全部食品監視課「食品関係営業届出の手引」。

　営業許可を取得するためには、当該施設の所在地を管轄する都道府県知事等に対して所定の事項を記載した申請書を提出する必要がある（なお、一般的には保健所が受付業務を行っている。）（食品衛生法55条1項、同法施行規則67条）。都道府県知事は、申請の対象となった営業者の施設・設備が都道府県の定める基準（(c)参照）に適合している限り、一定の欠格事由[58]が存在する場合を除いて、必ず許可しなければならない（食品衛生法55条2項）。なお、

58）①食品衛生法または同法に基づく処分に違反して刑に処せられ、その執行を終わり、または執行を受けることがなくなった日から起算して2年を経過しない者、②食品衛生法上の許可を取り消され、その取消しの日から起算して2年を経過しない者、および、③法人であって、その業務を行う役員の中に①または②のいずれかに該当する者があるもの。

営業の許可に際して、5年を下らない有効期間その他の必要な条件を付すことができるとされている（同法55条3項）。たとえば、有効期間のほか、加熱処理をするものに限るといった形で、営業許可の下での取扱品目の範囲を限定する等の条件が付される場合がある。

営業届出に当たっては、所定の事項を記載した届出書を当該施設の所在地を管轄する都道府県知事に届け出なければならない（食品衛生法57条、同法施行規則70条の2）。

営業許可を取得した事業者や営業届出を行った事業者に関して申請事項または届出事項に変更が生じた場合や、廃業することとなった場合は、それぞれ当初の申請先・届出先の都道府県知事等に対して、所定の変更・廃業届出を行わなければならない（食品衛生法施行規則71条、71条の2）。

(c)　施設設備に関する基準

都道府県は、営業許可の対象業種の施設が適合すべき基準を条例により定めなければならない（食品衛生法54条）。平成30年改正以前は都道府県ごとに基準が異なることで、特に都道府県をまたいで営業する事業者に対して負担を強いている等の問題が生じていた。そこで、平成30年改正により、厚生労働省令で定められた斟酌基準を参照して条例化する形に変更され、問題の解消が図られている。

斟酌基準に当たる食品衛生法施行規則66条の7および同別表第19〜21は、①各業種に共通する基準、②業種ごとの個別基準、および、③生食用食肉またはふぐを取扱う業種に関する特別な基準について定めている。具体的には、一般的な施設の構造および設備に関する基準（換気の構造や設備、床面・内壁等の材料や構造、照明設備の機能、給排水設備の機能や構造等）ならびに機械器具に関する基準（洗浄や保守に適する構造、運搬時の汚染防止のための専用容器の使用、計量器の備置等）のほか、業種ごとに特有の構造設備や機器器具の設置・備置に関する基準等を定めている。

(d)　違反時の処分および罰則

営業許可に付された条件に違反した場合や、営業許可の欠格事由に該当し

た場合には、営業許可の取消処分や、営業の全部または一部の禁止処分、一定期間の営業の停止処分を受ける可能性がある（食品衛生法60条1項）。また、営業許可に付された条件への違反の場合には、刑事罰として1年以下の懲役または100万円以下の罰金が科される可能性がある（同法83条4号）。

　都道府県知事が定める施設設備の基準に違反した場合には、当該営業施設の整備改善命令や、営業許可の取消処分、営業の全部または一部の禁止処分、一定期間の営業の停止処分を受ける可能性がある（食品衛生法61条）。また、刑事罰として1年以下の懲役または100万円以下の罰金が科される可能性がある（同法83条4号）。

　必要な営業許可を受けずに対象業種の営業を行った場合には、刑事罰として2年以下の懲役もしくは200万円以下の罰金またはその両方が科される可能性がある（食品衛生法82条）。

コラム⑦〈フードデリバリーサービス〉
　新型コロナウイルス感染症流行時の巣ごもり需要により脚光を浴びたのが、フードデリバリーサービスである。出前や仕出し等は昔からあるが、近時のフードデリバリーサービスは、アプリをはじめとするITの進化を活用して飲食事業者側と消費者側の利便性を高めている点に特徴がある。
　また、ITの進化はフードデリバリーサービスの担い手にも変化を生み、飲食事業者自身や配達専門事業者の従業員だけでなく、個人事業主である配達パートナーと飲食事業者とを注文の度に「マッチング」して、配達を依頼するという新たなビジネスモデルを可能とした。配達パートナーは、プラットフォーム事業者への登録時に基本契約（通常は利用規約が用いられる。）を締結して、報酬の算定方法（配達距離や所要時間、需給バランス等が考慮されることが多い。）等について合意した上で、自身のライフスタイルに合わせて稼働のタイミングを選択し、アプリを通じて個別の委託を受けてデリバリーを行う。「マッチング」の方式を法的に分析すると、プラットフォーム事業者から配達パートナーに対して配達業務を委託する形式やプラットフォーム事業者が飲食事業者から配達パートナーへの業務委託を仲介する形式等、いくつかの構成が存在し得る。これらの法的構成の内容によっては、新たに制定されたフ

リーランス・事業者間取引適正化等法を含む労働関連法令・規制の適用が異なり得る。

　なお、配達パートナーが125cc超のバイクや軽自動車を配達に用いる場合には、貨物自動車運送事業法に基づく届出を行う必要がある点にも留意が必要である。一方、125cc以下のバイク（いわゆる原付等）や自転車を配達に用いる限りは、同法に基づく届出は不要である。

　さらに、物流の最終段階であるラストワンマイルの自動化・効率化の観点から注目されている自動配送ロボットは、フードデリバリーの場面でも活用が期待されている。一定の大きさや構造を満たす自動配送ロボットは、道路交通法の2022年改正で新設された「遠隔操作型小型車」に該当し、安全基準適合状況の確認等の手続を経て、都道府県公安委員会に届出を行うことで、公道を走行することが認められる。

(ii)　食品輸入に関する許認可

(a)　輸入届出

　販売目的または営業上使用する目的で食品等を輸入しようとする事業者は、その都度、厚生労働大臣に対して所定の事項について届出を行わなければならない（食品衛生法27条）。食品の輸入について届出を義務付ける背景には、輸入食品の中には規格基準や使用可能な添加物の種類が日本とは異なる国のもの等があるほか、海外での製造・加工プロセスの実態は必ずしも明らかではない等の事情等を踏まえて、輸入食品の状況を正確に把握し、食品衛生を確保するねらいがある。

　食品等を輸入する場合、通常は、貨物の到着後直ちに、所定の届出書を厚生労働大臣（実際の受付は検疫所）に対して提出する。ただし、一定の場合には、事前届出を行うことも可能である。関税法に基づく通関手続の際には、食品衛生法に基づく輸入届出を行ったことを税関に対して証明することで、関税法70条2項に定める「検査の完了又は条件の具備」がなされたものとして、当該輸入食品を通関させることができる。

(b)　違反時の処分および罰則

　食品の輸入に際して、輸入届出を行わなかった場合や、虚偽の届出を行った場合には、刑事罰として50万円以下の罰金が科される可能性がある（食品衛生法85条 3 号）。

(2)　食品の衛生管理に関するルール

(i)　概要

　食品の品質や安全性を確保するための食品事業者における最も重要な活動の一つが、食品衛生管理である。食品衛生法は、各施設における食品衛生管理に責任を持つ者として、一定の場合に食品衛生管理者の設置を義務付けている。また、食品衛生法の平成30年改正により、日本における食品衛生管理の基準の枠組みが大きく変化した。それまでは、衛生管理手法の国際標準である HACCP（ハサップ：Hazard Analysis and Critical Control Point）に沿った衛生管理の実施はあくまで事業者の任意の取組みにとどまっていたが、平成30年改正により、全ての食品事業者に対して HACCP に沿った衛生管理の実施を求めることとなった。

(ii)　食品衛生管理者の設置

　製造または加工の過程において特に衛生上の考慮を必要とするものとして政令で別途定める食品または添加物の製造または加工を行う事業者は、原則として、それらの工程を衛生的に管理させるために施設ごとに専任の食品衛生管理者を設置しなければならない（食品衛生法48条 1 項）。食品衛生管理者の設置が義務付けられる背景には、食品衛生の確保が特に求められる営業に関して、食品衛生管理上の責任を明確化する観点から法定の責任者を設置させ、職務内容を明確にし、当該責任者を中心とした自主管理体制の構築・運用を求めるというねらいがある。

　食品衛生管理者となることができるのは、医師等の資格の保持者等、一定の要件を満たす者[59]に限られる。食品衛生管理者の主たる職務は、当該施設において食品衛生法や同法に基づく命令・処分に関する違反が行われないように、管理の対象となる食品または添加物の製造または加工に従事する者

を監督することである（食品衛生法48条3項）。食品衛生管理者による管理の対象となる食品や添加物に関して、所定の食品衛生法上の違反が生じた場合には、その態様に応じて食品衛生管理者にも罰金が科されることとなっており（同法87条）、その職責は重い。

(ⅲ)　一般衛生管理に関する基準

　一般衛生管理とは、HACCP を導入する前提となる基本的な衛生管理事項である。一般衛生管理の基準には、食品の安全性確保のために必要となる施設・設備・機械器具の構造や保守・衛生管理、情報提供、回収・廃棄、運搬、教育訓練等に関する基準が規定されている（食品衛生法51条1項1号、同法施行規則66条の2第1項、別表17）。HACCP は、あくまでハザードの中でも重要な工程を重点的に管理することによって、食品の安全性を効果的に確保するという手法であり、それがうまく機能するためには、前提として製造・加工の環境等から生じる安全性のリスクを管理し、重要なハザード自体を減らすための一般衛生管理をしっかりと実施することがポイントとなる。

　なお、営業許可の要不要にかかわらず、原則として全ての食品事業者は食品衛生責任者を定める必要がある点にも留意する必要がある。食品衛生責任者となることができるのは、一定の要件を満たす者[60]に限られる。食品事業者は、衛生管理に関して食品衛生責任者が述べる意見を尊重しなければならない。

(ⅳ)　重要工程管理のための取組みの基準（HACCP）

　HACCP とは、食品事業者自らが、食中毒菌汚染や異物混入等の危害要因（ハザード）を把握した上で、原材料の入荷から製品の出荷に至る全工程の中で、各ハザードを除去または低減させるために特に重要な工程を管理し、

---

59)　①医師等の資格保持者、②大学等で農芸化学等の過程を修了した者、③登録養成施設で所定の課程を修了した者、または、④一定の学力を有する者で、衛生管理の実務経験が3年以上あり、登録講習会の課程を修了した者（食品衛生法48条6項）。

60)　①食品衛生監視員もしくは食品衛生管理者の資格を満たす者、②調理師・栄養士等、または、③都道府県知事等が実施する養成講習会を受講した者のいずれかに該当する者（食品衛生法施行規則別表17の一ロ）。

製品の安全性を確保する手法である。国連食糧農業機関（FAO）と世界保健機関（WHO）が合同で設立した食品規格委員会（コーデックス委員会）によって発表され、先進国を中心に義務化が進んでいる。

　食品衛生法の平成30年改正により、原則として全ての食品事業者に対してHACCPに沿った衛生管理が求められることとなった。具体的には、①大規模事業者等に対してはHACCP「に基づく」衛生管理が、②小規模事業者[61]に対してはHACCP「の考え方を取り入れた」衛生管理がそれぞれ求められる（食品衛生法51条1項2号、同法施行規則66条の2第2項、別表18）。HACCP「に基づく」衛生管理とは、コーデックスのHACCP7原則（図表1-30参照）に基づき、食品事業者自らが、使用する原材料や製造方法等に応じ、計画を作成し、管理を行う手法である。一方、HACCP「の考え方を取り入れた」衛生管理とは、各業界団体が作成する手引書を参考に、簡略化されたアプローチによる衛生管理を行う手法である。

[図表1-30] コーデックスのHACCP7原則

原則1	危害要因分析	原材料や製造工程で問題となる危害の要因を列挙
原則2	重要管理点の決定	危害要因を除去・低減すべき特に重要な工程（加熱殺菌、金属探知等）を決定
原則3	管理基準の設定	重要管理点を適切に管理するための基準（温度、時間等）を設定
原則4	モニタリング方法の設定	管理基準の測定方法（温度計での測定方法等）を設定
原則5	改善措置の設定	管理基準を逸脱していた場合に高ずべき措置を設定
原則6	検証方法の設定	HACCPプランが適切に実施されているか確認するための手順、評価等の方法を設定
原則7	記録と保存方法の設定	モニタリング等の記録、その保存の方法、保存の期間を設定

　各事業者には、上記の各手法に従って、①一般衛生管理基準および

---

61) ①食品を製造・加工する営業者のうち、食品を製造・加工する施設に併設・隣接した店舗で当該製造・加工した食品の全部または大部分を小売販売するもの（菓子の製造販売、豆腐の製造販売、食肉の販売、魚介類の販売等。）、②飲食店営業または喫茶店営業その他の食品を調理する営業者（そうざい製造業や消費期限の短いパンの製造業者等を含む。）、③容器包装に入った食品のみを貯蔵・運搬・販売する営業者、④食品を分割して容器包装に入れて小売販売する営業者（八百屋、米屋、コーヒーの量り売り等。）、および、⑤食品を製造・加工・貯蔵・販売・処理を行う営業者のうち、食品等の取扱いの従事者が50人未満の事業場（食品衛生法施行令34条の2、食品衛生法施行規則66条の3、66条の4）。

HACCP に沿った衛生管理基準に基づき衛生管理計画を作成し、従業員に周知徹底を図ること、②必要に応じて清掃等や食品の取扱い等についての手順書を作成すること、③衛生管理の実施状況を記録し、保存すること、④衛生管理計画および手順書の効果を定期的に（または工程変更の場合等は随時）検証し、必要に応じてその内容を見直すことが求められる（食品衛生法施行規則66条の2第3項）。

(ⅴ)　衛生管理に不備がある場合の処分等

　衛生管理の実施状況は、営業許可の更新時や保健所による定期的な立入等に際して食品衛生監視員により確認される。もし衛生管理の実施状況に不備がある場合には、まずは口頭や書面での改善指導が行われることとなっている。仮に改善が図られない場合には、営業許可の取消処分、営業の全部または一部の禁止処分、一定期間の営業の停止処分を受ける可能性がある（食品衛生法61条）。

(3)　食品の表示に関するルール

(ⅰ)　食品表示規制の背景

　食品表示法1条の目的規定でも述べられているように、食品表示には、A食品を安全に使用・摂取するために必要な情報を提供する役割と、B一般消費者による自主的かつ合理的な商品選択のために必要な情報を提供する役割の双方を果たすことが期待される。そのような役割を果たすため、食品表示の規制には、大別して、①特定の表示を義務付ける規制、②特定の表示を禁止する規制、③一定の要件を満たすことを条件に特定の表示を許容する規制が存在し、複数の法令が交錯する形でそれぞれの規制を形作っている。

(ⅱ)　特定の表示を義務付ける規制

(a)　食品表示法成立の経緯

　特定の表示を義務付ける規制を設けているのが、食品表示法である。同法は、食品衛生法、JAS 法および健康増進法に定められていた食品表示関連規定が統合される形で、2015年に施行されたもので、まだ比較的新しい。食

品表示法以前の食品表示規制は、上記の3つの法律にまたがることで複雑化していただけでなく、ルールの重複や曖昧さ、各法令の執行機関が異なること等が原因で、事業者側の判断を困難にし、余計な時間やコストを生じさせているという課題があった。食品表示法の成立により、食品表示に関する整合性の取れた一元的な規制が可能となった。

(b)　食品表示法に基づく食品表示規制

　食品を取り扱う事業者は、食品表示法に基づき内閣総理大臣が定める食品表示基準に従った表示がされていない食品の販売をしてはならない（食品表示法5条）。食品表示基準には、名称、アレルゲン、保存方法、消費期限、原材料、添加物、栄養成分量・熱量、原産地等をはじめ、各食品の安全な使用・摂取に必要な情報および消費者による自主的・合理的な商品選択に必要な情報について、何をどのように表示しなければならないかについてのルールが詳細に規定されている（同法4条、食品表示基準）。

　食品表示基準への違反があった場合、所管の行政当局は、違反事業者に対して、表示を適正化する措置や再発防止のための体制構築等を指示することができる（食品表示法6条1項〜3項）。正当な理由なく当該指示に従わない事業者に対しては、措置命令（同法6条5項〜7項）がなされる場合があるほか、生命や身体への危害の発生・拡大を防止するため緊急の必要がある場合には、回収等命令や業務停止命令（同法6条8項）がなされる場合もある。また、各命令への違反や、安全性に重要な影響を及ぼし得る事項に係る食品表示基準違反等に対しては、刑事罰が科される可能性もある。

(iii)　特定の表示を禁止する規制

(a)　健康増進法

　健康増進法は、食品として販売に供する物に関して広告その他の表示をする場合に、健康の保持増進の効果等について、著しく事実に相違する表示をし、または著しく人を誤認させる表示をすることを禁止しており（健康増進法65条1項）、違反した場合には勧告や措置命令等の対象となり得る。健康の保持増進の効果等とは、①疾病の治療または予防を目的とする効果、②身

体の組織機能の一般的増強、増進を主たる目的とする効果、③特定の保健の用途に適する旨の効果、④栄養成分の効果等を指す。明示的な表現だけでなく、暗示的または間接的な表現であってもこれに当たる。同法に違反し得る表現の具体例については、消費者庁が発出している通知[62]の内容が参考になる。なお、上記①および②の効果は医薬品的効能に当たるため、承認を受けた医薬品ではない食品に関してこれらを表示した場合は、著しく事実に相違するか、著しく人を誤認させるかを問わず、薬機法に違反することになる（薬機法68条）。

(b)　景品表示法

　景品表示法は、食品を含む商品やサービス全般に関して、一般消費者に対し、①その品質や規格等の内容が実際より著しく優良であると示し、または事実に反して他の事業者の同種もしくは類似の商品やサービスより著しく優良であると示す表示（優良誤認表示）、および、②その価格等の取引条件について、実際のものまたは他の事業者の同種もしくは類似の商品やサービスより著しく有利であると誤認させる表示（有利誤認表示）を禁止しており（景品表示法5条）、違反した場合には措置命令や課徴金納付命令等の対象となり得る。同法に違反し得る表現の具体例についても、消費者庁が発出している上記通知[63]が参考になる。

　なお、消費者庁長官は、事業者がした表示の優良誤認表示該当性の判断に必要なときは、当該事業者に対し、期間を定めて、当該表示の合理的根拠を示す資料の提出を求めることができ、資料が提出されないときは不当表示とみなして排除措置命令を行うことができ、また不当表示であると推定して課徴金納付命令を行うことができる（いわゆる不実証広告規制[64]）（景品表示法7

---

62)「食品として販売に供する物に関して行う健康保持増進効果等に関する虚偽誇大広告等の禁止及び広告等適正化のための監視指導等に関する指針（ガイドライン）」（令和2年4月1日一部改正消表対第431号）、「食品として販売に供する物に関して行う健康保持増進効果等に関する虚偽誇大広告等の禁止及び広告等適正化のための監視指導等に関する指針（ガイドライン）に係る留意事項」（令和2年4月1日一部改正消表対第433号）、「健康食品に関する景品表示法及び健康増進法上の留意事項について」（令和4年12月5日一部改定）等。

63)　前掲注62)。

条2項、8条3項)。

(c)　食品衛生法

　食品衛生法は、食品、添加物、器具または容器包装に関して、公衆衛生に危害を及ぼすおそれがある虚偽または誇大な表示または広告を禁止しており(食品衛生法20条)、違反すると処置命令や営業許可の取消処分、営業の全部または一部の禁止処分、一定期間の営業の停止処分のほか、刑事罰の対象となり得る。

(d)　不正競争防止法

　不正競争防止法は、食品を含む商品やサービスまたはそれらの広告等に、原産地や品質等について誤認させるような表示をする行為や、そのような表示をした商品の譲渡等をする行為を「不正競争」と定義している(不正競争防止法2条1項20号)。不正競争を行った事業者は、民事上の差止請求や損害賠償請求を受ける可能性があるほか、刑事罰の対象となる可能性もある。

(iv)　特定の表示を許容する規制

(a)　栄養機能食品

　栄養機能食品とは、特定の栄養成分の補給のために利用される食品で、栄養成分の機能を表示するものをいう。栄養機能食品として販売するためには、一日当たりの摂取目安量に含まれる当該栄養成分量が所定の上限値・下限値の範囲内でなければならない。また当該栄養成分の機能だけでなく注意喚起表示等も行う必要がある(食品表示基準7条、21条)。ただし、許可や届出等の手続は不要である。

(b)　特定保健用食品(トクホ)

　特定保健用食品とは、からだの生理学的機能等に影響を与える保健効能成分(関与成分)を含み、その摂取により、特定の保健の目的が期待できる旨

---

64)「不当景品類及び不当表示防止法第7条第2項の運用指針」(不実証広告ガイドライン)(平成15年10月28日公正取引委員会(平成28年4月1日消費者庁一部改正))。

の表示（保健の用途の表示）をする食品をいう。特定保健用食品として販売するには、食品ごとに食品の有効性や安全性について国の審査を受け、許可を得なければならない（健康増進法43条）。

(c)　機能性表示食品

　機能性表示食品とは、疾病に罹患していない者に対して、機能性関与成分によって健康の維持および増進に資する特定の保健の目的が期待できる旨を科学的根拠に基づいて容器包装に表示をする食品をいう。機能性表示食品として販売するには、当該食品に関する表示内容、事業者に関する基本情報、安全性および機能性の根拠情報、生産・製造および品質の管理に関する情報、健康被害の情報収集体制等を販売日の60日前までに消費者庁長官に届け出なければならない（食品表示基準2条1項10号）。特定保健用食品と異なり、国の事前審査は行われないため、事業者自らの責任で科学的根拠に基づき適正な表示を行う必要がある。

第2章 農林水産・食品ビジネスと M&A

◇Ⅰ はじめに

　農林水産・食品分野のビジネスを行おうと考えた場合、新たに自らでビジネスを立ち上げて投資を行っていくことがまず選択肢として挙げられると思われるが、新規にビジネスを始める場合はノウハウや経験が乏しいこと等に起因して見通しが不十分になる等、投資に当たってリスクが大きいことは否定できない。こういった場合に、投資家としては、M&Aの方法により既存のビジネスに参入することを検討することが考えられる。

　そして、M&Aマーケット一般において、事業オーナーの引退に伴う受け皿としてのM&A（いわゆる事業承継案件）の件数が増大しているところであるが、農林水産業についても、高齢化・後継者の不足等による後継者不足も問題が大きくなっており、たとえば、農業については、5年以内に経営を引き継ぐことを想定している農業経営者のうち、約71.1％が後継者を確保できていないというデータがある[1]。したがって、農林水産関連ビジネスへの参入を検討している投資家にとっては、M&Aによる事業参入のチャンスが大きくなっているといえる。

　投資家が農林水産・食品分野のビジネスに対してM&Aを行った上で参入することを検討する際には、通常の業種の企業に対してM&Aを行う際と同様の観点での検討が必要なことに加えて、たとえば、農地の取扱い、食品衛生を含むレギュレーション、当該商品にかかわる商慣習等、農林水産・食品

1）農林水産省「2020年農林業センサス」（URL：https://www.e-stat.go.jp/dbview?sid=0001930944）参照。

分野ならではの着眼点において、検討が必要な箇所が存在する。本章においては、M&Aのプロセス上問題となる点に着目する形で、①M&Aの主な手法およびストラクチャー、②外為法に基づく外資規制、③法務デュー・ディリジェンスの留意点および④M&A契約の際の契約条項のポイント、の4つに項目を分けて、それぞれにおいて一般的なM&Aにおける検討方法に簡単に触れたのちに、農林水産・食品分野関連のビジネスを行う対象会社との間のM&Aを行う場合に特有の論点について概説していくこととする。なお、本書において、M&Aとは、投資家が、株式または持分の取得、第三者割当によって株式等を取得する出資、事業譲渡、合併、会社分割、株式交換等の会社法上の組織再編取引といった各種方法を用いて、対象会社やその事業の支配権を獲得することをいう。

◇Ⅱ　M&Aを行う手法および投資ストラクチャー上の留意点

　M&Aを行うためには多種多様な選択肢が存在するところ、投資家において、投資ストラクチャーを検討する際には、投資家のビジネス上のスケジュールや、各当事者間の利害調整を行い、税務上の検討・プランニングを踏まえて、最終的にストラクチャーを決定することは農林水産・食品関連でも異なるものではない。

　まず、M&Aを行う手法は、大きく分けて、対象会社の株式や持分を取得するストックディール、対象会社の個別の資産、債権債務等を移転することで事業を取得するアセットディール、対象となる会社の権利義務の全てを包括的に承継することになる合併の方法の3つに大別されることが多い。

　ストックディールにおける主な手法は、①株式・持分の取得（上場会社の株式の場合には、市場内買付や公開買付けを含む。）により、対象会社の株主・持分権者から株式・持分を取得する方法と、②第三者割当増資の形式で、対象会社による新株発行や自己株式処分を行って、対象会社から株式や持分を取得する方法、および③株式交換、株式移転、株式交付といった、会社法上の組織再編行為による株式取得の方法がある。一方で、アセットディールにおいては、典型的には資産譲渡・事業譲渡や会社法上の会社分割が考えられ、

資産譲渡契約、事業譲渡契約や会社分割契約において、承継する資産、負債の内容や権利義務が具体的に定められることになる。そして、合併による方法は、対象会社の資産や従業員を含めた全ての債権債務を包括的に承継する方法であり、権利義務の承継先が存続する会社の場合を吸収合併、新しく設立された会社である場合を新設合併という。

　農林水産・食品関連法人の場合は、対象会社が株式会社ではない、個人事業主のケースも多く、この場合には、資産譲渡の方法によることになる。また、農林水産関連ビジネスにおいては、その事業上許認可の取得が必要なものがあり、取引実行後にそのような許認可を維持できるかという観点もストラクチャー検討に当たっては重要となる。たとえば、農地を取得する場合において、農地法上、合併・分割や農地所有適格法人の株式の取得は農業委員会の許可の対象外である一方で（当然ながらこの場合においても、農地を保有するために継続的に満たすべき要件については引き続き満たす必要がある。）、資産譲渡や事業譲渡により、農地の権利移転がある場合は農業委員会の許可が必要になるし（農地法 3 条 1 項）、漁業権を取得する場合においては、漁業権の移転は、法人の合併または分割を除いて原則として禁止されている（漁業法79条 1 項）[2] ため、事業譲渡により漁業関連事業を取得する場合には、買主においてあらたに漁業権を取得する必要がある。

　さらに、農林水産業は、日本の外為法上、外国投資家からの投資を行う場合に様々な規制がなされており、投資家の属性もストラクチャーに影響する可能性があるため、以下では、外資規制について概説する。

◇Ⅲ　外資規制

　農林水産・食品分野のビジネスを対象として M&A を行うことを検討する投資家としては、当該投資家が外為法上の規制に服する「外国投資家」に該当しないかを検討することが不可欠である。すなわち、「外国投資家」に該当する者が、特定の業種を営む日本国内の企業に株式取得等の一定の手法で

---

2 ）漁業権の貸付けも禁止されている（漁業法82条）。

投資を行う場合（以下「対内直接投資等」という。）は、投資対象の業種により、外為法上、事前届出や事後報告といった一定の手続が必要になり、これらの手続を行った結果、当該対内直接投資等の行為が国の安全等を損なうおそれがあると判断された場合は、取引の中止等の命令がなされることもある。外為法上の手続のフローチャートは図表2−1のとおりである。

[図表2−1] 外為法上の必要手続のフローチャート

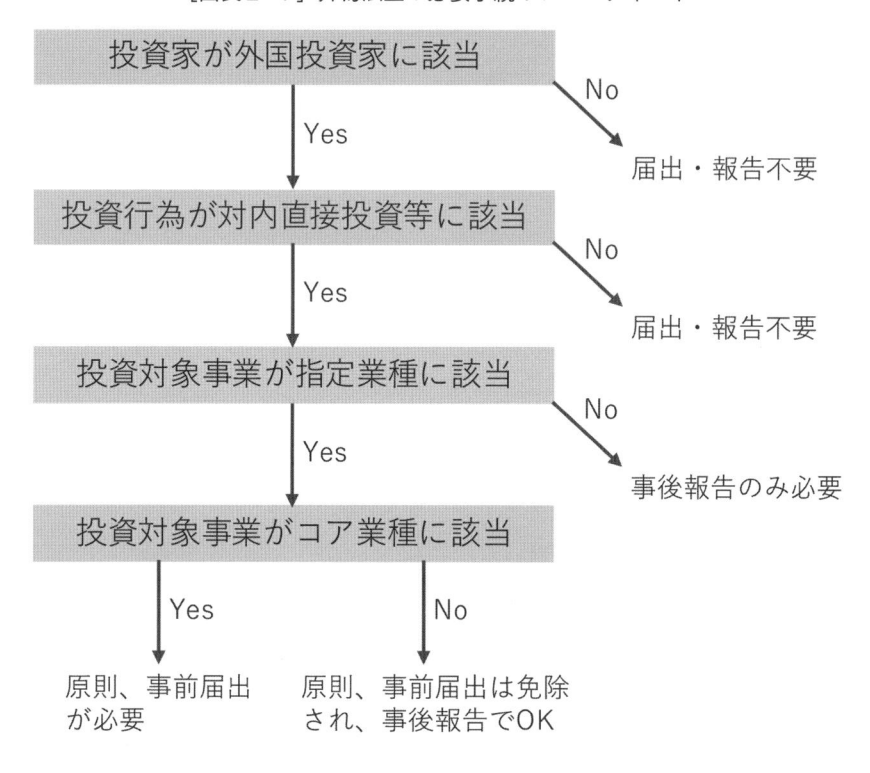

農林水産分野の多数の業種については、上記の手続が必要となる指定業種に含まれる可能性があるため、以下において、「外国投資家」に当たる者および「対内直接投資等」に該当する行為について概説した上で、農林水産・食品分野のビジネスに投資する際の留意点について検討を加える。

1　外国投資家に該当するかの検討

　外為法において、外国投資家に該当する者が、指定業種を営む日本国内の企業に株式取得等の対内直接投資等を行う場合は、投資実行の前に事前審査を義務付けている。一方で、指定業種以外を営む日本企業に対して対内直接投資等を行う場合は、投資実行後45日以内の事後報告を行うことで足りる。当該行為が国の安全等に問題がある場合は取引の中止等の命令がなされることになり、適切な届出を欠いた場合には、罰則が科されるリスクがあるため、投資家においては、自らの投資対象がどのような業種であり、選択したストラクチャーを実行するために必要な手続が何かについて検討することが必須になる。対内直接投資等に該当し得る「外国投資家」の定義は法令において詳細な定めがあるが、大まかにいえば、非居住者の個人、外国法人等、それらが直接・間接に50％以上の議決権を有する会社等を意味する。

2　対内直接投資等に該当するかの検討

　投資家が「外国投資家」に該当する場合、次に、検討している投資行為が「対内直接投資等」に該当するかを検討する必要がある。「対内直接投資等」についても、法令に詳細な定めがあるが、M&A取引との関係では、上場会社等の株式または議決権の取得で、それぞれ出資比率または議決権比率が１％以上になるもの、国内の非上場会社の株式または持分の取得、国内法人等からの事業の譲受け、吸収分割および合併による事業の承継等が該当することになる（外為法26条２項、直投令２条16項１～７号）。

3　指定業種に該当するかの検討

　M&Aを行う投資家が「外国投資家」に該当し、検討する投資行為が「対内直接投資等」に該当する場合は、外為法上、基本的に事前届出か事後報告が必要になるところ、当該投資等の対象事業に指定業種が含まれている場合

は、原則として事前届出が必要となる。

　事前届出が必要となる指定業種は、国の安全等を損なうおそれがある業種
として、「指定業種を定める告示」の別表において定められている。また、
指定業種のうち、国の安全等を損なうおそれが大きい業種はコア業種として
定められており、指定業種のみに該当する場合に比べて、より厳しい規制が
なされている。

　農林水産業においては、そのほとんどが指定業種に指定されているため、
農林水産・食品関連企業に対して外国投資家に該当する者が対内直接投資等
を行うことを検討する場合は、たとえば、指定業種を定める告示別表第2の
小分類として挙げられている、耕種農業、畜産農業、育林業、海面漁業、海
面養殖業のような業種はいずれも指定業種として、対内直接投資等を行う場
合には事前届出が必要であるため指定業種該当性を必ず確認することになる。

　また、農林水産関連ビジネスに関連する業種として、塩化カリウムの肥料
またはりん酸一アンモニウムおよびりん酸二アンモニウムならびにこれらの
混合物の肥料の輸入業は、指定業種のうちコア業種に該当するため、コア業
種の場合の免除基準（出資比率および議決権比率が密接関係者[3]と合わせて
10％未満になる場合）に該当する場合以外は事前届出が必要になる。

　さらに、指定業種に該当しない場合は事後報告書の提出が必要になるとこ
ろ、対内直接投資に該当しない取引であっても、非居住者が投資目的での農
地等の不動産またはこれに関する賃借権等の権利の取得を行う場合は、取得
後20日以内に事後報告書の提出が必要になる（外為法55条の3第1項12号）。

　なお、当然ではあるが、対象会社が農林水産関連業種にとどまらず、その
ほかにも事業を行っている場合は、当該業種が指定業種やコア業種に該当し
ないかについて確認が必要である。

4　事前届出免除制度

　上記の検討の結果、外国投資家が指定業種に対して対内直接投資等を行う

---

[3]「密接関係者」とは、対内直接投資等を行う者と永続的な経済関係、親族関係その他こ
　れらに準ずる特別の関係のある者をいう（直投令2条19項1～18号）。

ことが明らかになった場合は、原則として事前届出が必要となるところ、外為法上、国の安全を損なう等のおそれが大きいもの以外、すなわちコア業種以外の業種に対する対内直接投資であれば、事前届出は免除され、事後報告のみで足りる（外為法27条の2第1項）。事前届出免除の対象になる場合、投資家は、対内直接投資等が国の安全等に係る対内直接投資等に該当しないための基準として、以下の基準を遵守する必要がある。

① 　自らまたは密接関係者が役員に就任しないこと
② 　指定業種の事業譲渡等を株主総会に自ら提案しない
③ 　指定業種に係る非公開技術関連情報にアクセスしない

　また、コア業種の場合は、原則として事前届出が必要になるところ、(i)外国金融機関が業として上場会社等の株式・議決権を取得する場合[4]、(ii)上場会社等の株式・議決権を10％未満の範囲内で取得する場合[5]で、上記①〜③の基準に加えて、④コア業種に属する事業に関し、取締役会または重要な意思決定権限を有する委員会に自ら出席し、または自らが指定する者を出席させないこと、⑤コア事業に属する事業に関し、取締役会または重要な意思決定権限を有する委員会またはそれらの構成員に対し、自らまたは自らが指定する者を通じて、期限を付した形で書面での提案を行わないことといった上乗せ基準も遵守した場合は、例外的に事前届出が免除される。
　したがって、農林水産関連ビジネスに関する指定業種の場合もコア業種に該当する肥料輸入業の場合も、事前届出を免除され得る場合があるため、ストラクチャーの検討時には考慮に入れる必要がある。

5　事前届出を行う場合の手続

　投資家が「外国投資家」に該当し、行う行為が「対内直接投資等」に該当する場合で、投資対象の業種が指定業種であるときは、原則的に事前届出を

4）直投令3条の2第2項3号イ。
5）直投令3条の2第2項3号ロ。

行うことになる。事前届出を要する場合は、対内直接投資等を行おうとする日の前6か月以内に、当該取引または行為の類型に応じて、直投命令に規定される様式[6]で事前届出書を作成し、日本銀行を提出先として、オンライン（日本銀行外為法手続きオンラインシステム）、窓口提出または郵送により、財務大臣および事業所管大臣宛てで行う（外為法27条1項、直投令3条3項）。提出方法はオンラインが推奨されており、オンラインではない場合の提出部数は3部である（直投命令3条7項）。

　外国投資家が事前届出を行った場合、財務大臣および事業所管大臣が、国家の安全等に支障がないかを審査するため、日本銀行が届出書を受理した日から起算して30日を経過するまでは、当該事前届出に係る対内直接投資等を行ってはならない（外為法27条2項。この期間を実務上、禁止期間と呼んでいる。）。禁止期間は、国家の安全等を損なう事態を生ずる対内直接投資等に該当しない場合、短縮される場合があり、実務上、2週間以内に短縮されることが多い。

　一方で、審査の結果、届け出た事項がわが国の安全等の面で支障があると認められた場合には、財務大臣および事業所管大臣は、投資内容の変更や中止を勧告することができ、このための審査期間として、禁止期間を最長5か月まで延長することができる（外為法27条3項～6項、10項）。

　なお、実務上は、国家の安全等に支障があると判断されるおそれがあるような機微性の高い案件の場合には、30日の当初の禁止期間内に審査が終了しないことが予想されるため、管轄当局に対して届出前に事前相談を行って、禁止期間が長期に渡らないよう配慮を行うべきである。事前相談に際して、管轄当局からの質問やヒアリング等によるコメントがなされることになるので、管轄当局の感触を踏まえて、適宜調整を行うことができ、その結果、事前相談を経た案件について届出書が提出される場合、多くは禁止期間が相当程度短縮されることになる[7]。

6）届出書の様式および記入の手引は、日本銀行のウェブサイトにおいて対内直接投資等の行為類型ごとに掲載されているので、作成の際はダウンロードして使うことができる。
7）大澤大「経済産業省における外国為替及び外国貿易法に基づく投資管理と実務上の諸論点」商事法務2294号（2022年）23頁。

農林水産・食品分野の業種に対する対内直接投資等に当たっては、指定業種に該当する場合が相応にあると思われるため、M&Aを含め投資を行うに当たっては、上記のように、外為法上の手続にそれなりの期間を要することを考慮に入れて、クロージングのタイミング等のスケジュールを余裕をもって検討することが不可欠である。

◇Ⅳ　投資・融資優遇措置

農林漁業を営む法人や、食品産業の事業者等は、農林漁業が天候等の影響を受けやすいリスクを構造的に有することや、農業であれば作物が栽培できるようになるまで、林業であれば樹木が木材として伐採できるようになるまでの生産サイクルが長期にわたることから、外部からの投資を十分に受けることが他の業種に比べて難しい傾向がある。そこで、農林水産・食品分野においては、農林水産省が主導して、農林水産物・食品の輸出拡大に向けて、輸出に取り組む農林漁業者・食品産業事業者や、農林水産業・食品産業の生産性向上等に資する技術の開発・導入を行うアグリ・フードテックのスタートアップ等に対する円滑な資金供給を行うため、いくつかの投資優遇措置が準備されている。

農林水産・食品分野のビジネスに新規参入することを検討する投資家に当たっては、これらの投資優遇措置を用いて対象会社が資金調達可能なのかを含めて、投資スキームの検討を行うことが望ましい。

1　農林漁業法人等投資育成制度

農林漁業法人等投資育成制度とは、投資円滑化法（**3章Ⅰ2(3)**参照）に基づき、農林漁業法人等の株式等の取得および経営指導等を行う事業を行う投資主体（株式会社または投資事業有限責任組合）を対象として、株式会社日本政策金融公庫（以下「政策金融公庫」という。）から出資比率の50％未満の範囲内で出資を受けることができる制度である。農林漁業法人等の株式等の取得や経営指導を行うことを検討する投資家は、国から事業計画の承認を受け

ることで、日本政策金融公庫からの出資を受けることができ、優遇的に資金
調達をすることが可能になる。

2　農林水産・食品関連スタートアップ等へのリスクマネー緊急対策

　農林漁業法人等育成制度の他に、国内外における国産農林水産物および食
品の輸出拡大に向けた取組みや、国内農林漁業・食品産業の生産向上に資す
る技術の開発等の取組みを行う農林漁業法人等を投資対象とする場合の投資
優遇措置として、農林水産・食品関連スタートアップ等へのリスクマネー緊
急対策事業がある。この制度も、投資円滑化法に基づく制度で、日本政策金
融公庫を通じて、国の承認を受けた民間の投資主体に対し、日本政策金融公
庫から出資比率の50％未満の範囲内で出資を受けることができるため、農
林水産・食品関連スタートアップへの投資を検討する投資家は、この投資優
遇措置を使うことができないかについても検討することが望ましい。

◇V　法務デュー・ディリジェンスの留意点

1　法務デュー・ディリジェンスの概要

　投資家およびその関連当事者がM&A取引を実施することを意思決定する
に当たって、その投資先である対象会社に関する様々な事項について、多様
な分野から問題点がないか調査・検討する必要がある。この、投資家および
各分野の専門家による対象会社に対する調査・検討を、実務上はデュー・
ディリジェンス（Due Diligence、以下「DD」という。）と呼んでいる。DDは、
一般的には、弁護士による法務DD、公認会計士等による財務DD、税理士
等による税務DD、投資家自身またはコンサルタント等によるビジネスDD
といった形でDDを行う対象を専門家ごとに分けてチームアップをして行う
ことが多い。
　これに加えて、たとえば対象会社の保有する土地や施設に土壌汚染や水質
汚染といった懸念がある場合には環境コンサルタント等による環境DDその

他の専門的な調査が行われることもある。農林水産・食品分野のビジネスを行っている法人に対する DD を実施する場合は、これらの分野への DD をする必要がないかについても検討が必要になる。

　以下において、農林水産関連ビジネスを行う対象会社を M&A により買収する際の法務 DD で確認・検討が必要なポイントについて概説する。

2　法務 DD における主要な確認ポイントの概要

(1)　一般的な法務 DD で確認するポイント

　株式会社の株式を取得することを前提として、法務 DD において、範囲を限定せずにフルスコープで行う場合には、①会社組織、②株式・株主、③関係会社・関係会社間取引、④ M&A 取引、⑤資産、⑥知的財産権、⑦ファイナンス・負債、⑧事業関連契約、⑨人事・労務、⑩許認可・コンプライアンス、⑪訴訟・紛争といったようにパート分けをして検討を進めることが多い。各分野において図表 2-2 に記載しているような事項を確認することが一般的である。

[図表 2-2]　一般的な法務 DD の確認事項

	パート	検討すべき事項資料
①	会社組織	✓　定款や重要な社内規則の内容 ✓　役員の状況や重要な組織 ✓　重要な会議体の議事録（株主総会、取締役会、経営会議等）
②	株式・株主	✓　現在の株主とそこに至るまでの株主・株式の変遷 ✓　新株予約権等の潜在株式の有無 ✓　（複数の株主がいる場合には）株主間契約の有無 ✓　株主との取引
③	関係会社・関係会社間取引	✓　関係会社間取引 ✓　スタンド・アローン・イシュー
④	M&A 取引	✓　過去に実施した、または検討中の M&A 取引

⑤	資産	✓ 所有または使用する不動産・重要な動産とそれらに関する契約 ✓ 加入している保険
⑥	知的財産権	✓ 保有している重要な知的財産権とそれらに関する契約 ✓ 重要なシステムの概要
⑦	ファイナンス・負債	✓ ローン等の資金調達の状況と関連する契約 ✓ 保証契約
⑧	事業関連契約	✓ 業務フローごとの重要な契約（顧客へ販売契約、仕入先との売買契約、物流に関する契約等） ✓ 関係者との特殊な契約
⑨	人事・労務	✓ 就業規則その他重要な雇用関係規則 ✓ 雇用形態 ✓ 未払い賃金の有無 ✓ その他労務コンプライアンスに関する事項
⑩	許認可・コンプライアンス	✓ 対象会社が事業上取得している許認可 ✓ 法令等の遵守状況
⑪	訴訟・紛争	✓ 現在および過去の訴訟・紛争

(2) 農林水産・食品分野を行う企業に対する法務 DD の検討のポイント

　農林水産・食品分野のビジネスを行う企業に対する法務 DD については、上記の一般的な検討のポイントに加えて、以下のような農林水産・食品分野特有の検討ポイントが存在する。

(i) 許認可等のレギュレーション

　許認可に関する事項においては、対象会社が必要な許認可を取得して適法にビジネスを行っているかを確認する必要があるところ、農林水産・食品関連ビジネスの場合は、事業を行うための許認可の規制が多岐にわたるため、ビジネスを行うに際して必要な許認可等を取得しているか、必要な届出を行っているかという観点から、適法にビジネスを行っているかを検討することが必要となる。各業種について、典型的な確認すべきポイントは以下のと

おりである。

(a)　農業

　農業ビジネスを行うことそれ自体については、特に必要な許認可はない。もっとも、株式会社等の法人が農地となる土地を買ったり、その上で農地所有適格法人や個人事業主である農業経営者に対して農地を賃借したりしている場合は、農業委員会の許可が原則として必要である（農地法3条1項）（1章Ⅰ3⑴参照）。また、対象となる土地について農地以外への地目変更を検討している場合は、都道府県知事等から農地転用許可を取得する必要がある（同法4条）ところ、当該土地が農用地区域に指定されている場合は、原則として転用ができない（農振法17条）。なお、農地に対する抵当権の設定については、農地法上特段の規制はないと考えられる[8]が、抵当権の設定を検討する場合は、許可等が必要かにつき、個別に農業委員会に確認することが望ましいと思われる。

　したがって、上記のように農業ビジネスにおいてはビジネスを行うための農地に関する許可に係る規制が定められているため、農業を行っている対象会社に対してDDを行う際は、①農地の購入または賃借において、農業委員会の許可を得ているか、②農地を売却または賃貸している場合は、それに係る農業委員会の許可を得ているか、③地目の変更を予定している場合は農地転用許可を受けることが可能な土地であるか、等について確認する必要がある。

(b)　畜産業

　畜産業は、家畜を繁用し、売買を行うビジネスであるところ、家畜の売買、交換等の家畜取引の事業を営むには、家畜商免許が必要である。家畜商法上、「家畜」とは、牛、馬、豚、めん羊、山羊の5種類が定められている。また、家畜の人工授精を行うためには、獣医師または家畜人工授精師の免許が必要

---

[8]　農地法3条1項において、農業委員会の許可が必要となる行為として抵当権の設定が明記されていないことから、抵当権の設定について農業委員会の許可は不要であると考えられる。

である[9）]。したがって、対象会社が家畜取引に該当する事業を行っている場合は、上記の免許が適切に付与されているかを確認する必要がある。

　加えて、取り扱う動物が、牛、豚、鶏、といった動物である場合は、家畜伝染病予防法における「家畜」に該当するため、家畜の飼養状況や衛生管理状況等についての報告[10)]や、伝染病の発生状況を把握するための検査を受検[11)]する必要があるため、畜産業を行う事業者として、法律上の義務を遵守しているかについて対象会社に確認する必要がある。

(c)　漁業

　漁業ビジネスを行うに当たっては、当該漁業者がどういった場所で、どういった漁法で漁業を営むかにより、漁業権の免許（漁業法69条）や、農林水産大臣または都道府県知事の許可が必要になる（同法36条、57条）（**1章Ⅱ2(2)(ii)参照**）。したがって、そもそも当該漁業者が適法に漁業を行っているのかを確認するべく、営んでいる漁業の内容を詳細に確認するとともに、許認可を有していることおよび当該許認可が現在も有効であることを証する資料を確認する必要がある。

　また、一定の魚種については、漁獲可能量の割当てが各漁業者になされており（漁業法17条以下）、魚種によっては、当該割当量を超過すると罰則が科されるリスクもあるため、経営に関与する漁業者が、漁獲割当ての対象となっているか、漁獲割当ての対象となっている場合は、その割当量を超過していないかを確認する必要がある（**1章Ⅱ2(3)(iii)参照**）。

(d)　林業

　林業ビジネスを行うことそれ自体に必要な免許等の資格は特に存在しない。林業ビジネスは、典型的には、林家または林業経営体によって、森林の伐採と、伐採後の造林の繰り返しを行って木材を生産することになるところ、まずは、林業ビジネスを行う者が新たに森林所有者となった時点で、森林の土

9）家畜改良増殖法11条以下。
10）家畜伝染病予防法12条の4。
11）家畜伝染病予防法5条1項。

地所有者の届出を行う必要がある（森林法10条の7の2）（**1章Ⅲ2**(2)(i)(c)参照）。そして、森林の伐採を行う場合は、原則として、市町村の長に対して事前に伐採届および伐採後の造林の届出を提出する（同法10条の8）必要がある。伐採および伐採後の造林の届出を怠って森林の伐採を行った場合は、林家または林業経営体に対して100万円以下の罰金が科されるリスクがある（同法208条1項）。これらを踏まえて、林業ビジネスを行う対象会社に対してDDを行う際は、伐採等の場合に上記の届出を欠かさず行っているかを対象会社に確認する必要がある。

(e)　食品ビジネス

食品ビジネスは、農畜水産物の生産・輸入、製造加工、卸売、小売、外食、といった各プロセスを担うプレーヤーにより構成されるところ、各プロセスにおいて、事業を行うための各種許認可（たとえば、食品衛生法上の輸入届出や営業許可）や食品表示法や景品表示法上の表示規制等、様々な許認可が存在する（**1章Ⅳ3**(1)参照）。したがって、DDに当たっては、食品ビジネスを行う対象会社の担うプロセスに応じて必要な許認可を確認した上で、その取得状況や法令遵守状況を対象会社に確認する必要がある。

(f)　地方公共団体ごとの規制

上記の法律上の規制に加えて、地方公共団体ごとで、条例等により独自の規制を行っていることがあるため、対象会社が農林水産関連ビジネスを行っている場合は、そのビジネスが行われている地方公共団体の関連条例等も確認する必要がある。たとえば、漁業においては、都道府県知事は、主に漁具漁法に関する許可、採捕する際の禁止期間、全長制限、禁止区域等を定める都道府県漁業調整規則を定めることができ（漁業法119条2項）、各都道府県において定められている。また、農業協同組合や、漁業協同組合等、事業者が組合員となっている団体がある場合は、対象会社およびその関連会社が所属している組合の規則を確認する必要がある場合もある。

(ii)　**資産**

　資産に関する事項における農林水産・食品関連ビジネスにおいて特に留意すべき事項は、前述の農地法に関する事項に加えて、以下のとおりである。

(a)　農作物、養殖魚等の動産の権利関係に関する確認

　動産についても、法務 DD の資産パートではその権利関係を確認する必要があるところ、農林水産関連ビジネス特有の、農作物や水産物といった動産に係る担保設定の有無の確認は必要である。典型的には、いけすの中の養殖魚や畑の上の野菜を動産担保として ABL（Asset Based Lending）を実行している場合は、担保契約や、ローン契約の定めを確認する必要がある。

　また、比較的資産価値の高い動産として、ビニールハウスやトラクター等が考えられるところ、これらについても ABL の手法により、動産担保を設定していることがあるため、担保設定の有無については確認すべきであるし、上記の動産に加えて、農機具のリースに関する権利関係も契約書等の開示を受けて確認する必要がある。

(b)　境界、未登記建物の有無

　農林水産関連ビジネスは、類型的に、事業用の建造物や、事業地の所在地が都市部よりも山間部や沿岸部等が中心になることが多く、土地および建物に関する権利関係の画定が十分ではない場合も多い。たとえば森林や農地においては、所有者不明森林、所有者不明土地の問題があったり、取得対象となる土地の境界が不明確であったり、建造物においては、未登記であったり、移転登記を懈怠していたりすることがあり得る。これらが発覚すると、権利関係の確定に相応の時間を要することが考えられるから、譲渡対象となる不動産については、不動産登記簿を確認するのみならず、対象会社に対して不動産取得の経緯等を確認するとともに、必要に応じて不動産の専門家を起用して現場確認をすることを含め、十分に権利関係を確認する必要がある。

(iii)　知的財産権

(a)　特許権、商標権、育成者権等の知的財産権の取得状況や他社の権利の状況、契約関係に関する状況

　知的財産権に関する事項については、通常の DD において、①対象会社が保有する知的財産権および知的財産関連規程の状況（他社との共同研究の状況を含む。）、②対象会社がライセンスを受けている、またはライセンスを付与している知的財産の状況（ライセンス契約等の関連する契約の内容を含む。）、③対象会社がその事業において第三者の知的財産権を侵害していないか、④第三者によって対象会社が保有する知的財産権が侵害されていないか、といった内容を確認するのが一般的である。

　農林水産関連ビジネスを行う対象会社に対する DD を行う場合であっても、上記①から④の観点で対象会社に確認を行っていくという点では同様であるが、特に、野菜や果物等の植物の品種改良を伴うような農業関連ビジネスを行う会社に対して DD を行う場合においては、上記①については、発明を保護する特許権やブランドの保護等に関係する商標権だけではなく、野菜や果物等の「新しい」品種についての登録の可否や有無、育成者権の権利関係や登録されていない場合には登録の可否等も確認する必要がある。対象会社が保有する品種が品種登録制度において登録（種苗法3条以下）されている場合、当該品種に係る育成者権が発生し（同法19条）、育成者権者は、第三者に対して専用利用権を設定したり、通常利用権を許諾したりすることができるようになる（同法25条、26条）。このため、登録品種の農作物を有する対象会社に対する DD を行う場合は、特許・商標の保有状況やライセンスの有無の確認に加えて、品種登録の内容が把握できる資料を確認するとともに、当該品種のライセンスを行っている場合はその条件を確認する必要がある。

　また、上記の②として、農林水産関連ビジネス以外のビジネスを行っている場合と同様に、対象会社が利活用する技術に関して、ライセンス契約を締結している場合は、検討している支配株主の変更等の M&A 取引の実行が解除事由に含まれていないかを必ず確認し、M&A 取引後にも当該ライセンスの対象となる技術等の知的財産を利用するための方策を検討する必要がある。

　さらに、上記の③、④に関連して、たとえば種苗法上の登録品種について

は海外持出制限がされており（種苗法21条の２、21条の３）、指定国以外の国への種苗の持ち出しを制限する旨を農林水産省に届け出ることで、登録品種の国外への持出しを制限することができるため、対象会社がこの届出を行っているか、この制限に違反して持ち出しがなされていないかを確認する必要がある等、種苗法が関連する場合に特有の確認事項がある点には留意されたい。

(b)　ノウハウの管理について

　農林水産業は、たとえば、農業であれば土づくりの方法、施肥のタイミング、漁業であれば漁法、漁具、養殖技術等、様々な技術・ノウハウをベースとして成り立っているビジネスである。このようなノウハウはビジネスの価値に直結する要素であり、暗黙知にとどまらず知的財産として保護することが重要である。したがって、農林水産関連ビジネスを行う対象会社へのDDに当たっては、ノウハウの有無、ノウハウの法的保護の有無、および管理体制を把握することが不可欠である。具体的には、対象会社がビジネス上のノウハウを有している場合は、特許権または実用新案権により法的に保護を受けることができるか、特許等の登録をしていない場合は、当該ノウハウが不正競争防止法２条６項で定められる「営業秘密」として保護されるために必要な有用性・非公知性・秘密管理性を備えているか、経済産業省が公表している営業秘密管理指針等のガイドラインを遵守しているか、および対象会社の管理体制が整っているのかを確認する必要がある。農林水産関連ビジネスにおいては、ノウハウが資料等にまとまっていない形で暗黙知のような形で継承されていることもあり得るため、DDの際は、インタビュー等の方法で、対象会社がどのようなノウハウを有しているかやノウハウが流出しないようどのような管理体制を整備しているか等を詳細にヒアリングして情報を収集するのが有用である。

(ⅳ)　人事（労務管理、労災等）

(a)　人事DDで確認すべきポイント

　人事DDにおいて主に確認すべきポイントは３つ存在する。まず１つ目は、M&Aの障害となり得る事実の有無である。たとえば、労働協約において

M&A の実施が労働組合と事前同意事項や事前協議事項とされている場合等は、対応によっては、M&A の実行自体が困難となることもあり、特に注意が必要である。

2つ目は、未払残業代等の簿外債務の有無である。未払残業代等は、何も起こらなければ、時効により支払義務が消滅することも多いが、取引実行後に労使間の紛争や労基署からの指摘等により表面化するケースは少なくない。そのため、このような自体を見据えて、人事 DD において簿外債務を洗い出し、株式譲渡価格等の取引条件に適切に反映することが望まれる。

3つ目は、労災やハラスメント等のコンプライアンス上の問題である。特に、農林水産分野では他業種に比べて労災の発生率が非常に高く、対象会社において、労災を防ぐための適切な措置が講じられているか等を確認することは重要である（**4章Ⅰ2参照**）。

以下では、人事 DD において認識しておくべき、他業種と異なる農林水産業特有の法制度について解説する。

(b)　農業等における労働時間等に関する規制の適用除外

農林水産業においても、従業員を雇用する場合には、基本的に、例外なく、労基法等の労働関係法令が適用される。

もっとも、労基法41条1項1号、ならびに同法別表第一・6号および7号は、「土地の耕作若しくは開墾又は植物の栽植、栽培、採取若しくは伐採の事業その他農林の事業」（ただし、林業を除く[12]。）、および「動物の飼育又は水産動植物の採捕若しくは養殖の事業その他の畜産、養蚕又は水産の事業」（以下本節において「農業等」という。）に従事する労働者に対して、「この章、第6章及び第6章の2で定める労働時間、休憩及び休日に関する規定は……適用しない」と定めている。具体的に適用除外とされる法規制の類型を図表2-3に示す。

---

[12]　林業についてもかつては適用除外対象となっていたが、作業の機械化が進み、労働時間管理の体制が整ったこと等から、平成5年の法改正により、現在は対象外となっている。

[図表2-3]　農業等における除外項目

除外項目	他産業での規制	農業での規制
労働時間	1日8時間・週40時間の法定労働時間	適用なし
休憩	労働時間が6時間を超えた場合45分、8時間を超えた場合60分以上の休憩	適用なし
休日	1週間に1日、又は4週間を通じて4日以上の休日	適用なし
割増賃金	時間外・休日労働について法定の割増率以上の割増賃金の支払い	深夜労働の割増賃金のみ必要
年少者の特例	満18歳未満の年少者の深夜労働を禁止	適用なし
妊産婦の特例	妊産婦が要求した場合、時間外・休日・深夜労働を禁止	深夜労働のみ禁止

　一般産業であれば、1日8時間および週40時間を超える時間外労働や、休日労働をさせる場合には36協定を締結する必要があるし（労基法36条）、時間外労働および休日労働に対しては、法定の割増率を乗じた割増賃金を支払わなければならない（同法37条）。

　一方、農業等に従事する労働者に関しては、1日あたり8時間または週40時間を超える所定労働時間や、週あたり1日を下回る休日を設定することも許されるし、所定労働時間外の労働をさせるに当たって36協定の締結も不要である。また、所定労働時間を超える労働に対しては、超過時間に相当する通常の賃金を支払う必要はあるものの、割増賃金の支払いは不要とされているのである[13]。

　農業等に従事する労働者に対して労働時間等の規制が適用されないのは、「これらの業務は労働時間について何時から何時までというごとく作業時間を定めがたいのみでなく、雨天等の日には作業が不可能である等その労働の対象が自然物であり、天然自然の影響下にあるので人為的に時間を按配しが

13）深夜労働に対する割増賃金の支払いは必要である。また、就業規則・雇用契約等で所定時間外労働・休日労働に対する割増賃金を支払う旨の条項がある場合には、労働者との雇用契約上、割増賃金の支払い義務が生じる。

たい」ことが理由とされている[14]。すなわち、農業等は、往々にして、季節性の高い業務であり、農業を例に取ると、作付け期や収穫期は繁忙になるものの、労働者は、農閑期には充分に休日を取ることができるし、雨が降れば仕事を休める。そこで、農繁期には長時間の労働を許容する要請が高い一方、労働時間の規制を設けなかったとしても労働者の保護にもとることにはならないと考えられ、適用除外が設けられるに至った。

このように、農業等における労働時間、休日、休憩等に関する規制は一般産業とは異なるものとなっているため、農業等を営む対象会社に対する人事DD においては、かかる違いを考慮して、法令違反や未払残業代の有無等をチェックしなければならない。

ア　適用除外の対象業務

上記のとおり、農業等に従事する労働者に対しては、労基法上の労働時間、休日、休憩等に関する規制が適用されないが、企業の農水産業セクションに含まれる全ての業務が適用除外の対象になるというわけではない。上記業務に該当するか否かは、労基法がかかる適用除外を設けた趣旨に照らして判断されることになる。

たとえば、農作物の生産および加工・販売の事業を手がける事業場を例に取った場合、農作業は当然に適用除外の業務に該当するが、一定の加工設備を用いて農作物を加工して製品を製造する業務は、労基法別表第一・6号の適用除外の業務に当たらないとされているし（昭和22年9月13日発基第17号）、農作物や当該加工製品の販売業務も自然を相手とした業務とはいいがたく、対象業務に当たらないと考えられる。また、経理業務や人事業務等の間接業務も適用除外の対象にはならない。

一方、植物工場やビニールハウスでの農作業や完全屋内養殖型の水産業等に関しては、天候に左右される性質を欠くため、適用除外の趣旨の一部が及ばない点は否定できないが、文言上は要件を満たすため（それぞれ、「植物の栽植、栽培」、「養殖の事業」に該当する。）、適用除外の対象業務に含まれると

14）厚生労働省労働基準局編『令和3年版　労働基準法（下）』（労務行政、2022年）1209頁。本書は7号の対象事業の趣旨を明言していないが、6号と同様の趣旨であると推察される。

解されている。

　なお、6次産業化に取り組んでいる企業等で、一つの事業場で、適用除外の対象業務と対象外業務のいずれの業務も行っている場合には、それぞれの労働時間等を鑑みて、いずれが主たる業務であるかという観点から労基法41条1項1号の適用の有無が判断されることになる。

　近年は、農業等を営む会社であっても、労基法上の労働時間、休日、休憩等に関する規制に準拠した労務管理および賃金の支払いを行う例も多くなってはいるが、対象会社が当該規制に準拠していない場合には、上記のような観点から、対象会社が営む業務が適用除外の対象に該当するのかを、人事DDにおいてチェックする必要がある。

　　イ　外国人技能実習生の例外

　外国人技能実習生に関しては、例外的に、労基法上の労働時間、休日、休憩等に関する規制等に準拠するよう求められており、これらに反した場合には、労基法違反には問われないものの、技能実習の継続や、技能実習生の新規受け入れができなくなる等のペナルティが科され得る（**4章Ⅰ3⑵(iv)**参照）。

　なお、特定技能外国人に関しては、このような例外はなく、日本人と同様に適用除外の対象となる。

　⑸　環境DD

　農林水産・食品関連ビジネスにおいては、当該ビジネスに用いている田畑等の土地や、養殖を行ういけすが接する海水面や陸上養殖におけるいけすにおいて、環境関連法令の不遵守があり、環境が悪化した場合、生産物や生産された食品の安全性に直接的な影響が及ぶことになる。また、法令違反があった場合、管轄当局から罰則が科された結果、操業停止等のリスクもあるといえる。そのため、農林水産・食品関連ビジネスを行う対象会社における、事業に関連する環境関連法令、たとえば、農用地土壌汚染防止法、水質汚濁防止法、廃棄物処理法といった環境関連法令の遵守状況は入念に確認する必要がある。

　農業ビジネスに際しては、特に農用地土壌汚染防止法について留意する必

要がある。この法律では、特定有害物質としてカドミウム、銅およびヒ素が指定されており、これらの物質が一定以上含有する地域を農用地土壌汚染対策地域として指定し、かんがい排水施設の新設や、汚染農用地を復元するための対策を講じることが規定されている。

　したがって、農地を含むDDを行うに当たっては、当該農地が農用地土壌汚染対策地域に該当していないかは確認するべきである。

◇Ⅵ　契約条項のポイント

1　概要

　農林水産・食品のM&A取引であっても、取引の実行のためには最終契約が必要であることは通常のM&A取引と変わるところではない。もっとも、農林水産・食品分野では、他の業界とは異なる特性やリスクを踏まえ、留意すべき事項がある。以下では、M&A取引においては、主に、農林水産分野におけるM&A取引で最も典型的な契約と思われる、株式譲渡契約について述べる。

2　譲渡対価

(1)　価格調整条項
　M&A取引における譲渡対価の考え方は、大きく分けると価格調整のない固定の対価のものと価格調整条項の入るものの2つのパターンがある。日本国内のM&A案件においては、価格調整条項が入らない最終契約も相応に見られるものの、価格調整条項を含むものも増えてきている。たとえば、契約締結のタイミングから取引の実行（いわゆるクロージング）までの期間が長期間に及ぶような案件では、その間に会社の現預金、負債、運転資本のポジションが大きく変動する可能性があり、クロージング時点における現預金、負債、運転資本の状況に応じて契約締結時点の状況をベースにした価格から調整を行うことが当事者間においてかえって公平な場合もある。そして、農

林水産・食品分野では、事業の特性上、季節性が強い事業も多くあり、その場合、取引実行のタイミングによっては、対象会社の純負債（net debt）のポジションが大きく変動することもあり得る。たとえば、収穫できる時期、養殖可能な時期、あるいは消費される時期が限られているような事業については、契約締結時における価値と取引実行時の価値で調整が必要とならないか、フィナンシャルアドバイザー等の専門家と慎重に検討の上、価格調整条項の要否と内容について検討する必要があろう。

(2)　アーンアウト条項

　価格調整条項のもう一つの類型として、アーンアウト条項がある。アーンアウトは、対象会社の価値について買主と売主の間で合意できない場合等に、将来における一定の条件を達成した場合に追加的な代金の支払いを行う、というものである。典型的な事例としては、急成長を見込んだアグレッシブな事業計画を有するスタートアップ企業のM&Aの場合がある。この場合、売主としては、アグレッシブな事業計画をベースにしてより高い譲渡対価を望む傾向にあるのに対して、買主としては事業計画をより保守的に見て低い譲渡対価しか提案できないとして、両者において適切な買収対価について合意に至ることが困難になる場合があるところ、取引実行時点においてある一定金額の支払いを合意しつつ、2年後、3年後等の将来の時点において、一定水準以上の売上、EBITDAその他の指標を達成した場合に追加的な代金を支払う旨の合意がなされることがあり、こういった価格調整について定める条項をアーンアウト条項と呼んでいる。こうすることで、実際に売主が主張するアグレッシブな事業計画が実際に実現できた場合には、当該アグレッシブな事業計画をベースにした買収対価の支払いがなされることになる一方で、そのような事業計画が実現しなかった場合には、買主が主張する保守的な事業計画をベースとする買収対価の支払いのみがなされるといったアレンジがなされ、双方のニーズを満たした対価設定をすることが可能になる。

　農林水産・食品分野においては、既存の事業であれば、比較的安定した事業が行われていることも多く、その場合には、アーンアウト条項を設定する必要性は必ずしも高くないものと思われる。もっとも、農林水産・食品分野

においても、アグリテック、フードテック等に関連する事業を行うスタート
アップ企業が多く生まれており、これらのスタートアップ企業が買収の対象
となっているような場合には、アーンアウト条項の利用も一考に値するであ
ろう。

(3)　Locked Box

　価格調整のない固定の対価のものについては、シンプルな固定価格の取引
のものも多くみられるが、ヨーロッパを中心に多く見られる Locked Box と
いわれる方式がとられることがある。Locked Box は元々金庫という意味で
あるところ、対象会社の直近の BS/PL 時点（基準時点）で株式価値を決め、
それ以降は、対象会社の事業価値および株式価値を変動させないこととして、
合意された基準時点における対価によって取引の実行を行うというものであ
る。株式譲渡契約における具体的な条項の特徴としては、①サイニングから
クロージングまでの事業活動については基本的に従前の事業活動と同一のも
のとし、金額の大きな設備投資やイレギュラーなアクションについては買主
の同意を必要と定め、②基準時点以降に売主関係者に価値の流出（典型的に
は、株主への配当やマネジメントへの追加的な報酬等の支払い等）があった場合
には、leakage として買主が売主に対して補償を請求できるといった内容の
合意が盛り込まれることが多い。

　農林水産・食品分野についていえば、たとえば天候等による影響を受けに
くい農畜水産物を生産するビジネスのように、収穫高、生産数量、販売数量
が毎年相当程度安定しているようなケースにおいては、locked box 方式に親
和性が高い。とりわけ、基準日時点の BS/PL の信頼性が高いということで
あれば、価格調整条項を設けずに、Locked Box 方式にすることが考えられ
る。

3　前提条件

　株式譲渡契約においては、取引を実行するための前提条件が定められるこ
とが通常である。農林水産・食品分野に特有の前提条件に関する論点として

は、買主における必要な許認可の取得が挙げられるだろう。たとえば、漁業関連ビジネスを行う対象会社との契約で、一連の取引の実行ストラクチャー上、事業譲渡を行うことを検討する場合については、一連の取引の実行において、買主において漁業権免許を取り直す必要があるため、買主による事前の漁業権免許の取得を前提条件と定めることになる。

　また、一般的な M&A 取引においてよく売主・買主間において議論となる事項の一つとして、契約締結時から取引実行時までの間における重大な悪影響（Material Adverse Effect（「MAE」）あるいは Material Adverse Change）の不存在を前提条件にいれるかどうかというものがある。近年では、仮に、重大な悪影響の不存在を前提条件に入れる場合でも、その例外を多数列挙するという米国におけるプラクティスにならう例が多くなっている。米国の実務における MAE の例外としては、自然災害・天変地異等が入ることが多いところ、農林水産業に関しては、台風被害や、日照不足等（河川の氾濫や火災などに比べれば）比較的定期的に発生する悪影響が想定できるところ、重大な悪影響の不存在を前提条件にいれる際には、取引実行時の季節にも鑑みて、どのような事態であれば、重大な悪影響が発生したといえるか、個別に検討することが考えられるだろう。

4　表明および保証

　M&A 取引の契約においては、売主が、対象会社の事業について一定の表明保証をすることが一般的であり、後に表明保証に違反する事項が発覚した場合には、一定の制限の範囲はあるものの、買主は売主に対して損害を補償するように請求することができるようになっていることが通常である。農林水産・食品に関する対象会社についての表明保証も、一般的な M&A 取引における表明保証の内容と基本的には大きく異なるものではないものの、買主においては、農林水産・食品分野を行う企業に対する法務 DD の検討のポイントで述べた事項については、より詳細に表明保証の条項を規定する必要がないか検討することが望ましい。より問題になるものとして、DD を通じて対象会社に農地法、不動産、許認可等について顕在化していない潜在的な問

題が発覚した場合の対応があるが、この場合には、一般的な表明保証ではな
く、当該発覚した事項に応じて特別補償の条項を定めて対応することを検討
することになり、それぞれの問題点に応じて、一般的な表明保証とは別枠で、
補償期間や上限額を定めることもある。

第3章　農林水産・食品ビジネスの資金調達

◇I　ファイナンスの手法

1　伝統的な資金調達手法

　農林水産および食品ビジネスは、食料供給や地域経済の基盤として欠くことのできない重要な機能を有しているが、従来農林水産ビジネスは小規模かつ零細な企業または個人が主な産業の担い手であったため、事業運営のための資金調達手段の選択肢が多いとはいえない状況であった。

　伝統的に、日本の農林水産ビジネスに対する資金供給の大部分は、政策金融公庫等による財政投融資を背景とした貸付、JAに代表される協同組合による貸付および多種多様な補助金が担ってきた。国が政策金融公庫の農林水産業者向け業務に対して行った財政投融資は、2023年度の実績で4,630億円に上るとされる[1]。そのほかにも、農林漁業バイオ燃料法または米穀新用途利用促進法上の生産製造連携事業計画の認定を受けた生産者等やみどりの食料システム法の認定を受けた農業者等に対する無利子貸付制度（農業改良資金）、漁業者等の資本装備の高度化を図りその経営の近代化に資することを目的とする低利率貸付制度（漁業近代化資金）、農業経営基盤強化資金（スーパーL資金）、自然災害や社会的・経済的環境の変更等の一時的な影響に対しての緊急融資である農業漁業セーフティネット資金等、多種多様な資金融通システムが提供されている。

1）財務省ウェブサイト「財政投融資の実績（令和5年度）」（URL：https://www.mof.go.jp/policy/filp/reference/zaitojisseki/r05_zaitoujisseki.html）。

　一方、JA を初めとする協同組合による信用事業も重要な役目を担ってきた。農業分野では、JA、JA 信連および農林中央金庫が、「JA バンク」として、JA の組合員や利用者からの預託を受けた貯金を原資に金融サービスを提供している。漁業分野においては、貸付等の信用事業を漁協みずからが実施する例は少数（2015年度は全漁協の 9 %[2]）であるが、信漁連が信用事業の主要な部分を担っており、農林中央金庫を系統中央機関として信用事業を行う全国の漁協・信漁連・農林中央金庫で構成される「JF マリンバンク」が組織され、漁業者に対する貸付事業の重要な役割を果たしてきた。

　しかしながら、持続可能な農林水産業および食品ビジネスの発展のためには事業主体の企業化が不可欠であり、そのためには新たな資金調達手法を普及させる必要もあろう。産業の担い手の変化と事業規模・構造の変革を踏まえ、農林水産・食品ビジネスを有望な投融資の対象と捉えるならば、従来のファイナンス手法に固執することなく、新たな資金調達手段が積極的に検討されてよいはずである。こうした観点を踏まえ、以下では、農林水産・食品ビジネスの新しい資金調達手段を、①エクイティ性資金（株式や持分の出資等）による形態と②デット性資金（ローンや社債等）による形態に分けて概観する。

2　エクイティ投資

(1)　エクイティ投資とは

　エクイティ投資は、投資家が農林水産・食品ビジネスを営む事業会社に対して出資の形態で資金供与を行う方法である。投資家は、対象事業の成長性を見込み、出資の対価として事業会社の発行する株式（株式会社の場合）や持分（合同会社その他の持分会社の場合）を取得し、企業の所有者の一部として経営に参加するとともに、出資に応じた利益分配を享受するのが通例である。

　前述のとおり、農林水産・食品ビジネスの資金調達手法は、伝統的に融資

---

2 ）規制改革推進会議　第 1 回水産ワーキング・グループ（2017年 9 月20日開催）資料 1
（その 9 ）61頁。

（借入）や行政からの補助金、経営者の自己資金に頼る傾向が色濃かった。しかしながら、経営の大規模化・多角化や大型の設備投資の実施、さらにはアグリテックの導入等、多額の資本投下を必要とするビジネスモデルを導入しようとするならば、融資や補助金、あるいは自己資金に依存するかつての方法には限界がある。そこで注目されるのが民間からのエクイティ投資の方法である。

(2)　エクイティ投資の手法

　エクイティ投資の手法には実に様々な方法があるが、農林水産・食品分野で近時見られる方法には、以下のようなものがある。

［図表３−１］エクイティ投資の手法と具体例

種類	概要
ベンチャーキャピタルファンド	ベンチャー企業やスタートアップ企業に出資する形態 アグリ・フードテック分野を投資対象とするファンドも増加している 〈具体例〉 ・AgFunder Inc. 社が運営するファンド ・kemuri ventures が運営する「食の未来１号投資事業有限責任組合」[3]
コーポレートベンチャーキャピタル	一部を外部のベンチャー企業に対して投資する形態 〈具体例〉 ・三井不動産株式会社による「31VENTURES Global Innovation Fund ２号」[4] ・ハウス食品グループ本社と SBI インベストメント株式会社による「コーポレートベンチャーキャピタル２号ファンド」[5] ・農林中央金庫による「農林中金イノベーションファンド」

3）kemuri ventures ウェブサイト（URL：https://kemuriventures.co.jp/about.html）。
4）三井不動産株式会社の2020年９月16日付プレスリリース「『31VENTURES Global Innovation Fund ２号』を85億円で設立」。

金融機関主導のエクイティ投資	金融機関が自社または自社グループ会社を通じて農林水産・食品ビジネスの事業会社に投資する形態 〈具体例〉 ・農林中央金庫が設定した「F&A（Food and Agri）成長産業化出資枠」による出資 ・秋田銀行が投資専門子会社と共同投資するファンド

　これらのほか、近時特に注目されるのが、下記(3)で言及する投資円滑化法を活用したエクイティ投資の方法である。

コラム⑧〈A-FIVE からの教訓〉

　株式会社農林漁業成長産業化支援機構法に基づき、2013年1月、6次産業化に取り組む農林漁業者等に対し出資等による支援を行うことを目的として「株式会社農林漁業成長産業化支援機構」（通称「A-FIVE」）が設立された。官民ファンドである A-FIVE は、その設立以降、162件（投資決定額は A-FIVE 投資分のみで146億円規模）に上る投資を実施してきた。ところが、多額の累積損失を抱える等した結果、2021年以降は新規の投資決定を行わないこととし、2025年度末を目処に投資回収を終える方針となっている。

　農林水産省は「A-FIVE の検証に係る検討会」を開催し、2020年7月に検証報告書（「株式会社農林漁業成長産業化支援機構に係る検証報告」）を公表した。それによれば、①投資規模、投資収益等に見合わない高コストな組織体制であったこと、②投資対象が限定され投資手続が重層的であったこと、③エグジット収益の最大化が図れていなかったこと、④サブファンドが十分に機能しなかったこと等が、ファンドが上手く機能しなかったことの要因として列挙されている。

　ただし、同検証報告書の中で、A-FIVE による経営支援は、業績回復、企業価値の向上に一定の効果を発揮したこと、地銀等にとって、農林漁業分野における投資に係る知見を広める結果につながったこと、農林漁業の生産の高度化、輸出・海外展開、フードテック等の分野において、出資による資金調達のニー

5）ハウス食品グループ本社株式会社の2023年1月12日付プレスリリース「ハウス食品グループ本社と SBI インベストメント株式会社によるコーポレートベンチャーキャピタル2号ファンドの設立に関するお知らせ」。

ズは存在しており、これらの分野への十分な投資を確保していくこと自体は必要であること等も確認されている。A-FIVE から得られた教訓が、今後の農林水産・食品分野におけるエクイティ投資に活かされることを期待したい。

⑶　投資円滑化法を活用した投資への期待

(i)　投資円滑化法の概要

　投資円滑化法は、農林漁業法人等に対する投資の円滑化を図るための特別措置法である。投資円滑化法は、当初の2002年制定時、農業法人（農事組合法人、合資会社、株式会社または有限会社であって農業を営むもの）のみを対象としていたが、2021年4月改正法（同年8月施行）により、現在は、①承認会社および承認組合の出資対象とする法人として、農林水産物・食品の輸出や製造・加工、流通、小売、外食等の食品産業の事業者、林業・漁業を営む法人、およびスマート農林水産業を支える技術開発等の農林漁業者または食品産業の事業者の取組みを支援する事業活動を行う法人等が追加され、広く農林漁業を営む法人等のほか、食品の製造、加工、流通、販売等を行う株式会社等も含む法律に様変わりしている。

　農林漁業・食品ビジネスは、本質的に天候等の外部的要因による影響を受けやすいビジネスであり、生産活動サイクルが長いといった性質を有するため、外部からの投資を十分に受けにくいという問題を抱えている。投資円滑化法は、こうした問題を改善するために、農林漁業を営む法人や食品産業の事業者のエクイティ形態による資金調達を円滑化することを目的の1つとする。また、単に資金を供給するだけでなく、こうした事業者に対しての経営または技術の指導も実施することで、農林漁業および食品産業の持続的な発展に寄与することも目的とした法律である。

　投資円滑化法に基づいて農林漁業法人等に対して出資することができる主体は、農林水産大臣の承認を受けた株式会社（農業法人投資育成事業を営む株式会社を設立しようとする者を含む。）または投資事業有限責任組合（以下「投資育成会社等」という。）である。2024年7月現在、承認済の投資育成会社等は、アグリビジネス投資育成株式会社および24の投資事業有限責任組合で

ある。このうち、アグリビジネス投資育成株式会社は、政策金融公庫、農林中央金庫、全国農業協同組合連合会（JA全農）、全国共済農業協同組合連合会（JA共済連）および全国農業協同組合中央会（JA全中）の5者の共同出資により設立された法人であるが、2002年10月の設立以来の投資実績（2024年3月末時点）は、案件ベースで670件、累積投資金額（実行ベース）は118億円に上っている[6)]。また、投資事業有限責任組合に関しては、従来は、民間金融機関が政策金融公庫の出資を受けることで投資リスクを分散するという性格が色濃く出ており、その組合員の顔ぶれも金融機関が多くを占めていたが、近時は事業会社や私募ファンドが組合員として参画する例も出てきている。投資家の多様化が進めばさらに投資円滑化法を活用した投資プロジェクトも増えると予想され、今後期待をもってみることのできる制度といえよう。

(ii)　投資家からみた投資円滑化法のポイント

投資円滑化法は、「農林漁業法人等投資育成事業」を営もうとする投資育成会社等が、事業計画を作成して農林水産大臣の承認を得ることで、政策金融公庫からの出資を受け入れつつ、民間資金と公庫からの出資をもとに、事業計画に沿って農林漁業法人等に対する出資の実行を可能とする制度である。

［図表3-2］投資円滑化法の概要図

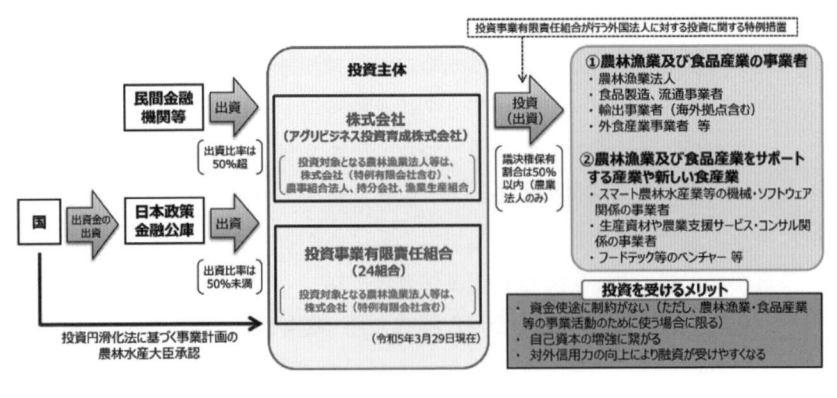

出典：農林水産省「投資円滑化法による農林漁業法人等への投資（出資）の仕組み」。

　投資育成会社等が出資することができる農林漁業法人等は、以下のいずれかの法人である（同法2条1項）。2021年4月改正により出資対象が拡大したことによって、リスクファクターの異なる複数の出資先によるポートフォリオを形成することが可能となった。

[図表3‐3] 投資対象となる農林漁業法人等

	名称	概要
1	農業法人	農事組合法人または株式会社等（株式会社または持分会社をいう。以下同じ。）であって農業を営むもの（公庫の出資を受ける場合は、認定農業者に限る。）
2	林業法人	株式会社等であって林業を営むもの
3	漁業法人	株式会社等であって漁業を営むものおよび漁業生産組合
4	食品産業法人	農事組合法人または株式会社等であって、農林水産物もしくは食品の製造、加工、流通、販売もしくは輸出またはこれらを飲食させる事業を営むもの（上記1～3に該当するものを除く。）
5	支援法人	農事組合法人または株式会社等であって、農林水産物の生産または上記4の事業の合理化、高度化その他の改善の支援その他の農林漁業または食品産業の持続的な発展に寄与すると認められる事業活動として農林水産省令で定めるもの[7]を行うもの

6）アグリビジネス投資育成株式会社ウェブサイト（URL：https://www.agri-invest.co.jp/record/record-01/）。

7）以下の①～④に掲げる事業活動その他の事業活動であって、農林漁業または食品産業の事業者の事業の拡大、付加価値の向上またはこれらに要する費用の低減、農林漁業または食品産業に関する国民の理解の増進または環境への負荷の低減その他の農林漁業または食品産業の持続的な発展に直接寄与すると認められる事業活動をいうとされる（同法施行規則1条）。

①　農林漁業または食品産業の事業者の事業の合理化、高度化その他の改善を支援する技術の開発または提供を行う事業活動

②　農林水産物または食品に由来する有機物であってエネルギー源として利用することができるものを電気、熱その他のエネルギーに変換する事業活動

③　農林漁業または食品産業の体験を提供する事業活動

④　持続性の高い農林漁業の生産方式の導入、食品に係る資源の有効な利用の確保、食品に係る廃棄物の排出の抑制その他の持続可能な農林漁業または食品産業の形態の確保に資する事業活動

　出資を受け入れる事業者側からみた場合、自己資本の強化によって対外的な信用力の向上につながり、金融機関等からの融資を受けやすくなるという好循環を生み出すことが期待できる。また、農林漁業・食品ビジネスに関してノウハウを有する投資育成会社等からの経営・技術についての助言を受けることも可能となるであろう。

　民間の投資家が投資円滑化法に基づく投資を実行しようとする場合、投資事業有限責任組合（LPS）を組成し、農林漁業法人等投資育成事業に関する計画を作成した上で農林水産大臣の承認を得ることになる。投資円滑化法を利用する最大のメリットは、農林水産大臣の承認を受けたLPSは、株式会社日本政策金融公庫法の特例により、出資総額の50％未満の範囲内で公庫の出資を受けることができるという点であろう。現在、「農林漁業法人等投資育成事業出資業務実施要領」および「農林水産・食品関連スタートアップ等へのリスクマネー緊急対策事業出資業務実施要領」に基づく2つの事業が実施されており、公庫の募集に応じて申請し採択された投資主体に、出資がなされる仕組みとなっている。

3　デットファイナンス

(1)　農林水産ビジネスのデットファイナンスの現状

　従来、他の産業との比較でいえば、農林水産ビジネスに対するデット性資金の供給市場における民間金融機関の存在感は大きくなかったように思われる[8]。その背景には種々の理由があるが、①多様な補助金（国・地方公共団体）や系統・制度資金（国や地方公共団体がJAや政策金融公庫等と連携して中小の農林水産業向けに提供する融資プログラム）の存在、②債権保全上の問題（担保目的物の換価処分の困難性）、③天候リスク等の自然環境から受ける負のリスクが大きいことや、仕入れ（肥料、飼料等）・販売ともに市況変動の影響

8）たとえば、農林水産省経営局金融調整課「調査結果報告書〜積極的な農業融資の実現に向けた担保評価・債権回収実態調査委託事業〜」（2016年3月7日）8頁によれば、平成26年度の農業経営向け融資残高は、銀行が3,500億円程度、信用金庫が600億円程度である一方、農協系統金融機関からの貸付残高は1兆449億円程度とのことであり、銀行と信用金庫の融資残高の合計額の2.5倍程度とされている。

を大きく受けやすいこと、④農産物等１次産品の販路の確保・拡大が困難であること[9]等が主な要因として挙げられるであろう。もっとも、農林水産事業の大規模化が進展し、経営体１つあたりの事業規模や販売金額が今後さらに増加していけば、民間金融機関からの融資調達は、今後有力な選択肢となるものと想定される。

　以下では、農林水産ビジネスへの融資を検討する金融機関の目線で、考慮にいれておくべき農林水産ビジネスの主な特徴を概説する。

(2)　農林水産分野におけるファイナンスの主な検討ポイント

(ⅰ)　農林水産業の収益構造

　新規に農林水産分野で事業を始める場合、多額の初期費用を要することが多い。農業の場合には、農地の購入または賃借等、農業用機械の購入やリース等、管理等に必要な建物の取得、農業用ハウスの建築・設置、土地改良等、林業であれば、大型林業機械の購入、作業道の整備、場合によっては造林費用等、漁業についても、漁船、漁具、養殖設備等、高額な初期投資が必要となる。また、事業開始後の継続的な費用として、資材費（農薬、種苗、肥料、飼料、燃料等）やその他の費用（地代、利子、人件費、運送費、保管費、手数料等）も捻出する必要がある。

　一方で、収入としては、基本的には生産物の売上がメインとなる[10]。生産物の売上は、季節性等のために１年のうち限られた期間にのみ発生するという特徴を有していたり、事業開始から売上が発生するまでに長い時間を要する性質のものも少なくない。また、自然災害・疫病等の有無や需要の有無等によって、売上が大きく左右される可能性があり、安定的な収入を得ることは必ずしも容易ではない。農林水産業において融資を行うことを検討する金

---

[9]　日本銀行金融機構局金融高度化センター「アグリファイナンスについて―地域金融機関の取組の現状と課題―」９頁参照。

[10]　もっとも、補助金、保険・共済等による補填、Ｊ－クレジットの売却による収益等の副次的な収入も考えられる。なお、Ｊ－クレジット制度とは、認定された農業手法を採用する等して削減されたCO_2等の排出削減量／吸収量を「クレジット」として国が認証する制度であり、事業者はこの制度への参加を地球温暖化対策としてPRできるのみならず、CO_2排出量が多い他の事業者にクレジットを売却することで売却益を得ることができる（**5章Ⅳ4(2)**参照）。

融機関としては、上記のポイントを踏まえ、対象事業の収益構造やキャッシュフローを評価し、関連法令を踏まえた保全策を検討する必要が生じる。

(ii)　農林水産分野特有のリスク要因

　収益構造に加え、農林水産分野特有のリスク要因も把握する必要がある。特に、収量・品質の不安定さ、将来的な需要の縮小、化学肥料や飼料価格、燃料費、人件費の高騰、労働環境の悪化、事業者の減少・高齢化、栽培品目の変化、食の安全性に関する懸念等のリスクについて、適切に検討すべきである。金融機関としては、ファイナンス関連契約上の手当として、たとえば、財務状況や事業指標（KPI など）に関する定期的な報告義務に関する条項を定めること、事業者の遵守・誓約事項（コベナンツ）として保険・共済への加入を義務付けること、事業計画書の承認権限を通じて対象事業に一定のコントロールを及ぼしていくこと等を検討すべきことになろう[11]。

(3)　担保関連の論点の検討——農業を中心に

　農林水産業向けの融資を行うに当たっては、個々の分野ごとに適用される規制法上の論点にも留意する必要がある。以下では、農業分野向けの融資を題材に、担保取得、管理および実行の局面における留意点を概説する。

(i)　不動産担保

　農業向け融資においては様々な資産が担保設定の対象となり得るが、図表3-4 に示されるとおり、典型的なものは農地等の不動産への担保権（抵当

---

11)　たとえば、法人が農地を確保・維持するために農地を所有する場合には、当該法人が農地所有適格法人である必要があるところ、農地委員会の許可を取得したときには農地所有適格法人であった法人がその後に農地所有適格法人でなくなった場合、農地法上、当該法人が所有する農地が国に買収される可能性がある（農地法 7 条 1 項）。そのため、金融機関としては、農地を所有するエンティティが少なくとも貸付期間に亘り農地所有適格法人であることを確保する必要があり、農地所有適格法人の要件を満たさなくなる端緒となる事象について報告義務を課す等のモニタリング条項や、農地所有適格法人でなくなったことを失期事由とする等の条項をローン契約に規定することで対応することが考えられる。特に、実際に農業に従事する者が死亡した場合、農業に従事する者がいなければ農地所有適格法人の要件のうち役員要件を欠く可能性があるため、死亡時の対応等については予め検討しておく必要がある。

権）設定である。

[図表3-4] 農業経営向け融資における担保

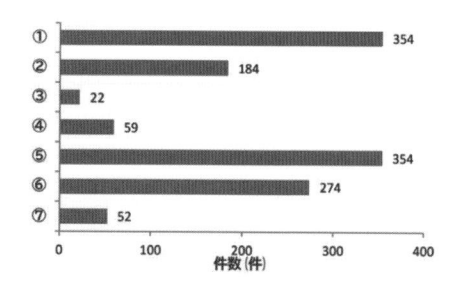

① 農地
② 農地を除く農業用不動産
③ 農業用機械
④ 動産（農業生産物）
⑤ 農業用資産以外の不動産（住宅・商業施設の建物又は土地など）
⑥ 金融資産（預金・貯金・保険商品・有価証券など）
⑦ その他
回答概要：有効回答数534件（有効回答率68%）

出典：農林水産省経営局金融調整課「調査結果報告書〜積極的な農業融資の実現に向けた担保評価・債権回収実態調査委託事業〜」（2016年3月7日）15頁。

　ただ、土地規制が厳格な農業分野向けの融資を組成するに際しては、担保設定・実行の局面において農地法上の規制によって貸付人がいかなる影響を受けるのかを十分に検討する必要がある。

　農地法との関係で、抵当権設定契約を締結することにより農地に対して抵当権を設定すること自体は特段規制の対象とならないと考えられている[12]。一方で、抵当権を実行し、第三者に対して当該農地を取得させる場合には、農地の所有権が第三者に移転するため、農地法3条1項に基づく農業委員会の許可が必要となる。ところが、法人が所有権を取得しようとする場合、農地所有適格法人（またはいわゆる農地リース法人）でなければならない（**1章 I 3(2)(i)(b)、(ii)参照**）。農地所有適格法人は、法人形態要件[13]、事業要件[14]、議決権要件[15] および役員要件[16] の4要件を充足しなければならないし、農

---

12) 農地法3条1項は「所有権を移転し、又は地上権、永小作権、質権、使用貸借による権利、賃借権若しくはその他の使用及び収益を目的とする権利を設定し、若しくは移転する場合」に農業委員会の許可が必要となるところ、抵当権の設定は明記されていない。
13) 株式会社（公開会社でないもの）、農事組合法人、合名会社、合資会社、合同会社のいずれかである必要がある。
14) 主たる事業（売上高が過半）が農業（自ら生産した農産物の加工・販売等の関連事業を含む。）である必要がある。

地リース法人であれば、役員等のうち 1 人以上の者が耕作または養畜の事業に常時従事することが求められる（農地法 3 条 3 項 3 号）。

　農地法の規制によって担保目的物たる農地の売却先が限定されることや、農地法 3 条の許可取得には一定のハードルが存在することも踏まえ、担保取得の段階から、実行時における処分可能性や処分に要する時間・費用の見込等を踏まえた農地の担保価値の評価が求められる。

(ii)　動産・債権担保

　農地等の不動産のほか、ビニールハウス等の農業用具やトラクター等の農業用機械に対する担保権の設定も一定程度用いられてきた。加えて、Asset Based Lending（ABL）の手法を用いた農業生産物等に対する集合動産譲渡担保権、農業生産物に係る売掛債権に対する集合債権譲渡担保権および管理口座に対する担保権の設定もある程度活用されている。

　現在、法制審議会担保法制部会において検討が進められている担保法制の見直しにおいては、集合動産や集合債権を目的とする動産担保権・譲渡担保権の改正について議論がなされているが、担保を活用する金融機関にとっては予見可能性が高まり、動産・債権担保の「使い勝手」がよくなることで、改正をきっかけに今後農業分野への ABL のさらなる活用について議論が活発化する可能性がある。

　もっとも、農業生産物については、その性質上、収穫のタイミングを必ずしもコントロールできるわけではないことや工業製品に比べて劣化が早いことに加え、処分に当たって販路が限られている場合がある等、担保実行の際にスムーズに換価することが難しい場合がある。そのため、農業生産物を前提に ABL の手法で担保権設定を行う場合には、対象となる農業生産物の選

---

15)　農業関係者が総議決権の過半を占め、農業関係者以外が占める議決権は総議決権の1/2未満である必要がある。農業関係者には、法人の行う農業に常時従事する個人、農地の権利を提供した個人、農地中間管理機構または農地利用集積円滑化団体を通じて法人に農地を貸し付けている個人、基幹的な農作業を委託している個人、地方公共団体・農地中間管理機構・農業協同組合・農業協同組合連合会が含まれる。

16)　役員の過半が、法人の行う農業に常時従事する構成員（原則年間150日以上）であること、かつ、役員または重要な使用人の 1 人以上が法人の行う農業に必要な農作業に従事することが求められる。

定、処分までの管理方法、販路の確保や担保実行のタイミング等について検討することが重要になる。

(4)　補論──企業価値担保権

　事業性融資推進法が2024年に成立した。同法施行後[17] は、農林水産分野向けの融資においても、企業価値担保権の積極的な活用が期待される。

　同法は、不動産を目的とする担保権または個人を保証人とする保証契約等に依存した融資慣行の是正および会社の事業に必要な資金の調達等の円滑化を図ることを目的としている。有形資産を持たないスタートアップや経営者保証により事業承継を躊躇している事業者、事業再生に取り組む事業者等への融資を容易にする方法となることが期待されているが、農林水産業を営む事業者に対する融資においても検討の余地があろう。企業価値担保権は、セキュリティトラストの形で設定されることが予定されている。詳細は他の文献に譲るが[18]、同法に基づく企業価値担保権の構造の概要は以下のとおりである。

[図表3-5] 企業価値担保権の構造

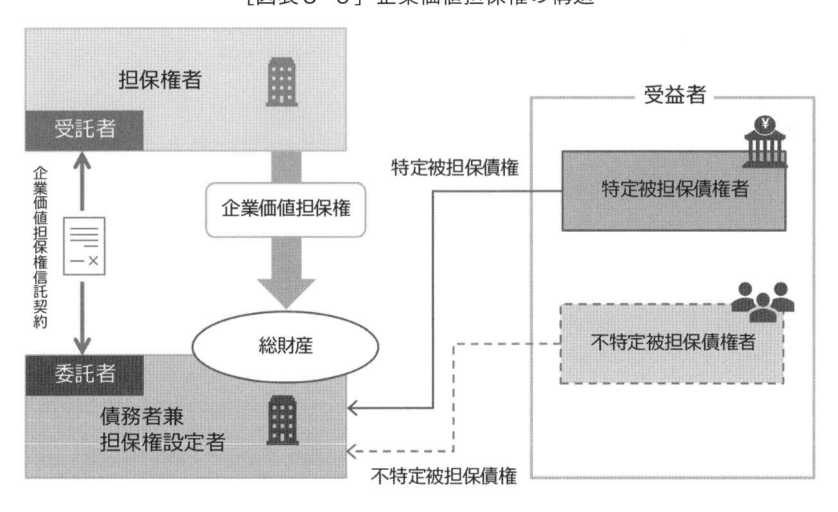

コラム⑨〈農林水産業と倒産法〉

　既存の農林水産業者の多くは個人経営であったり中小の事業者であったりすることが多く、本書が想定するような投資や融資の対象となる事業者は、それらの中小の事業者である場合やスタートアップとしてスマート農林水産業やフードテックビジネスに新規参入する事業者である可能性が高い。フードテックの一分野として注目を集めている昆虫食ビジネスを展開していた事業者が倒産したことは記憶に新しい。農林水産分野に限った話ではないが、新規ビジネスへの投融資についてはその回収が困難になる、すなわち、投融資先の倒産リスクを常に踏まえた上での検討が必要となる。

　詳細は倒産法に関する書籍に譲るが、倒産手続には、清算型の手続と再建型の手続がある。いずれの手続においても、原則として、倒産した事業者に対する債権者等は法定の手続に従う必要が生じる。

　会社更生法に基づく更生手続を除き、担保権は手続外での行使が認められるため、融資を行う金融機関においては、特に有事における担保権の行使を念頭に、融資先となる事業者への融資を判断しているであろう。

　投資家からすれば投資先の事業者が倒産してしまえば、それまでの投資が無に帰すこととなるため、倒産の徴候を把握することができるよう、投資先の財務状況を随時確認する必要も生じる。また、資金提供とともに共同研究開発を行っているような場合には成果物の権利関係にも注意を払っておかなければならない。

　農業法人の場合には農地を所有していることが多いため、農地の売却に当たっては農地法上の規制が存在する。そのため、再建型の倒産手続であったとしても、事業の譲渡先が制限される可能性がある。したがって、倒産手続の開始前も含め、事業の譲渡先を確保することが重要となる。

　また、農作物には収穫時期があり、養殖漁業や畜産業においては飼育する魚等や家畜、家禽の生長に応じた適切な処分時期があるため、特に清算型の倒産手続においては、事業譲渡が中心となると思われるものの、個別の資産を処分するとなれば、資産の処分時期も考慮されるべき要素となる。

18）月岡崇＝大野一行「企業価値担保権制度の概要」（NO&T Finance Law Update 金融かわら版）（2024年5月）等。

◇Ⅱ　ESG 投融資とインパクトファイナンス

1　ESG 投融資とインパクトファイナンス

⑴　ESG 投融資としての農林水産・食品ビジネスの資金調達

　農林水産・食品ビジネスにおいては、一方で自然環境（たとえば、森林や海洋）を直接活用して資産を生産する営みが不可欠であり、他方でその生産が天候や水質をはじめとする自然環境の影響を大きく受けるものであり、自然環境と相互に関連している。また、特に農林水産業は、伝統的に地域経済・地域社会の根幹をなす事業であったことに加え、フードロスなどの社会問題とも深い関わり合いをもっている。このように、他の事業分野以上に、ESG、特に環境（Environment）および社会（Social）との強い関連性を有する農林水産・食品ビジネスにおけるファイナンスには、事業者による資金調達や資金提供者による収益に留まらない、環境・社会・経済的課題に配慮するESG 投融資としての側面を期待できる場合がある。また、投資家・金融機関としては、責任投資原則（PRI：Principles for Responsible Investment）[19] を契機とする投融資先の財務情報や収益性などに加え、ESG の要素も考慮するという国内外の潮流の中で、このような ESG 投融資としての側面があるからこそ、農林水産・食品ビジネスへ積極的に投融資を行うことも想定される。そのため、ここでは ESG 投融資の発展形として近年注目されるインパクトファイナンスについて、概説したい。

⑵　インパクトファイナンスとは

　インパクトファイナンスとは、環境、社会または経済に対する「インパクト」を意図したファイナンス手法である。インパクトファイナンスに関して

---

[19]　2006年 4 月に、UNEP FI（国連環境計画・金融イニシアティブ）および UN Global Compact（国連グローバル・コンパクト）が事務局となり作成・公表された、機関投資家の投資の意思決定プロセスや株式の保有方針の決定に ESG 課題に関する視点を反映させるための考え方を示す原則。2019年 9 月には、UNEP FI が責任投資原則の銀行版として責任銀行原則（PRB：Principles for Responsible Banking）を作成・公表している。

は、様々な海外の機関等が先行してその考え方を原則やイニシアティブとして提唱してきた[20]。国内においては、そのような国際的な動向と整合性を保ちつつも、日本の投融資においてインパクトファイナンスを主流化していくことを企図して、2020 年 7 月に環境省により「インパクトファイナンスの基本的考え方」(以下「本基本的考え方」という。)が公表された[21]。

本基本的考え方において、「インパクト」とは、組織によって引き起こされるポジティブまたはネガティブな環境、社会または経済に対する変化と定義され、直接的な成果物や結果(アウトプット)ではなく、それにより環境、社会または経済面にどのような違いを生み出したかという効果(アウトカム)を指すものとされている。また、インパクトファイナンスにおいてはインパクトを生み出す意図を持って行われるべきである点が強調されている(下記インパクトファイナンスの要素①参照)。

本基本的考え方において、インパクトファイナンスとは、以下の 4 要素の全てを満たすものと定義されている。

要素①：投融資時に、環境、社会、経済のいずれの側面においても重大なネガティブインパクトを適切に緩和・管理することを前提に、少なくとも 1 つの側面においてポジティブなインパクトを生み出す意図を持つもの

要素②：インパクトの評価およびモニタリングを行うもの

要素③：インパクトの評価結果およびモニタリング結果の情報開示を行うもの

要素④：中長期的な視点に基づき、個々の金融機関／投資家にとって適切なリスク・リターンを確保しようとするもの

なお、要素②であるインパクトの評価に関連し、環境省は、気候変動への

---

20) 代表的なものとして、2017 年 1 月に UNEP FI(国連環境計画・金融イニシアティブ)が策定した「ポジティブ・インパクト金融原則」や 2019 年 2 月に IFC(国際金融公社)が策定した「インパクトを追求する投資——インパクト投資の運用原則」等が挙げられる。

21) 他にも金融庁は 2023 年 6 月にインパクトファイナンスのうち特にインパクト投資の拡大に向けた方策等の議論をまとめた「インパクト投資等に関する検討会報告書——社会・環境課題の解決を通じた成長と持続性向上に向けて——」を公表するとともに、2024 年 3 月にインパクト投資の基本的な考え方等について共通理解を醸成し、市場・実務の展開を促進することを目的として「インパクト投資(インパクトファイナンス)に関する基本的指針」を公表している。

対応をはじめとするグリーン（環境）の側面に特に焦点をあてた取りまとめとして、2021年３月に「グリーンから始めるインパクト評価ガイド」（以下「本インパクト評価ガイド」という。）を公表している。

(3)　インパクトファイナンスの基本的流れ

　上記のインパクトファイナンスの４要素に従い、本基本的考え方においては、インパクトファイナンスの基本的な手順として、①インパクトの特定、②インパクトの事前評価、③（必要に応じ）インパクトの事前評価結果の確認、④インパクトのモニタリング、⑤情報開示、⑥（必要に応じ）投融資終了時におけるインパクトの持続性の考慮のステップが示されている（図表３−６参照）。

［図表３−６］インパクトファイナンスの基本的流れ

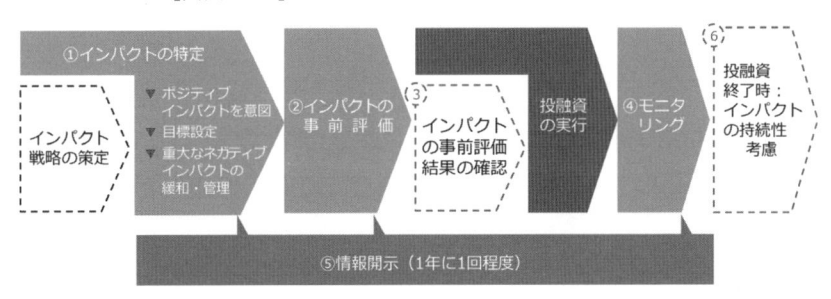

出典：環境省「インパクトファイナンスの基本的考え方」11頁をもとに筆者ら作成。

　①「インパクトの特定」のステップにおいては、投融資によって生み出そうとするポジティブインパクトと、緩和・管理すべきネガティブインパクトを明確化することが求められる。インパクトファイナンスは、様々なアセットクラスにおいて、多様な投融資スキームを用いて行われることが想定されるため、本基本的考え方および本インパクト評価ガイドでは、インパクトの特定の枠組みとして、投融資案件の性質を(a)企業の多様なインパクトを包括的に把握するもの[22]と(b)特定のポジティブインパクトを狙いにいくもの[23]に区別し、それぞれの投融資案件においていかにインパクトを特定していく

かについて詳しく説明している[24]。

　②「インパクトの事前評価」のステップにおいては、創出を目指すポジティブインパクトの大きさを明らかにするとともに、重大なネガティブインパクトが適切に緩和・管理されていることを確認することが求められる。加えて、特定したインパクトのうち特に重大と考えられるコア・インパクトについては KPI および目標設定を伴う定量的な事前評価を行うことが重要となる。

　④「インパクトのモニタリング」のステップにおいては、特定したコア・インパクトについて、②「インパクトの事前評価」で設定した KPI その他の目標の達成の有無・達成度合いについて評価することが求められる。本基本的考え方においては、投資期間中は少なくとも年 1 回程度以上のモニタリングを行うことを重視しており、さらに、「インパクトウォッシュ」[25] を防ぐために、モニタリング結果については、独立性を有する内部・外部の専門家の評価を受けることが望ましいと指摘している。

　⑤「情報開示」のステップにおいては、インパクトファイナンスとして社

---

22) 例として企業向けの使途制限のない銀行ローン等のコーポレートファイナンスや、市場全体の幅広い銘柄への投資を前提とする上場株式投資等が挙げられている。このような投融資手法においては、投融資とポジティブ／ネガティブインパクトが直結しないため、投融資先企業によるポジティブ／ネガティブインパクトの発現を把握するために当該企業の事業活動を全般的に分析することが必要となる。本インパクト評価ガイドでは UNEP FI（国連環境計画・金融イニシアティブ）が提供する「インパクトレーダー」や「コーポレートインパクト分析ツール」を活用したインパクトの特定方法を紹介している。

23) 例としてプロジェクトファイナンスやインフラ・不動産ファンド、PE ファンド、一部の上場株式ファンド等が挙げられている。このような投融資手法においては、投融資とポジティブ／ネガティブインパクトが比較的直結しているため、個別のインパクトについて掘り下げた検討が求められる。本インパクト評価ガイドでは IMP（インパクト・マネジメント・プロダクト）が提唱する「インパクトの 5 側面」を活用したインパクトの掘り下げを紹介している。

24) 本基本的考え方および本インパクト評価ガイドでは(a)企業の多様なインパクトを包括的に把握するものと(b)特定のポジティブインパクトを狙いにいくものとの区別は排他的なものではなく、投融資案件によっては併用されることも想定される旨指摘されている点は留意されたい。

25) ポジティブインパクトを与え、ネガティブインパクトを緩和・管理すると主張・標榜しながらも、実際にはポジティブインパクトがない、または不正に水増しされていた、ネガティブインパクトが適切に緩和・管理されていなかった等、その実態が伴わないことを指す（本基本的考え方・脚注18）。

会・市場からの支持を獲得し、かつ、透明性を確保する観点から、投融資時に特定したコア・インパクトや KPI・事前評価等について、投融資後にはモニタリング結果について情報開示を行うものとされている。

コラム⑩〈インパクトの特定〉

　インパクトの特定方法について、静岡銀行による杉本製茶に対するポジティブ・インパクト・ファイナンス[26] を例に、より具体的に説明したい。なお、かかる例については、一般財団法人静岡経済研究所「ポジティブ・インパクト・ファイナンス評価書　評価対象企業：杉本製茶株式会社」（以下「本評価書」という。）を参照している。

　かかる例におけるポジティブ・インパクト・ファイナンスは、返済期限を 1 年、資金使途を運転資金とする融資[27]（いわゆるコーポレートローン）である。そのため、本基本的考え方および本インパクト評価ガイドにおけるインパクトの特定の枠組みとして、上記「(a)企業の多様なインパクトを包括的に把握するもの」に該当する。本基本的考え方では、「企業の多様なインパクトを包括的に把握するもの」について、まずは国・地域や事業セクターに基づいてインパクトを包括的に把握した上で、その後、個社の事業や製品・サービスの特性にしたがって具体的なインパクトを特定するとの方法が紹介されている。

　本評価書でも、まずは、UNEP FI（国連環境計画・金融イニシアティブ）のインパクト分析ツールを用いて、杉本製茶の主要事業である製茶事業を中心に、網羅的なインパクト分析を実施し、その結果、ポジティブインパクトとして「食糧」、「健康・衛生」、「雇用」、「文化・伝統」、「包摂的で健全な経済」を、ネガティブインパクトとして、「水」、「健康・衛生」、「雇用」、「水（質）」、「大気」、「生物多様性と生態系サービス」、「資源効率・安全性」、「気候」、「廃棄物」を抽出している。その上で、製茶工程で大量の水を使用していないことや生態系に影響を与えるような化学物質を排出していないといった杉本製茶の個別要因を加味し、上記にて抽出されたネガティブインパクトのうち「水」、「生物多様性と生態系サービス」を削除し、他方で杉本製茶のサステナビリティ活

26）かかる事例は、農林水産省「農林水産業・食品産業に関する ESG 地域金融「実践事例集」」の事例 6 として紹介されたものである。

27）本評価書 3 頁。

動に関連のあるポジティブインパクトとして「経済収束」を、ネガティブインパクトとして「食糧」が追加されて、最終的なインパクトの特定がなされている。

2　インパクト IPO

(1)　インパクト IPO とは

インパクト IPO とは、社会・環境課題の解決を目的としたインパクトの創出を志向する企業が、資本市場から資金を調達するために行う証券取引所への新規上場を指すことが多いものの、その確立した定義はまだ存在しない。これまで紹介してきたとおりインパクトファイナンスに関する議論は深化しつつあるのに対し、インパクト IPO の議論は始まったばかりという印象である。

農林水産・食品ビジネスを営む企業については、近年、社会・環境課題の解決をそのパーパス等に含めるものが増えている。IPO の中でも参加投資家に自社への投資の魅力（エクイティストーリー）を伝える際に、社会・環境課題の解決をインベストメントハイライトの1つに据えたい場合には、このインパクト IPO を検討することが有益といえよう。インパクト IPO の確立した定義が存在しないことから、何がこれに該当するのかも明確ではないが、2023年12月に東京証券取引所グロース市場に株式を新規上場した株式会社雨風太陽が、国内初のインパクト IPO を実施したとされている[28]。

投資の観点からは、未上場段階において株式取得により実施した投資について、保有する株式を IPO を通じて売却（金融商品取引法上「売出し」という。）することは、有力なエグジット方法の1つとして位置付けられるため、IPO の成否に関係する手法としてインパクト IPO の内容を理解しておくことが重要になる。また、IPO で保有株式の全てを売り出さずに、IPO 後も保有し続ける場合には、IPO 後に上場企業としてどのような経営が行われるのか、

---

28) 同社の2023年11月13日付プレスリリース「東京証券取引所グロース市場への上場承認に関するお知らせ〜日本初、NPO として創業した企業が上場するインパクト IPO へ〜」。

それに関する情報開示はどのようになされるのか、という点に注意が必要となる。

(2)　GSG 国内諮問委員会によるガイダンス

　2024年 5 月10日 に、GSG 国内諮問委員会（現 GSG Impact JAPAN National Partner）インパクト IPO ワーキング・グループから、インパクト IPO の情報開示を含むガイダンスとして、「インパクト企業の資本市場における情報開示及び対話のためのガイダンス　第 1 版」（以下「GSG ガイダンス」という。）が公表された。なお、このガイダンスは、インパクト IPO を行う際に適用することが法的拘束力をもって強制されるものではなく、インパクト企業[29]や資本市場関係者が「参照」し得るものとして位置付けられている。

　GSG ガイダンスは、①インパクトの創出、②収益の創出、③資本市場の活用および対話を通じた企業価値の持続的向上の 3 つの意図を持ち、それらの相乗効果を図りながら持続的な成長実現を図るインパクト企業を対象としている。

　GSG ガイダンスでは、インパクト企業が、インパクトの創出と収益の創出を実現させるビジネスモデルや成長戦略を土台として、投資家への情報開示や建設的な対話を行うことによって、資本市場を活用した経営資本へのアクセスにより、さらなる経営資本（図表 3 - 7 では、「 6 つの資本[30]」と表記されている。）の充実や先行投資が可能になるとされている。これによって、資本市場からの評価を高めながら企業価値の向上を実現し、それがさらにインパクトの創出や収益の創出につながり、持続的な成長を可能とする循環が生まれていくとされ、このような循環を、GSG ガイダンスでは「ポジティブ・フィードバック・ループ」と呼んでいる。

---

29) GSG ガイダンスにおいて、「インパクト企業」とは「事業成長を伴いながら、当該事業の製品・サービスを通じてポジティブで測定可能な社会的・環境的インパクトの創出を意図する企業」と定義されている。

30) GSG ガイダンスでは国際統合報告評議会（IIRC）の統合報告フレームワークで用いられている財務資本、製造資本、知的資本、人的資本、社会関係資本、自然資本の 6 つの資本が参照されている。

[図表3-7] ポジティブ・フィードバック・ループの概念

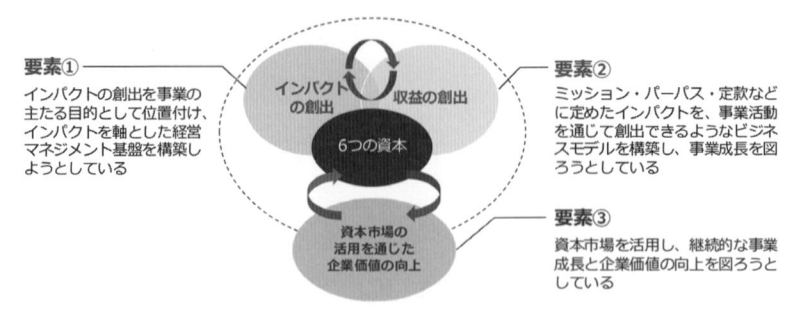

出典：GSG ガイダンス9頁。

「インパクト IPO」とは、インパクト企業が、このようなポジティブ・フィードバック・ループを加速させるための①戦略策定、②事業計画の策定・KPI の設定、③経営意思決定プロセスへの組込み、④情報開示・対話までの4つのステップに継続的に取り組む過程において、IPO を実現することを意味するとされている。そして、この4つのステップは、企業経営において、IMM：Impact Measurement Management の概念[31] をどのように捉えて実践していくのが最も望ましいのかを示したものとされている。

　GSG ガイダンスは、この4つのステップごとに望ましいあり方を提示しており、インパクト IPO の今後の実務形成において注目される。法的な観点からは、投資家による適切な投資判断を可能とするために、また、ウォッシュ（みせかけの開示）にならないように、インパクト企業が資本市場に対して何をどのように情報開示することが必要かつ適切かについての多角的な視点での議論や、情報開示に伴うライアビリティリスクも考慮したバランスの取れた議論を行うことが必要と思われる。

---

31) GSG ガイダンスでは、IMM とは、事業が社会的課題の解決に及ぼす正負のインパクトを定量・定性的に測定し、測定結果に基づいて事業改善や意思決定を行うことを通じて、正のインパクトの向上、負のインパクトの低減を目指す日々のプロセスであるとされている。

3　ブルーエコノミーへのファイナンス

(1)　ブルーエコノミーとは

　「ブルーエコノミー」とは、世界銀行の資料[32]によると「経済成長、生活および職業の向上、海洋生態系の健全性のための海洋資源の持続可能な利用」とされ、漁業、海洋再生可能エネルギー、海運、海洋・沿岸の観光業、気候変動、産業廃棄物管理等の多様な活動を含むとされる。農林水産・食品ビジネスにおいては、水産・漁業に直結するのみならず、海洋は生態系サービス（生態系が人間にもたらす恩恵）の源泉であることから、農林水産・食品ビジネス全般に関わっているといえる。ブルーエコノミーに対するファイナンスは、2018年にセーシェル共和国がブルーボンド国債（1,500万米ドル）を発行したのが世界初の事例とされる比較的新しいファイナンスの手法である[33]。ここでは2023年9月6日に国際資本市場協会（ICMA：The International Capital Market Association）等[34]が策定・公表したブルーボンドに関する実務ガイド（Bonds to Finance the Sustainable Blue Economy。以下「本ブルーボンド実務ガイド」という。）を踏まえ、ブルーエコノミーに対するファイナンスについて概説する[35]。

32）世界銀行「What is the Blue Economy?」。
33）日本においても、2022年にマルハニチロ株式会社が本邦初のブルーボンド（発行総額50億円）を発行したほか、2024年1月には株式会社商船三井が海運業界としては世界初となるブルーボンド（発行総額200億円）を発行するなど拡大を見せている。
34）ICMAのほかIFC（国際金融公社）、UN Global Compact（国連グローバル・コンパクト）、UNEP FI（国連環境計画・金融イニシアティブ）、Asian Development Bank（アジア開発銀行）。
35）1で説明したインパクトファイナンスとの関係について、本基本的考え方では、グリーンボンド原則（後述のとおり、本ブルーボンド実務ガイドにおけるブルーボンドはグリーンボンド原則における「グリーンボンド」の一種と位置付けられている。）、ソーシャルボンド原則、グリーンローン原則等のように、インパクトを意図し、特定・評価・モニタリングし、かつ開示するといった手法に係る原則が別途確立しているものについては、それらの原則に基づき取り組むとされており、広い意味でのインパクトファイナンスの一種と位置付けることも可能である。

(2)　本ブルーボンド実務ガイド

　本ブルーボンド実務ガイドの策定・公表前においてもブルーボンドは、ICMA の「グリーンボンド原則（Green Bond Principles）」[36] において海洋資源の持続可能な利用の重要性の強調および関連する持続可能な経済的活動の促進を目的として発行される債券として認識されていた。もっとも、グリーンボンドに関しては、グリーンボンドの発行のために企業等が策定するフレームワークやそれに基づく個別の債券発行について、グリーンボンド原則に準拠するプラクティスが確立していたのに対し、ブルーボンドに関しては、ブルーボンド固有の明確なガイダンスの必要性が指摘されていた。そのため、本ブルーボンド実務ガイドは、ソフトロー（法的拘束力を有しないボランタリーなルール）ではあるものの、これまでグリーンボンド原則や同じくICMA が策定した「ソーシャルボンド原則（Social Bond Principles）」[37] が国内外の ESG 債の発展に寄与してきたのと同様にブルーボンド市場拡大に寄与することが期待されている[38]。

　本ブルーボンド実務ガイドでは、ブルーボンドをグリーンボンド原則における「グリーンボンド」の一種と位置付けている。そのため、本ブルーボンド実務ガイドに基づいてブルーボンドを発行する際には、グリーンボンド原則等も参照することが考えられる。グリーンボンド原則等も参照される場合には、グリーンボンドの主な規定事項である、4 つの中核要素（①調達資金の使途、②プロジェクトの評価・選定のプロセス、③調達資金の管理および④レポーティング）と 2 つの重要な推奨事項（(a)ボンドフレームワークの策定および(b)外部機関によるレビュー）の考え方が適用されることとなる。

　グリーンボンド一般については、「グリーン性」の認定、すなわち、明確な環境改善効果（ネガティブ効果の緩和を含む。）をもたらす適格なグリーンプロジェクトに調達資金が充当されるかの認定が重要となるが、ブルーボン

---

36)　ICMA「Green Bond Principles Voluntary Process Guidelines for Issuing Green Bonds June 2021 (with June 2022 Appendix 1)」。
37)　ICMA「Social Bond Principles Voluntary Process Guidelines for Issuing Social Bonds June 2023」。
38)　本ブルーボンド実務ガイドは債券を念頭に置いているが、融資取引（ローン取引）を含む他のファイナンス手法にも適用され得る旨指摘されており、ブルーボンドに限らずブルーエコノミーへのファイナンス全体の市場拡大に寄与することが期待される。

ドについても同じく「ブルー性」の認定が重要となる。本ブルーボンド実務ガイドでは、以下の8つの適格ブループロジェクトを例示している。

[図表3-8] 適格ブループロジェクトの例

項目	概要
①沿岸の気候変動に対する適応・強靱性	生態系やコミュニティの強靱性・気候変動に対する適応を支援するプロジェクト（自然を基盤とする解決策を含む。）
②海洋生態系の管理・保全・回復	沿岸・海洋の生態系の健全性を管理・保全・回復するプロジェクト
③持続可能な沿岸・海洋観光	沿岸・海洋観光の環境面での持続可能性を改善するプロジェクト
④持続可能な海洋バリューチェーン	海洋バリューチェーンの環境面での持続可能性を改善するプロジェクト a．持続可能な海面漁業の管理 b．持続可能な水産養殖の操業 c．海産物のサプライチェーンの持続可能性
⑤海洋再生可能エネルギー	海洋・洋上再生可能エネルギーのエネルギーミックスへの貢献を増加させるプロジェクト、海洋環境を保護しながら持続可能なブルーエコノミーの他のセクターを支援する再生可能エネルギープロジェクト
⑥海洋汚染	廃棄物の沿岸・海洋環境への流入防止・管理・削減プロジェクト a．廃水管理 b．固形廃棄物管理 c．資源の効率利用・サーキュラーエコノミー d．非特定汚染源管理
⑦持続可能な港湾	港湾機能・インフラの環境パフォーマンス・持続可能性を増加させるプロジェクト
⑧持続可能な海上輸送	海上輸送の環境パフォーマンス・持続可能性を増加させるプロジェクト

出典：国際資本市場協会（ICMA：The International Capital Market Association）等「Bonds to Finance the Sustainable Blue Economy」をもとに筆者ら作成。

　なお、上記8つの類型は、ブルーボンド市場から支持され、最もよく利用され得るプロジェクトを例示したものに過ぎず、これら以外のプロジェクトであってもブルー性は肯定され得ると考えられる。

　また、ブルーボンドについてグリーンボンド原則が参照される結果、その発行後に所定のレポーティングを行うことが求められる。具体的には、調達資金の充当先の適格ブループロジェクトの状況や期待される環境改善効果（インパクト）について、年1回の開示が求められる。本ブルーボンド実務ガイドにおいては、Appendix1において上記8つの適格ブループロジェクトの類型ごとにレポーティングの例も示しており、レポーティングの側面から「ブルー性」の認定について透明性・検証可能性の確保が図られている。

◇Ⅲ　投資家によるサステナビリティ情報の利用

1　情報利用の重要性と農林水産・食品業における特徴

　投資判断において、投資対象となる企業からの情報を利用することは不可欠である。数多あるサステナビリティ課題は、いまや、リスクと機会の両面で企業価値に影響を与え得る状況となっており、投資判断においてサステナビリティに関する情報を入手し、活用することの重要性が認識されている。たとえば、新型コロナウイルス感染拡大時に、上場企業が業績予想を行い開示することが困難だったことに代表されるように、「不確実性の高まり」が近時の資本市場のキーワードになっており、企業の過去の財務実績のみからは将来の財務情報が合理的に見通せない可能性が存在する。そこで重要になるのがサステナビリティ情報を含む非財務情報である。金融庁の「記述情報の開示に関する原則」では、記述情報（非財務情報）は、財務情報を補完し、投資家による適切な投資判断を可能とするものであり、その開示によって投資家と企業との建設的な対話が促進され、企業の経営の質を高めることができるとする（同原則1-1）。

　「責任ある機関投資家」の諸原則（日本版スチュワードシップ・コード）においてもサステナビリティが強く意識されている。同コードでは、機関投資

家は、投資先企業やその事業環境等に関する深い理解のほか「運用戦略に応じたサステナビリティの考慮」に基づく建設的なエンゲージメント[39]等を通じて、当該企業の企業価値の向上やその持続的成長を促すことにより、顧客・受益者の中長期的な投資リターンの拡大を図るべきであるとする（同コード　指針1-1）。また、サステナビリティを巡る課題に関する対話に当たっては、運用戦略と整合的で、中長期的な企業価値の向上や企業の持続的成長に結び付くものとなるよう意識すべきであるとして（同コード　指針4-2）、企業価値との結び付きも強調されている。

　サステナビリティに関連するリスクと機会が企業にどのような影響を与えるかは、業種や各企業の状況によって異なる。農林水産省によれば、気候関連リスクは食料のサプライチェーン広範に影響を及ぼす可能性があり、事前の対策が必要であるとともに、気候変動が食品事業に及ぼす影響は重大であることから、投資家・金融機関は事業者に対して、気候関連のリスクと機会に関する情報を求めているとする[40]。そして、そのリスクの例として、図表3-9記載の気温上昇や異常気象による原材料となる農水産物の収量低下のリスクを示している。

[図表3-9]　気温上昇や異常気象リスク

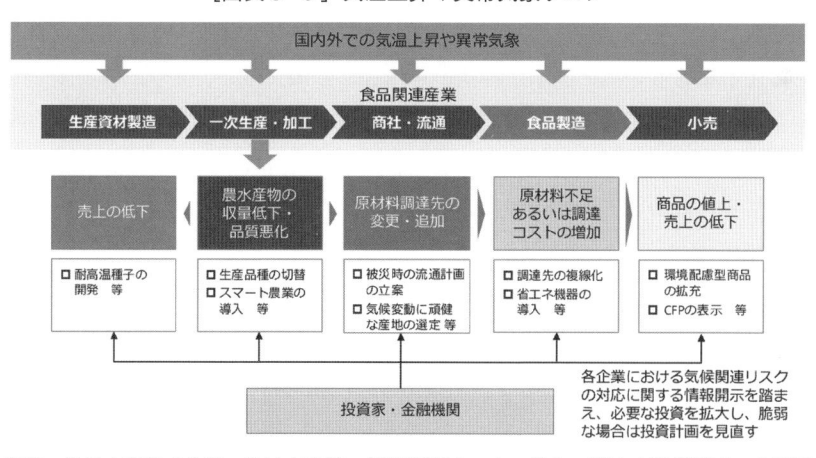

出典：農林水産省「食料・農林水産業の気候関連リスク・機会に関する情報開示」入門編
　　　（第2版）5頁および実践編3頁。

気候変動のほかにも、農林水産・食品業界は、いうまでもなく生物多様性・自然資本に依存し、また、これらに影響を与える関係を有しており、生物多様性・自然資本も重要なテーマであるといえる。また、プラスチック等の容器包装については、その資源循環が大きなテーマである。さらに、農林水産・食品業界では、サプライチェーンにおける労働者の人権尊重も大きなテーマである（**4章Ⅰ4参照**）。

　なお、農林水産省は、2023年3月に「食品企業のためのサステナブル経営に関するガイダンス」を公表し、食品企業向けにESG課題別の目標設定と取組みの方法や情報開示の方法についての解説を行っている。

2　情報開示フレームワーク

(1)　情報開示フレームワークの統一化の流れ

　「アルファベットスープ」と称されるように、サステナビリティに関する情報開示フレームワークはグローバルに乱立しており、企業側による情報開示と投資家側による情報利用のいずれも困難を伴う状況が続いている。これが統一化されることによって、投資家において複数の企業のサステナビリティ情報を比較検討しやすくなるため（比較可能性の向上）、統一化が期待されて久しい。また、任意の情報開示フレームワークではなく、法的拘束力のある法令により企業の開示が義務化されることによって、開示内容に関する企業の責任も強く意識され（開示責任による実効性確保）、情報の信頼性の向上が期待される。そして、これらを通じて、投資家は効率的な情報利用を行えるようになることが期待される。

　情報開示フレームワークのグローバルな統一化の例が、IFRSサステナビリティ開示基準である。国際的に認知された団体であるIFRS財団により、TCFD（気候関連財務情報開示タスクフォース）のフレームワーク等をベース

39）加えて、機関投資家は、かかるエンゲージメントやスチュワードシップ活動に伴う判断を適切に行うための実力を備えていることも重要であり、必要な体制整備を行うべきであるともされている（同コード原則7、指針7−1）。
40）「食料・農林水産業の気候関連リスク・機会に関する情報開示」入門編（第2版）5、11頁および実践編3、4頁。

とした開示基準が策定されている。具体的には、2023年6月26日、国際サステナビリティ基準審議会（International Sustainability Standards Board。以下「ISSB」という。）により、IFRS サステナビリティ開示基準である IFRS S1号「サステナビリティ関連財務情報の開示に関する全般的要求事項」（以下「S1基準」という。）および IFRS S2号「気候関連開示」（以下「S2基準」という。）が最終化された。S1基準や S2基準では、「ガバナンス」、「戦略」、「リスク管理」および「指標および目標」の4項目の開示が求められている。ISSB のS1基準および S2基準の策定状況を踏まえて、日本でもサステナビリティ基準委員会（SSBJ）により、これらに相当する基準の開発が進められている。SSBJ からは、日本版 S1基準および日本版 S2基準の公開草案が2024年3月に公表されており、確定基準の目標公表時期は2024年度中（遅くとも2025年3月31日まで）とされている[41]。

さらに、金融庁では、金融審議会に設置された「サステナビリティ情報の開示と保証のあり方に関するワーキング・グループ」において、この SSBJ の基準を将来的に金融商品取引法に基づく有価証券報告書等の開示事項に取り込むことについて検討が進められている。

(2)　産業別の開示事項

前述のとおり、サステナビリティに関連するリスクと機会が企業にどのような影響を与えるかは企業の属する産業によっても異なるものであり、情報開示についても産業別の開示フレームワークを利用することが有益となる。

この点、米国のサステナビリティ会計基準審議会（Sustainability Accounting Standards Board。以下「SASB」という。）が策定し、ISSB が運営を承継した SASB スタンダードは77業種についてのサステナビリティ開示事項を定めている。SASB スタンダードの適用を強制する日本法は現時点で存在しないが、ISSB の S1基準では、企業は SASB スタンダードにおける開示トピックを参照し、その適用可能性を考慮しなければならないと定めており（SI 基準55項(a)）[42]、実務上の影響力は大きいといえる。

41）2024年4月4日付 SSBJ「現在開発中のサステナビリティ開示基準に関する今後の計画」。

　たとえば、この SASB スタンダードの「農作物」産業についての開示トピックおよび指標は以下のとおりである。

[図表3-10] 農作物産業の開示トピックおよび指標

トピック	指標
温室効果ガス排出量	・ 温室効果ガススコープ1総排出量 ・ スコープ1排出量管理に係る長期・短期の戦略又は計画、排出量削減の目標、当該目標達成の進捗に係る分析 ・ 車両（フリート）の燃料消費量、再生可能エネルギーの割合
エネルギー管理	・ 事業上のエネルギー消費量 ・ 系統電力からの消費量の割合 ・ 再生可能エネルギーの消費量の割合
水管理	・ 総取水量、総水消費量、ベースライン水ストレスが高い又は非常に高い地域の割合 ・ 水管理リスクの内容、当該リスクの軽減策及び実施状況 ・ 水質に係る許認可、基準及び規制の遵反件数
食の安全性	・ 世界食品安全イニシアチブの監査（不適合率、重大・軽微な不適合についての各是正措置率） ・ 世界食品安全イニシアチブの食品安全認証プログラム認証サプライヤーから調達した農作物の割合 ・ リコール件数、リコールされた食品の総量
労働衛生安全	・ 労働災害度数率、死亡率、正社員及び契約社員のニアミス頻度率
原材料サプライチェーンによる環境・社会的インパクト	・ 第三者機関の環境・社会関連基準の認証を受けた調達農作物の割合、基準別の割合 ・ サプライヤーの環境・社会関連の監査（不適合率、重大・軽微な不適合についての各是正措置率） ・ 契約の拡大と商品調達から生じる環境・社会関連リスクの管理についての戦略
遺伝子組換作物の管理	・ 遺伝子組換作物使用の管理についての戦略
原材料調達	・ 主要作物の識別、気候変動関連リスク及び機会 ・ ベースライン水ストレスが高い又は非常に高い地域から調達された農作物の割合

出典：Agricultural Products SASB Standard（2023年12月版）をもとに筆者ら作成。

3　開示の利用に関する実務上の留意点

　以上のとおり、農林水産・食品業界において急速に重要性が高まっているサステナビリティ情報であるが、投資家による開示の利用に当たっては、投資先企業による情報開示の限界にも留意が必要となる。

　現状、サステナビリティ情報を積極的に対外公表しているのは上場企業が中心である。非上場企業においては、日本においては法令上の開示義務がほぼ存在しないということに加え、ステークホルダーが上場会社に比べると限定的であり任意で開示を行うインセンティブに乏しいという特徴もある。任

---

42) なお、気候変動に係る S2基準については ISSB による産業別開示ガイダンスが存在するが、これも SASB スタンダードをベースにしたものである。

意での開示が進んでいる非上場企業も存在するが少数であり、上場・非上場の大きなギャップが存在する。

　また、上場企業においても開示のレベルは千差万別であり、比較可能性が高いとまではまだいいがたい状況である。ただし、この点は、前述のとおりSSBJの基準が将来的に金融商品取引法に基づく有価証券報告書等の開示事項に取り込まれることによって対象企業については開示レベルが引き上げられることが見込まれる。

　そして、情報の「質」にも留意が必要である。たとえば温室効果ガスのスコープ３の排出量は、原材料の調達や製品等の輸送、フランチャイズ加盟者の活動といった、自社のバリューチェーン全体の活動による温室効果ガス排出量を対象にするものであるが、取引先等の自社以外の情報を正確に収集することには困難を伴い情報の精度には課題がある。

　また、投資先企業におけるサステナビリティ情報の開示の準備には多大なコストと労力が必要となる。たとえば、ISSBのS1基準およびS2基準では、一定の開示事項については、「企業が過大なコストや労力をかけない範囲で利用可能な合理的で裏付けのある情報」や「企業が利用可能なスキル、能力およびリソースに見合ったアプローチ」を用いることとされており（プロポーショナリティ概念）[43]、投資先企業側の負担に配慮された規定になっている。このようなプロポーショナリティが導入されている開示事項について、投資家やアナリストとして、企業との対話を通じ、どこまで、どのようにして開示レベルの向上を企業に求めるかがポイントになるとの指摘もある[44]。

---

43) S1基準37項等。
44) 井口譲二ほか「セクターアナリストに聞く IFRS S2号（気候関連開示）の活用方法」証券アナリストジャーナル2024年6月号（2024年）93頁。

第4章 農林水産・食品ビジネスにおける
コンプライアンスと危機対応

◇I 農林水産と労働法・人権

1 農林水産業における労務管理

　労基法41条1項1号、ならびに別表第一・6号および7号は、農業、畜産業、養蚕業および水産業（林業は含まれない。以下本節において「農業等」という。）に従事する労働者に対して、労基法上の労働時間、休日、休憩等に関する規制の適用除外を設けているため、1日あたり8時間または週40時間を超える所定労働時間を設定することや、所定労働時間を超える労働に対して割増賃金を支払わないこと等も許容されている（**2章V**2(2)(iv)(b)参照）。

　しかし、そうだからといって、事業者は労働者に対して健康を害するような長時間労働を強いてはならない。労働者が死亡したり、うつ病や統合失調症等を患ったりした場合に、長時間労働に起因することが認められて労災認定がされるケース[1]や、事業者の安全配慮義務違反を理由に損害賠償責任が認められるケースも近年増えており、そのような場合、事業者は多大な責任を負担することになる（2(3)参照）。

　また、安衛法66条の8の3および安衛則52条の7の3は、事業者に対して、タイムカードやパソコンログ等の客観的な方法による労働者の労働時間の把握を義務付けており、農業等の分野も例外ではない。このように、農業

---

1) 発症前1か月の残業時間の合計が100時間を超過する場合や、発症前2〜6か月平均の残業時間のいずれかが80時間を超過する場合（いわゆる「過労死ライン」）は、業務起因であると認められやすい。

等の分野においても、事業者は、労働者の正確な労働時間の把握を中心とした適切な労務管理を決して怠ってはならない。

　さらに、昨今では、労基法の規定にかかわらず、就業規則に基づき時間外労働・休日労働に対して割増賃金を支払う企業が増えている。人手不足が進んだことにより、人材獲得競争が過熱化するなか、他産業を下回る労働条件では人手を確保することが難しくなっていることや、植物工場をはじめとしたテクノロジーの進展により、農作業自体が天候等の自然に左右されることが相対的に少なくなってきており、農業等以外の労働との差が小さくなってきていること、また、適用除外の対象業務と対象外業務の区別が必ずしも明確ではないこと等がその一因であろう。

　このような背景を踏まえれば、実際上は、農業等に従事する労働者に対しても、原則どおり割増賃金を支払うことが望ましい対応である。

2　農林水産業と労働安全

(1)　農林水産業における労働災害の現状

　農林水産業は、自然を相手にするという性格上、危険を伴う作業が多いため、他産業に比べて労働災害の発生率が高くなっている。

　特に、足場の悪い山林で、チェーンソー等危険性の高い工具を扱う作業が日常的に発生する林業分野では、労災事故の発生数は減少傾向にあるものの、図表4-1のとおり、他産業と比較した場合10〜15倍前後と突出して多くなっている。

　その他、漁業においても他産業を大幅に上回る死傷事故が発生しているほか、最も少ない農業分野でも他産業の2倍前後で推移している。

[図表4-1]　農林水産業における労働災害の発生状況

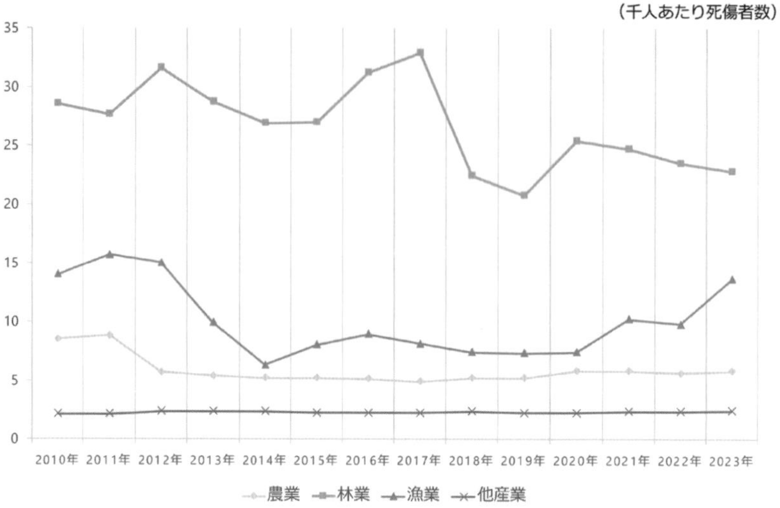

（千人あたり死傷者数）

出典：厚生労働省ウェブサイト（URL：https://anzeninfo.mhlw.go.jp/user/anzen/tok/anst00.html）。

　このように、農林水産業における労災事故の発生リスクが高い現状を踏まえると、農林水産業を営む事業者には万全の安全管理体制が求められる。

(2)　農林水産業における労災対策の基本

(i)　総論

　労災の発生を防止し、労働者の安全および健康を確保すること等を目的とした法律として安衛法が存在する。安衛法は、他産業も含めて雇用関係一般に適用される法律であるが、農林水産業においても、安衛法を遵守した労働安全体制を築くことが、労災の発生を予防する上で極めて重要である。

　安衛法を遵守する上で、労災対策との関係で特に重要なポイントとしては、次のような事項が挙げられる。

(a)　安全衛生教育の実施

　安衛法は、事業者に対して、①雇い入れ時、②作業内容の変更時、および法定の危険有害業務に就かせる場合に、労働者に対して、安衛則に従った安

全衛生教育を実施する義務を課している（安衛法59条）。

　このうち、①および②の場合に事業者が行わなければならない教育の内容としては、機械等の取扱い方法に関すること（安衛則35条1項1号）、作業手順に関すること（同項3号）、作業開始時の点検に関すること（同項4号）等が挙げられる[2]。

　③の危険有害業務の内容は、安衛則36条各号が規定しており、たとえば、フォークリフトの運転（同条5号）、伐木等機械の運転（同条6号の2）、チェーンソーを用いる立木の伐木作業（同条8号）等が挙げられる[3]。これらの業務に従事させる場合には、安衛法施行令が定める特別教育が必要になる。

　労働者に対して適切な安全衛生教育をすることが安全管理の基本となる。

(b)　機械設備の安全確保

　事業者は、機械設備による危険防止のため、必要な措置を講じなければならないとされている（安衛法20条1号）。安全確保措置の一環として、安衛法は、事業者に対して以下のような義務を課している。

①　法定の機械（チェーンソー、フォークリフト等）については安全装置等の搭載されたものでなければ使用してはならないこと、ならびに安全装置等の点検および整備を実施すること（安衛則27条、28条）。

②　法定の機械・設備（フォークリフト、乾燥設備等）について定期自主検査を行い、検査結果を記録すること（安衛法45条)[4]。

③　法定の機械（フォークリフト（安衛則151条の25）、車両系木材伐出機械（安衛則151条の110）等）について作業開始前点検を行うこと。

④　機械・設備の設置および変更時等にリスクアセスメントの実施に努め

2）以前は、林業を除く農林水産分野においては、安衛則35条1項1号から4号に定める教育の実施は省略することが許されていたが、2024年4月の法改正によって、全業種において省略することができなくなった。ただし、充分な知識および技能を有している労働者に対しては、引き続き省略することが認められている。

3）刈払機についても、通達により、特別教育に準じた教育を行うことが求められている（平成12年2月16日基発第66号）。

4）フォークリフト等特定の機械については、検査資格を有する者による特定自主検査を実施しなければならない。

ること[5]（安衛法28条の2、安衛則24条の11）。

　上記の義務を適切に履行することはもちろん、安衛法上、定期検査等の義務が課されていない機械・設備であっても、使用に際して危険が生じるリスクがあるのであれば、やはりマニュアルを定めて自主的な点検を実施することや、なるべく安全性の高い製品を選ぶ等の方策を取ることが望ましい。

(c)　労働者の健康状態の把握

　事業者は、労働者に対して雇い入れ時および雇い入れ後1年に1回以上、健康診断を実施しなければならない（安衛法66条1項、安衛則43条、44条）。健康診断の結果、異常の所見が見られた場合には、事業者は、医師に対して意見を聴取せねばならず（安衛法66条の4）、医師の意見に応じて、作業の変更等必要な措置を講じる義務を負う（同法66条の5）。

　また、事業の規模に応じて、産業医の選任（安衛法13条）やストレスチェックの実施（同法66条の10）等も求められる。

　これらの措置を適切に講じ、労働者の心身の健康状態の把握に努めることは、労災の発生を予防する上で極めて重要である。

(ii)　農業における労災対策

(a)　農業における労災の発生原因

　農林水産省の統計[6]によると、農業における労災事故の発生原因として最も多いのは機械事故であり、全体の約6割を占め、その約半分が機械の転落・転倒事故である。

　次に多くなっているのが熱中症による事故である。機械事故と比べると5分の1程度の割合であるが、熱中症による事故として記録されていないデータの中にも、熱中症による意識混濁により機械操作を誤ったことによる事故等、熱中症が寄与した事故も含まれている可能性は否定できない。その上、昨今は地球温暖化による気温上昇が加速しており、2023年の夏（6〜8月）の

5）農林水産業においては林業に限られる。
6）農林水産省「令和4年に発生した農作業死亡事故の概要」1頁。

平均気温偏差は +1.76℃と、統計開始以来最も高かった2010年（+1.08℃）を大きく上回り、過去最高を更新した[7]。このような気温上昇の流れに比例して、農作業死亡事故に占める熱中症の割合も年々増加している（図表4‒2）。

[図表4‒2] 農作業死亡事故における熱中症の割合の推移

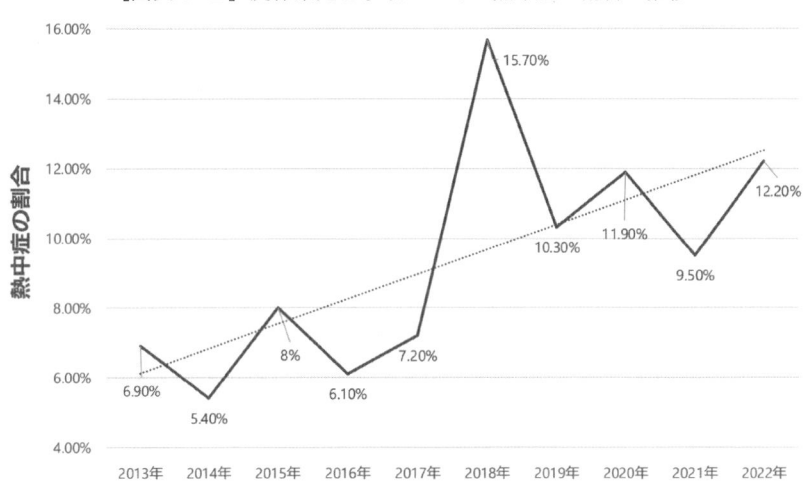

出典：農林水産省技術普及課「熱中症対策研修テキスト」5頁。

　したがって、農業機械による事故防止の対策はもとより、熱中症対策を適切に講じることも、農業における労災事故防止のために不可欠となっている。

(b)　農業における事故防止

　まず、機械事故を防止するための対策としては、使用する機械ごとに異なることになるが、たとえばトラクター等の自走式の農業機械であれば、ヘルメットおよびシートベルトの着用を徹底することや、片ブレーキ防止装置等の安全装置の搭載された製品を選ぶことが重要である。刈払機であれば、飛散物による負傷事故を防止するため、保護眼鏡の着用を徹底するほか、フェイスガードやすね当て等を着用することも望ましい。

7）気象庁「報道発表　夏（6〜8月）の天候」。

　また、熱中症による事故を防止するためには、気象予報や熱中症警戒ア
ラートをチェックして、リスクの高い時間帯の作業や長時間の作業を避ける
ことや、こまめな水分・塩分補給の徹底等の基本的な対策に加え、空調服・
ペルチェベスト等の熱中症予防アイテムの活用も効果的である。

(iii)　林業

(a)　林業における労災の発生原因

　林業における作業別の死亡労働災害の発生状況をまとめた図表4-3によ
ると、伐木造材作業下に生じたものが最も多い60％となっており、林業に
おける死亡事故の大半を占めていることがわかる。その他、車両系伐出機械
を用いた集運材作業による事故も比較的多くなっている。

[図表4-3]　林業における作業別死亡労災事故発生状況

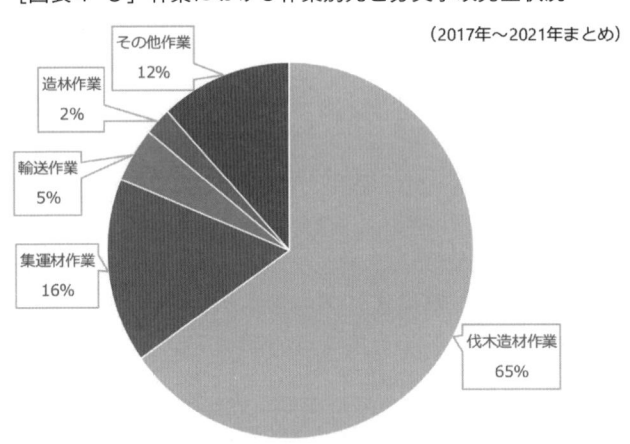

（2017年～2021年まとめ）

その他作業 12%
造林作業 2%
輸送作業 5%
集運材作業 16%
伐木造材作業 65%

出典：林業・木材製造業労働災害防止協会「令和3年における林業・木材製造業の死亡労働
　　　災害分析結果と再発防止対策について　林業編」1頁をもとに筆者が作成。

　伐木造材作業において生じる事故として多いのは、倒れてきた立木が作業
者に直撃するケースであるが、そのなかでも、かかり木[8]の処理等に起因

────────────

8）立木を伐採したときに、伐採した立木が倒れる際に他の立木に引っかかってしまい、地
　面まで倒れない状況。

するものがかなり多くなっている⁹⁾。

　また、チェーンソーのキックバック¹⁰⁾ を原因とした手足の切創等の負傷事故も多くなっている。

(b)　林業における事故防止

　林業においては、業務の性質上、労災事故の生じるリスクが高いことから、安衛法や安衛則において、他の業種とは異なる規制や事業者に対する義務が設けられている。たとえば、上記のとおり、伐木等機械やチェーンソーを用いた作業に従事させるためには特別教育の実施が事業者の義務とされているし、その他にも、事業場の規模に応じて安全委員会（安衛法17条1項、同法施行令8条1号）や、安全管理者（安衛法11条1項、同法施行令3条・2条1号）の設置が事業者に義務付けられている。労働者の安全を確保するため、これらの規則を遵守することが極めて重要である。

　また、林業における労災事故の発生状況を踏まえ、伐木造材作業における安全対策は不可欠である。具体的には、かかり木の処理を含め、正しい伐木作業方法を周知・徹底することや、身体防護具を正しく着用させること等が挙げられる。

　その他にも、車両系伐出機械や伐木等機械等の普及により、これらの機械による事故も増加傾向にある。安衛法や安衛則上の規制の有無にかかわらず、定期検査の実施等によるメンテナンスに努め、作業マニュアルを定める等、安全な使用を心がけたい。

(iv)　水産業

　水産業における重大な事故としては、漁船漁業における船員の海中転落や、漁船の転覆・衝突等船舶事故によるものが多くなっている。船舶事故のケースにおいても、当該事故に起因する海中転落が直接的な死因を形成している例が多い。

---

9) その他、立木につる植物が絡まっていることや、伐採作業時に正確な受け口、追い口が作られていなかったことを原因とするケースもある。
10) チェーンソーの刃が突然、操作をしている人に向かって跳ね返る現象。

　こうした状況を踏まえ、漁業において重大な労災事故の発生を防ぐためには、船員の海中転落を予防すること（海上予報や波浪情報等の頻繁な確認、漁船の整備・点検を適切に行うこと等）、および万が一、船員が海中転落した場合でも生存率を高めるための措置（ライフジャケットの着用等）がポイントになる。

　特に、ライフジャケットの非着用時は、着用時の2倍以上海中転落による死亡率が高いというデータ[11]もあり、ライフジャケットの着用を徹底することは極めて重要である。

(3)　労災発生による事業者のリスク

　労災事故が発生した場合に事業者が負うリスクは、民事、刑事、および行政の3つの観点から挙げられる。それぞれについて具体的に想定されるリスクは次のとおりである。

(i)　民事上のリスク

　事業者は、労働者との雇用契約に付随する義務として、労働者に対して安全配慮義務を負っているため、労災事故の発生に関して、事業者に当該義務違反が認められる場合には、事業者は、被災労働者に対して、債務不履行に基づく損害賠償責任を負う（民法415条）[12]。

　かかる損害賠償義務は、被災労働者の過去の収入や年齢等により変動する逸失利益の多寡によっては、1億円を超えるケースも珍しくなく、また労働者が別途受給することができる労災保険給付との損益相殺もごく一部の費目を除いて認められないため、労災が発生してしまった場合には、事業者は、被災労働者に対して多大な民事上の責任を負うことになり得る。

11）農林水産省「漁業における事故の発生状況」2頁。
12）事業者の被災労働者に対する損害賠償費目は、死亡災害の場合は、①死亡逸失利益、②慰謝料、および③葬祭料、死亡に至らない災害の場合は、①休業損害、②慰謝料、および③治療関連費に加えて、後遺症が残った場合には、④労働能力喪失率に応じた逸失利益が主となる。各損害費目の損害賠償額は、日弁連交通事故相談センターの発行する「民事交通事故訴訟　損害賠償額算定基準」（通称　赤い本）に基づき算定される場合が多い。その他、裁判になった場合には、損害賠償額の合計の1割程度の弁護士費用が損害として認められるのが通常である。

(ⅱ)　刑事上のリスク

労働災害が安衛法等の諸法令違反を原因とする場合、当該法令に違反した者（被災労働者の業務を指揮命令する者等）は、これらの法令違反に関して刑事責任を問われる可能性がある。

安衛法違反に関しては、法違反をしたのが事業者の労働者等である場合、事業者（法人または自然人を問わない。）に対しても、当該労働者等と同一の罰則を科すという両罰規定（安衛法122条）が存在するため、事業者の労働者が安衛法違反の罪に問われて刑事訴追される場合には、同じく、事業者も刑事訴追され得る（ただし、法人に対しては罰金刑のみ）。

なお、労働関係法令違反により事業者が検察庁に送致された場合には、厚生労働省および地方労働局のウェブサイト等で公表される。

(ⅲ)　行政上のリスク

労災保険料について「メリット制」[13]が適用される事業場では、労働災害が発生し、労災保険から労災保険給付が行われた場合、事業者の支払う労災保険料が増額されることがある。

また、事業者が安衛法違反によって送検されると、雇用関係助成金が不支給となり、送検後1年間は不支給要件に該当するほか、安全衛生優良企業認定やくるみん認定等の厚生労働省の各種認定制度についても、認定の取消しや、一定の期間の欠格事由に該当する等の不利益がある。

さらに、安衛法違反により起訴され、有罪となった場合には、後述のとおり、外国人技能実習生の受入れができなくなる等の不利益もある。

3　農林水産業における外国人技能実習生雇用

(1)　農林水産分野における外国人技能実習生受入れの実情

外国人技能実習制度[14]は、わが国で培われた技能、技術等を開発途上地域等へ移転することによって、当該地域等の経済発展を担う「人づくり」に

---

13) 過去3年間の労災保険からの支払い額によって、翌年度の労災保険料を増減させる仕組みであり、事業規模や災害度係数等の一定の要件に該当する事業が適用対象とされている。

寄与することを理念として創設された外国人労働者の受入れ制度である。

　技能実習生の受入れ数は、図表 4 - 4 のとおり、近年、コロナ禍により減少した時期を除いて、ほぼ一貫して増加傾向にあり、昨今の少子高齢化による人手不足を補うために、積極的に受入れが行われている。

[図表 4 - 4] 外国人研修生・技能実習生の在留状況

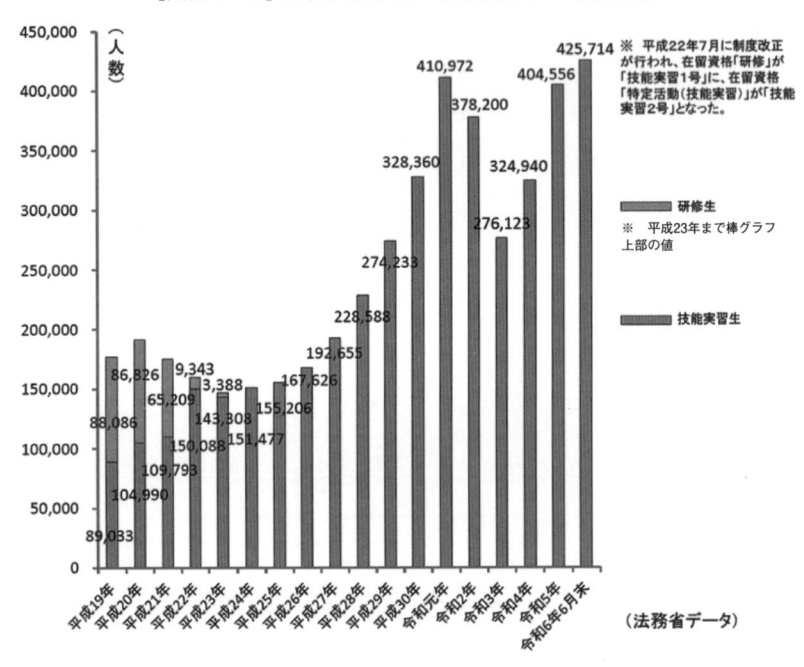

出典：法務省出入国在留管理庁・厚生労働省人材開発統括官「外国人技能実習制度について」
　　　（令和 6 年11月20日改訂版） 6 頁。

　技能実習生の受け入れは、農林水産分野でも積極的に行われており、農業

14）2024年 6 月14日、改正出入国管理・難民認定法が成立し、外国人技能実習制度は廃止され、新たに導入される育成就労制度に切り替わることとなった。育成就労制度は、国内の人手不足を解消するため、外国人を 3 年間で一定の技能水準に達するまで育成し、その後は後述する特定技能外国人への移行を促し、外国人の長期就労を可能とすることを目的としている。ただし、育成就労制度は2027年から開始することが予定されており、2030年頃までは、移行期間として、技能実習制度も従来どおり利用できる。

および漁業による受入人数は、令和 4 年度において、全体のうち、およそ 10％前後を占めている[15]。また、全国 3 番目の農業生産額を誇る茨城県では、20代の全農業就業者のうち 2 人に 1 人が外国人であるというデータもある[16]。このように、農林水産分野において、外国人技能実習生は、既に欠かせない存在になっている。

　以下では、農林水産分野において外国人技能実習生を受け入れるに当たっての法的留意点について説明する。

(2)　技能実習生受入れに当たっての留意事項

(i)　労働関係法令の適用

　実習実施者は、技能実習生との間で雇用契約を締結することになるため、当該雇用関係においては、労基法、労働契約法をはじめとした各種の労働関係諸法令が適用される。そのため、通常の労働者と同様、労災保険や、雇用保険、健康保険等の社会保険への加入や、地域別および産業別の最低賃金以上の賃金の支払い等が義務付けられる。

(ii)　労働時間、休憩、休日に関する待遇

　上記のとおり、林業を除く農林水産業においては、労基法の労働時間、休憩、休日に関する規定の適用が除外されている。しかし、農林水産省は、農業分野（畜産を含む。）における技能実習生との雇用契約においては、労基法上の時間外・休日労働規制に準拠するよう求めており[17]、また、水産庁は、水産業分野において、実習実施者に対して、監理団体と労働組合の協議によって定められた技能実習生の労働時間、休憩、休日に関する待遇に則って労務管理をするよう求めている[18]。

　実習実施者がこれらの要請に違反した場合でも、労基法違反による刑事罰

15）外国人技能実習機構「令和 4 年度業務統計　職種別　技能実習計画認定件数（構成比）」1 頁。

16）日本経済新聞（2018年 8 月 9 日）「農業の外国人依存度、1 位は茨城県　20代は半数」。

17）「農業分野における技能実習移行に伴う留意事項について」（平成12年 3 月農林水産省構造改善局地域振興課通知）。

18）平成29年12月13日漁業技能実習事業協議会決定第 3 号。

の対象にはならないが、農業においては、労基法上の時間外・休日労働規制に、漁業においては、協議によって決定された待遇に準拠しないことを前提とした技能実習計画[19] は、外国人技能実習機構の認定を受けることができない。また、技能実習計画に反して労基法等に準拠しない待遇を行った場合には、後述する行政処分等の対象になる。

(iii)　技能実習生に対する人権侵害の禁止

　当然ながら、技能実習生に対する人権侵害行為は許されない。人権侵害行為の代表例としては、実習実施者または実習実施者の役職員による暴行や暴言等が挙げられるが、パワーハラスメント、セクシャルハラスメント等も含まれる[20]。また、恋愛を禁止したり、スマートフォンを取り上げる等、技能実習生の私生活上の行為を不必要に制限することも人権侵害行為に該当する場合がある。これらの行為に対しては、刑事罰が科される場合もあるため、特に注意が必要である（技能実習法116条 1 号、48条 2 項）。

(iv)　実習実施者に対する行政指導・行政処分

　外国人技能実習機構は、技能実習法14条 1 項に基づき、実習実施者に対して実地検査を行う[21]。実地検査により、労働関係法令違反や、その他不適切な実態が発覚した場合には、改善勧告または改善指導が行われ、また、悪質なケース等では、同法15条 1 項に基づく改善命令、または同法16条 1 項に基づく実習認定の取消しの制裁が行われる。実習実施者が、出入国および労働関係法令違反（技能実習生以外の労働者に対する違反を含む。）により刑事罰を受け、確定した場合も認定取消しの対象となる。

　なお、実務上、改善命令が行われる例はほとんどなく[22]、悪質な事案に対

---

19) 技能実習の実施に当たって、実習実施者が作成し、外国人技能実習機構の認定を受けることを要する、技能実習生に対して行う実習の内容やスケジュール、当該技能実習生の待遇、管理の方法等を内容とする計画。
20) 出入国在留管理庁・厚生労働省「技能実習制度運用要領」（令和 6 年 4 月）88頁。
21) 3 年に一度の定期検査と関係者からの申告に基づく臨時検査が存在する。
22) 令和 6 年 4 月30日現在、認定取消しは、累計6,629件存在するのに対して、改善命令の件数はわずか15件に留まる（出入国在留管理庁「技能実習法に基づく行政処分等の状況」）。

しては、直ちに認定取消しが行われる可能性が高い。

　技能実習計画の認定が取り消された場合には、当該技能実習計画に基づく実習を継続できないため、技能実習生は、監理団体の支援により、新たな実習先に移るか帰国するかの選択を迫られる。さらに実習実施者は、技能実習計画の認定の取消し後5年間は、技能実習計画の認定を受けることができないため（技能実習法10条7号）、技能実習生を新たに受け入れることも許されない[23]。また、これらの処分が科された場合には、厚生労働省や、外国人技能実習機構等のウェブサイトにおいて公表される。このように、技能実習計画の認定が取り消された場合には、事業経営に対して極めて深刻な影響が生じるリスクがある。

　実際に、農林水産業を営む事業者が労働関係法令違反等により技能実習計画の認定が取り消され、公表された例は少なくなく、公表事例をみる限り、2023年以降に限っても200件以上が存在する。

コラム⑪〈農林水産業における特定技能外国人の雇用〉

　外国人技能実習制度と似て非なるものとして、特定技能制度が存在する。同制度は、深刻な人手不足と認められた、農業（畜産を含む。）および漁業分野を含む14の業種[24]を対象として、2019年4月から導入された出入国管理および難民認定法上の在留資格である。

　技能実習制度との違いとしては、技能実習制度は、発展途上国の経済発展に寄与する人材育成への協力を目的とする一方、特定技能制度は、国内における人手不足の解消を目的とする点が挙げられる。かかる制度目的を踏まえ、特定技能制度の対象となるのは、これらの業種について一定の経験を有すると認められた外国人、すなわち即戦力である。また、管理監督者としての業務等、熟練した技能を必要とする業務に従事する外国人が該当する特定技能2号[25]は、

23）特定技能外国人と締結する特定技能雇用契約の認定基準に不該当となるため、特定技能外国人を新たに受け入れることもできない。

24）2024年3月29日に特定技能制度の対象分野に林業を追加することが閣議決定されており、今後、省令等の改正が行われた後、受入れが開始される予定である。

25）特定技能2号の対象業種は、従来、建設業等に限定されていたが、2023年6月に、農業および漁業を特定技能2号の対象業種に加えることが決定された。農業分野については2024年5月より、特定技能2号に移行するための試験が実施されている。

在留資格の更新上限が設けられておらず、事実上の永住が可能となっている。

　特定技能外国人の受入人数も、技能実習生と同様、制度が開始された2019年以降、年々増加しており、2023年12月時点で、20万人以上（農業分野では約2万4000人）に上っており、技能実習を終えた優良な人材の雇用を続けるために積極的に活用されている[26]。出入国在留管理庁は、農業および漁業分野における令和6年度から5年間の特定技能外国人の受入れ人数を、2023年12月末現在の3倍以上に相当する、それぞれ、78,000人、17,000人に拡大する方針であり、今後さらなる増加が見込まれる[27]。

4　農林水産業と人権

(1)　なぜ人権に対する配慮が重要なのか

　昨今、企業活動のグローバル化によってサプライチェーンが世界中に広がり、企業活動による人権侵害のリスクが高まる中で、欧州では、一定の大企業に人権・環境リスクのデュー・ディリジェンスを義務付ける企業持続可能性デュー・ディリジェンス指令（Corporate Sustainability Due Diligence Directive：CSDDD）が2024年7月に発効するなど法令化の動きが顕著である[28]。そして、このような動きに対応して、欧米企業を中心に、取引先企業に対して人権尊重の取組みを求める動きも活発化しており、日本企業としても人権リスクに配慮してビジネス活動を展開していかなければならない時代となっている。とりわけ農林水産業は労働集約的な要素が強いと考えられ、児童労働の約7割が農林水産業に集中して発生していると指摘されているデータも見られる[29]ことから、こうした人権リスクが注目されやすい分野ともいえる。

---

26) 出入国在留管理庁「特定技能在留外国人数（令和5年12月末現在）概要版」2頁。
27) 出入国在留管理庁「特定技能制度の受入れ見込数の再設定（令和6年3月29日閣議決定）」1頁。
28) 従業員数平均1,000人超および年間純売上高4.5億ユーロ超のEU企業およびEU市場における年間純売上高4.5億ユーロ超のEU域外企業に適用されるが、適用開始時期が企業規模により異なっている。
29) デロイト　トーマツ　コンサルティング合同会社＝株式会社オウルズコンサルティンググループ＝認定NPO法人ACE「児童労働白書2020ビジネスと児童労働」10頁。

日本では、2022年9月、日本政府として初めての人権デュー・ディリジェンスの指針である「責任あるサプライチェーン等における人権尊重のためのガイドライン」（以下「人権デュー・ディリジェンスガイドライン」という。）を策定・公表した。また、農林水産業独自の動きとしては、2023年12月、農林水産省が人権デュー・ディリジェンスガイドラインをベースとし、主に食品製造業者をターゲットとした「食品企業向け人権尊重の取組のための手引き」を公表している。同手引きにおいては、食品産業においては、サプライチェーンが生産・製造・流通・小売りまで広く関係していることに加え、少子高齢化により労働人口が減少する中で、食品産業が雇用を確保し生き残るためにも、人権尊重の取組みが特に重要であることが指摘されている。

　近年では、投資家による投資先あるいは原料の調達先等の選定に関する考慮要素として、これらの指針に沿った人権尊重の取組みを行っているか（後述する人権方針の策定、人権デュー・ディリジェンスの実施、人権侵害が生じた場合の救済を適切に行っているか）に関する評価を取り込む動きも出ている。また、人権デュー・ディリジェンスの一環として人権リスクの特定・評価のために取引先等へのアンケートを行う企業や、調達先に対して自社が定める人権尊重の方針の遵守を求める企業は、食品産業に限らず増えている。

　このように、農林水産分野においても、企業における人権リスクが取引先の獲得や、ひいては企業の業績にまで影響しかねないという状況が現実化してきているなか、農林水産業者としては、事業における人権リスクに向き合い、人権リスクに配慮した事業を展開していくことが重要である。

　以下では、「食品企業向け人権尊重の取組のための手引き」を例として紹介した上で、どのような点を意識して人権リスクに配慮していくべきかについて説明する（なお、基本的な枠組みについては同手引きと人権デュー・ディリジェンスガイドラインとで共通することから、後者も併せて参照されたい。）。

(2)　「食品企業向け人権尊重の取組のための手引き」の内容

　この手引きにおいては、まず、人権尊重に取り組む必要性や人権尊重の取組みの考え方を確認した上で、具体的な取組みとして、①人権方針の策定、②人権デュー・ディリジェンスの実施、③人権に負の影響を生じさせてい

る場合における救済について指針が示されている。本手引きの全体像は図表
4−5のとおりである。

[図表4−5] 人権尊重の取組みの全体像

出典：農林水産省「食品企業向け人権尊重の取組のための手引き」9頁。

　このうち、人権デュー・ディリジェンスとは、人権リスクを特定・評価し
て、リスクの予防・是正を行い、その結果を開示するという一連のプロセス
である。この手引きにおいて、食品製造業者は、自社や自社グループ会社の
活動だけではなく、取引先や調達先も含め、人権デュー・ディリジェンスを
行い、人権侵害を起こしていないか、または取引先等第三者の活動を通じて
人権侵害に加担し、もしくは関連性を有していないかを確認し、実際に負の
影響が生じている場合は、その改善のため、必要な措置を講じることが求め
られている。

　実際の取組み例を挙げると、国内のある乳製品メーカーでは、客観性を担
保するため、外部専門家からヒアリング・助言を受けながら、自社のサプラ
イチェーンにおいて影響度の大きい人権リスクを抽出し、優先順位をつけた
上で深掘り調査を行っている。また、別の食品メーカーでは、持続可能な原
材料調達のために、主要原材料のリスク評価を行った上で、優先度の高い原
材料にフォーカスし、農家や取引先等との対話を行っているようである。

⑶　農林水産業者として取り組むべきポイント

　農林水産業において想定される人権リスク（他産業においても共通するリスクを含む。）、および当該リスクに対する対応策の例としては、以下のようなものが挙げられる。

［図表4-6］農林水産業において想定される人権リスクと対応策の例

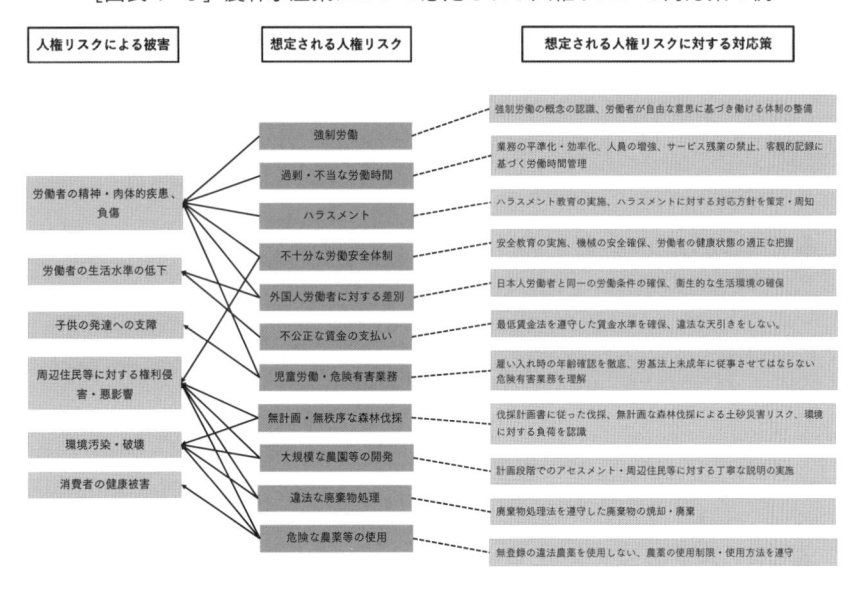

　農林水産業者は、自社やそのサプライチェーンにおいて想定される人権リスクを洗い出し、リスクベース・アプローチにより重大なリスクから順に取組みを行うことが求められる。このようなリスク評価は定期的に行うことが望ましいが、たとえば、農地開発等の土地利用を要する場面では、森林破壊や水の利用に関する問題、先住民の生活環境の破壊や強制立ち退き等の権利侵害が生じる可能性があることから、新たな事業活動を行う場合や事業環境の変化が生じた際にも検討を行うことが推奨される。

　また、たとえ、人権リスクの防止に向けて適切な措置を講じたとしても、人権リスクをゼロにすることはできない以上、万が一、人権侵害が発生してしまった場合に、そのリスクの発現を最小限に留めるために、人権侵害やそ

の懸念を早期に発見できる体制を作ることが重要である。この観点から、自社の従業員だけでなく、取引先・調達先等のステークホルダーが人権侵害やその懸念があると考えた場合に申告可能な窓口を整備しておくことなどが考えられる。

　さらに、投資家を含むステークホルダーへの説明責任を果たす観点からは、人権方針や、自らが行っている人権尊重に対する取組み状況を、ウェブサイト等を通じて積極的に開示していくことが望ましい。

　なお、農林水産業との関係では、上記の CSDDD に加え、牛、カカオ、コーヒー、アブラヤシ、ゴム、大豆、木材およびこれらに由来する関連製品を対象として森林破壊により生産されていないことのデュー・ディリジェンス等を求める森林破壊防止規則（EU Deforestation Regulation：EUDR）も 2024 年末以降適用開始されることから、これらの法令や執行の動向にも留意されたい。

◇II　食品の安全性確保と危機対応

1　食品の安全性確保の重要性

　食品は、人が生きていくために欠かせないものである。また、食品は人の体内にそのまま入るものであり、人の生命や健康に与える影響は直接的である。そのため、食品の安全性の確保のための取組みが重要となる。そのような取組みに当たっては、平時からの安全衛生対応に加えて、万が一安全性に懸念や問題が生じた場合には、消費者への健康被害の発生や拡大を防止することを最優先に、さらに事業自体へのダメージも最小限に食い止めるための危機対応も大切となってくる。フード・チェーンが複雑化し、かつ、必ずしも日本国内にとどまらないという現状では、安全性に関する問題の所在や原因も様々であり得る。他方で、問題が生じた場合に採るべき対応の基本的な考え方は、事案ごとに大きく異なるものではない。

　本節では、これまでに日本で食品の安全性に問題が生じた代表的な事例をいくつか取り上げて、規制や実務に与えた影響等を概観しつつ、実際に食品

の安全性に関する危機対応に当たる際に留意すべきポイントについて解説する。

2　食品の安全性が問題となった代表的な事例

(1)　低脂肪乳等による集団食中毒

　2000年に生じた低脂肪乳等による集団食中毒の事案である。調査の結果、脱脂粉乳が停電事故で汚染され、黄色ブドウ球菌が産生する毒素（エンテロトキシン）が含まれていたにもかかわらず、それを再溶解して製造した脱脂粉乳を低脂肪乳等の原料として使用したことが原因と判明した。被害は13,420人に及んだ。被害が拡大した要因の一つには、当該事業者において事案発覚直後の対応に手間取ったことや、製品回収や消費者等への告知に時間を要したこと等があると考えられている。同事案に対しては、規制当局から工場の営業禁止命令や製品の回収命令がなされたほか、工場長らに業務上過失傷害等による有罪判決も下された。

(2)　牛へのBSE（いわゆる狂牛病）感染拡大

　牛海綿状脳症（BSE）は、BSEプリオンと呼ばれる病原体に感染した牛の脳組織がスポンジ状になり、異常行動等を示して死亡するという牛の病気である。英国等を中心に牛へのBSEの感染が広がり、日本でも2001年9月に初めて感染牛が発見された。直接的な科学的根拠は今も確認されていないものの、疫学的な相関関係等から、BSE感染牛から食品を介して人に伝達する可能性は否定できないと考えられている。そのため、日本では、と畜場における牛の特定部位の除去・焼却が法令上義務化されるとともに、一定以上の月齢の牛を対象にBSE検査が実施されることとなっている。また、BSE発生国からの牛肉の輸入に際しては、一定の月齢以下と証明される牛由来であることや特定危険部位を除去すること等の輸入条件が付されることとなっている。なお、対応策の内容は、最新の科学的知見をもとに、食品安全委員会への諮問を通じて定期的に見直されている。

(3)　餅製品（菓子）の食品表示偽装

　2007年10月の通報を契機に規制当局が実施した立入調査の結果、当初の出荷時に余った餅製品（菓子）を一度冷凍し、解凍した時点を基準に新たな製造年月日および消費期限を再表示して出荷・販売する等の方法による食品表示の偽装が判明した事案である。当時の都道府県の見解によれば、法令遵守の意識の欠如や強すぎる営業優先の姿勢、行きすぎた効率性の追求等が不正の原因であったと指摘されている。当該事業者に対しては農林水産省からJAS法に基づく指示がなされたほか、所管の都道府県から食品衛生法に基づく無期限の営業禁止命令を受けた。その後、改善報告を提出し、再発防止策の実施状況について規制当局による実地確認を受けた結果、約3か月後に営業禁止命令が解除され、営業を再開するに至った。

⑷　輸入冷凍ギョウザによる薬物中毒

　2007年12月から2008年1月までの間に、千葉県および兵庫県で3家族計10名が中国所在の同一の製造元から輸入された冷凍ギョウザを食べた直後に、中毒症状を起こした事案である。警察による捜査の結果、有機リン系農薬のメタミドホスが検出された。各事案の中には、中毒発生時に事業者が保健所と連絡を取ることができずに初動が遅れたものや、輸入食品による健康被害疑いについて都道府県等から厚生労働省への報告がなかったもの、医師から保健所への食中毒の届出がなかったものがあったほか、輸入事業者側も薬品異臭苦情等が複数ありながら問題の共通性を認識できていなかった等、行政側・事業者側の双方に対応における課題が見受けられた。そのため、保健所の体制見直しや都道府県から厚生労働省への報告対象の見直し、事業者に適用される管理運営基準に関するガイドラインの見直し等の動きにつながった。

(5)　機能性表示食品（サプリ）による健康被害

　機能性表示食品として届出をして販売しているサプリメントを摂取した消費者において腎疾患等が発生したとの報告を受けた届出事業者が、当該製品およびそれに使用している原料（自社製造）の成分分析を行った結果、一部

の原料に意図しない成分が含まれている可能性が判明した。これにより、成分の特定や当該製品と腎疾患等との関連性の有無の確定には至っていないものの、健康被害拡大を予防する措置として2024年3月から関連製品の自主回収が実施された事案である。ガイドラインに基づく報告制度のもとで、事業者において健康被害の情報を得てから因果関係の評価に時間を要したために規制当局への情報提供が速やかになされなかったこと等が問題視され、届出者による健康被害情報の行政機関に対する提供ルールのあり方や機能性表示食品の品質管理のあり方等の見直しに関する議論につながった。

3 問題発生時の危機対応

(1) 危機対応の流れ

危機対応においては、関連する情報を多面的に収集・分析し、規制当局や消費者等へ迅速に情報を共有するとともに、必要に応じて回収等の措置を適切に講じる必要がある。また、当該危機を生じさせた原因を詳細に分析し、その結果に対応した実効性のある再発防止策を講じた上で、その実施状況を継続的にモニタリングすることが重要である。なお、各種対応に当たっては、想定される行政処分その他の制裁の内容も念頭に置かなければならない。これらの一連の対応に際しては、一般的な危機対応だけでなく、食品関連規制や厚生労働省、消費者庁等の所管規制当局への対応に通じた弁護士に早い段階から相談しておくことが望ましい。投資家としては、投資先企業がこのような危機対応を適切に行えなければ、投資先企業の事業や企業価値に大きな悪影響があり得る点に十分注意する必要がある。

(2) 情報の収集

(i) 平時の情報収集

食品の安全性に関する問題の兆候を早期に察知するためには、食品衛生管理のオペレーション（**1章Ⅳ3(2)参照**）を徹底することに加えて、多面的な情報ソースに目を配る必要がある。危機状況を把握する端緒としては、①顧客からのクレーム、②医療従事者等からの通報、③取引先等からの連絡、④

内部通報等が考えられる。

　その上で、これらの情報ソースを通じて収集された情報を社内で適切に共有・検証し、必要な対応につなげることが最も重要である。不都合な情報が社内で揉み消されるといった事態は絶対に避けなければならない。そのためには、予め情報の共有・検証に関する社内の手順書を整備し、それに基づいて運用することが基本となる。手順書を周知し、教育研修等を通じて役職員に十分浸透させるとともに、実際に適切な運用がなされているかを内部監査等により定期的に検証する必要がある。

　取得した情報の重要度等について基準を定めて分類し、講じるべきプロセスや措置を予め定めておくことも有益である。しかし、事案の内容によっては、予め定めた基準には必ずしもこだわらず、消費者の安全性の確保を最優先する観点から保守的な対応を採ることが必要となる場面もあり得る。

(ii)　**危機発生時の内部調査**

　危機の兆候を掴んだ場合、採るべき対応を判断するために必要な事実関係をいかに迅速かつ正確に把握するかが、危機対応の成否を大きく左右する。調査を実施する体制や方法は事案ごとに異なり得るが、①調査の客観性を担保できる体制とすること（たとえば、安全性の問題を生じさせた部門のみで調査を実施するのではなく、他部門の役職員や必要に応じて外部の専門家等を交えて調査を実施すること）、②初期の情報が不十分な状況でも、必要な調査内容を見定めるために調査計画を立案し、状況変化に応じて随時見直すこと、③関係資料を早期に保全し、隠匿や廃棄を防止するための具体的な指示を行うこと、④文書や記録の調査にとどまらず、関係する役職員へのヒアリングも積極的に実施すること等が基本的な留意点となる。

　なお、内部調査の結果が適切かつ十分なものとなるかは、関係する役職員から誠実な協力が得られるかにかかっている。役職員から誠実な協力を得るためには、食品の安全性を最重要視する企業文化の醸成と内部調査に対する心理的安全性の確保がポイントとなり、それらを実現するための平時からの対応が重要となる。

(ⅲ)　規制当局による調査

　食品衛生法は、都道府県知事等に対して、食品事業者等からの必要な報告を求め、施設等を立入調査し、問題となる食品等を検査し、試験に必要な限度でそれらを収去する権限を与えている（食品衛生法28条）。また、食品表示法にも同種の規定が存在する（食品表示法 8 条）。

　規制当局による立入調査等が実施される場合には、誠実な対応を心がけ、規制当局との間で信頼関係を築くことが重要である。もちろん、規制当局側に何らかの誤解等がある場合には、積極的に事情を説明して理解を正さなければならないが、規制当局側の調査や対応が合理的である限り、規制当局と協力して早期に問題を解決することに注力すべきである。また、そのような対応を尽くすことにより、終局的には行政処分や罰則等の制裁による事業者自身へのダメージを低減させることができる可能性も高まる。

(3)　情報の提供

　(ⅰ)　規制当局への報告

　食品衛生法や食品表示法は、上記のとおり、都道府県知事や消費者庁長官に対して、食品事業者等からの必要な報告を求める権限を与えている（食品衛生法28条、食品表示法 8 条）。しかし、食品の安全性の問題は、消費者の生命や身体への危害に直結する可能性があるため、そのような規制当局側からの求めを待たず、最低限の事実関係を上記の情報ソースや内部調査を通じて迅速に確認した上で、可能な限り早期に規制当局に対して自主的に情報を共有することが重要である。規制当局側の厳しい反応等を想定して早期の情報提供に躊躇する事業者は少なくないが、早期に情報提供を行うことで、事業者自身の自浄作用や消費者の安全性確保に向けた姿勢を示すことができるとともに、規制当局と協力しながら早期に問題を解決できる可能性も高めることができる。

　(ⅱ)　情報の公表

　一般の消費者等への情報の公表についても、食品の安全性の問題が生命や身体への危害を生じさせるリスクを考慮すれば、できる限り早期に行うこと

177

が望ましい。現に、情報のリーク等により社会から過剰なバッシングを受け、事業が回復不可能なダメージを受けた例も少なくない。もちろん、公表を急ぐことで不正確な情報を提供することは避けなければならないものの、暫定的な情報や調査中の事項についてはその旨の留保を付し、適時にアップデートすることを明示的に述べた上で、可能な限り迅速かつ頻回に情報を公表することを心がけるべきである。

(4)　回収等の対応

食品衛生法は、同法に基づき販売が禁止される食品等（有害有毒物質を含有するもの、規格基準に合わないもの等）について、都道府県知事等に対して、回収や廃棄を命じる権限を与えている（食品衛生法59条）。食品表示法も同様に、表示内容が同法に違反する食品等について、生命または身体に対する危害の発生または拡大の防止を図るため緊急の必要がある場合に回収を命じる権限を与えている（食品表示法6条8項）。

しかし、食品事業者等においては、消費者の生命や身体に対する危害が生じ、または拡大することを防止するために、これらの命令を待たずに自主的に問題となる食品等の回収を行うべきである。自主回収自体はこれまでも頻繁に行われていたところ、食品衛生法および食品表示法の平成30年改正により、事業者が同法に違反し、または違反するおそれのある食品等の自主回収を実施した場合には、回収に着手した旨および回収の状況について遅滞なく都道府県知事に対して届け出ることが義務付けられた（食品衛生法58条1項、食品表示法10条の2）。届け出られた自主回収の情報は、国のオンラインシステム上で公表され、消費者への情報提供や監視指導のために活用される。

(5)　原因分析・再発防止

食品の安全性に関する危機対応は、情報を収集・公表し、必要に応じて回収等を行えば終わりというわけではない。それらはあくまで消費者の生命や身体に対する危害の拡大を防止するための応急的な対応にすぎず、将来同じ問題が生じないよう原因を詳細に分析し、実効性のある再発防止策を講じてはじめて、危機対応が完結する。

　原因分析は、内部調査や規制当局による調査によって得られた事実関係を前提に、多角的に行う必要がある。同種事案でも原因が同一とは限らないため、あくまで当該事案の詳細な事実関係に即して、根本的な原因を究明することが重要となる。食品の安全性に問題が生じる原因は、設備やシステム等のハード面にあることもあれば、製造や加工、試験等のオペレーション等のソフト面にあることもある。また、品質不正事案等では、企業風土やガバナンス・コンプライアンス体制に原因があることもある。

　再発防止策を策定する際には、分析の結果明らかとなった根本的な原因に対応した実効性のあるものとしなければならない。再発防止策の策定過程で規制当局とのやり取りが生じる場合、規制当局側から示唆される内容も真摯に検討すべきである。策定した再発防止策については迅速に実施するとともに、その実効性を定期的な内部監査や外部監査等を通じて検証することも重要である。なお、事案によっては、役職員に対する懲戒処分が必要となる場合もある。

4　健康被害情報の報告義務と近時の動き

　医薬品等の薬機法の適用がある製品については、その使用等により健康被害が生じたと疑われる事例等を製造販売業者が知った場合には、所定の期間内に規制当局に対して報告するよう義務付けられている（薬機法68条の10）。他方で、食品については、食中毒を診断した医師が最寄りの保健所長に対して届出を行う義務（食品衛生法63条）、および指定成分等を含有する食品による健康被害またはその疑いを知った食品事業者が都道府県知事等に対して届出を行う義務は定められているものの、その他の食品による健康被害を知った食品事業者による都道府県知事等（保健所）への報告は、法令上はあくまで努力義務にとどまり（食品衛生法51条、食品衛生法施行規則66条の2第1項、別表第17の9ロおよびハ）、ガイドラインや行政指導により運用がなされていた。

　近時の機能性表示食品に関する健康被害事案に端を発して、機能性表示食品および特定保健用食品に関する健康被害についても規制当局に対する報告

を義務付けるための食品表示基準の改正が行われ、2024年9月に施行された。

コラム⑫〈テクノロジーを活用した食品のトレーサビリティ確保〉

　食品の安全性に問題が生じた際に適時に実効性のある対応が可能かを左右するのが食品のトレーサビリティ（追跡可能性）である。具体的には、フード・チェーンの各段階で食品を取り扱った際の記録を作成・保存しておくことで、フード・チェーンのどの段階で問題が生じたかの検証や問題のある製品の市場からの回収等の円滑な実施につなげることができる。

　日本では、牛の個体識別のための情報の管理および伝達に関する特別措置法や、米穀等の取引等に係る情報の記録および産地情報の伝達に関する法律により牛・牛肉および米・米加工品について各種記録を義務付けられている。また、食品衛生法に基づき、食品全般の仕入元および出荷・販売先等の作成・保存が食品事業者の努力義務として規定されている。

　近時は、仮想通貨等で用いられているブロックチェーン技術（情報通信ネットワーク上にある端末同士を直接接続して、取引記録を暗号技術を用いて分散的に処理・記録する技術）を食品のトレーサビリティにも活用しようとする動きがある。ブロックチェーン技術のもとでは、各記録が過去の記録と連鎖して保存され、関係者に公開の下で監視されるため、記録の改竄を行うことがほぼ不可能である。そのような特徴を活かして、フード・チェーンの各段階の情報をリアルタイムで効率よく確認できるようになることに加えて、データの改竄による食品偽装や安全性問題の隠ぺい等を未然に防止できるようになること等が期待されている。

◇Ⅲ　農林水産と独占禁止法

　農林水産業を営む事業者も、ほかの事業を営む事業者と同様に独占禁止法を遵守しつつ事業運営を行わなければならない。他方で、農林水産事業者およびその投資家が特に理解すべき独占禁止法上の留意点も存在する。たとえば、下記1(2)のとおり、協同組合の行為のうち一定の要件を満たすものにつ

いては独占禁止法の適用が排除されているため、ほかの事業では認められないような共同行為であっても、農協・漁協を通じた共同行為は独占禁止法上問題とならない場合もあり得るが、その範囲を超えた行為は独占禁止法上問題となる[30]。また、下記2で述べるように、農林水産業においても、原材料価格、エネルギーコスト、労務費等の上昇を踏まえた適正な価格転嫁が課題となっているところ、このような価格転嫁に向けた行為については、公正取引委員会・内閣官房の策定したガイドライン等により、独占禁止法上問題になる行為がより具体的に定められている。

　これらの内容を理解することなく農林水産業を営み、仮にその事業が独占禁止法に違反するものであった場合、公正取引委員会から行政処分等を受けるおそれがあるほか、ビジネスモデルの変更を余儀なくされる可能性もある。したがって、農林水産事業者およびその投資家にとって、農林水産業への独占禁止法の適用関係を理解することは重要であるため、本節で概説する。

1　農業・漁業と独占禁止法コンプライアンス

(1)　農業・漁業と独占禁止法の概要

　独占禁止法は、事業者による私的独占、不当な取引制限および不公正な取引方法を禁止し、事業支配力の過度の集中を防止して、公正かつ自由な競争を促進することを目的としている（独占禁止法1条）。ここでいう事業者とは「商業、工業、金融業その他の事業を行う者をいう」とされており（同法2条1項）、規制対象となる事業、営利性の有無、法人か個人か等を限定していないから、農林水産業を営む企業・個人等の行為にも独占禁止法が適用される。なお、単位農協は、自ら購買事業、販売事業等を行っていることから事業者に該当するほか、事業者である組合員の結合体であるという点では事業者団体（同法2条2項）にも該当する。

　独占禁止法の主な規制対象行為としては、事業者による私的独占、不当な取引制限および不公正な取引方法がある[31]。また、事業者団体による競争制

30）実際には多くの行為に独占禁止法が適用され得ることに留意が必要である。

限的なまたは競争阻害的な行為も禁止されている。

私的独占は、独占禁止法3条前段で禁止されている行為であり、たとえば、市場シェアの大きい事業者が取引先に圧力をかける等して、競争者の事業活動を困難にさせたり、新規参入者の事業開始を困難にさせたりして市場を独占しようとする行為である。

不当な取引制限は、独占禁止法3条後段で禁止されている行為であり、本来各事業者が自主的に決めるべき商品の価格等をほかの事業者と共同で取り決めるカルテルや、入札に際し、入札参加者間で事前に受注事業者や受注金額等を取り決める入札談合がある。たとえば、農林水産業を営む事業者同士で農作物の販売価格を合意することは不当な取引制限に該当するおそれがあるが、下記(2)のとおり、農協として行う行為については一部適用除外制度が設けられているため、農協が共同販売を行う行為は（一見すると事業者間で販売価格を合意しているようにも見えるが、）通常は問題とならない。

不公正な取引方法は、独占禁止法19条で禁止されている行為であり、①正当な理由がないのに、競争事業者と共同して、特定の事業者と取引しないようにすること（共同の取引拒絶）、②正当な理由がないのに、供給に必要な経費を大幅に下回る価格で継続して販売すること（不当廉売）、③不当に、競争事業者と取引しないことを条件として取引すること（排他条件付取引）、④取引上の地位を利用して、取引の相手方に対し、不当に不利益を与えること（優越的地位の濫用）といった公正な競争を阻害するおそれのある様々な行為を規制している。

公正取引委員会は、これらに違反した事業者に対して、違反行為を排除するために必要な措置を命じることができる（排除措置命令）。また、私的独占、不当な取引制限および不公正な取引方法のうち独占禁止法2条9項1号〜5号に規定されたものに違反する行為については、課徴金納付命令の対象にもなり得る。さらに、私的独占または不当な取引制限をした者等については刑事罰[32]の規定も設けられている。加えて、被害者から差止請求や損害賠償請求を受ける可能性もある。

31）そのほか、競争制限的な M&A を規制する企業結合規制もある。
32）独占禁止法89条。

(2)　農協・漁協に対する独占禁止法の適用除外

(i)　概要

　独占禁止法は、法律の規定に基づいて設立された組合が①小規模の事業者または消費者の相互扶助を目的とすること、②任意に設立され、かつ、組合員が任意に加入し、または脱退することができること、③各組合員が平等の議決権を有すること、④組合員に対して利益分配を行う場合には、その限度が法令または定款に定められていること、といった要件を満たした場合には、組合の行為に対する同法の適用を排除している（独占禁止法22条）。そして、農協や漁協は、上記①および③の要件を備える組合とみなされることから（農業協同組合法 8 条、水産業協同組合法 7 条）、農協や漁協の行為には原則として独占禁止法が適用されないことになると考えられている。たとえば、単位農協が、共同購入、共同販売等を行うことについては、独占禁止法の適用が除外される。ただし、独占禁止法22条但書により、不公正な取引方法を用いる場合（下記(ii)参照）または一定の取引分野における競争を実質的に制限することにより不当に対価を引き上げることとなる場合は、農協または漁協の行為であっても独占禁止法が適用される点に留意が必要である。

　また、この適用除外制度は、単独では大企業に伍して競争することが困難な農業者・漁業者が、相互扶助を目的とした協同組合を組織して市場において有効な競争単位として競争することは、独占禁止法が目的とする公正かつ自由な競争秩序の維持促進に積極的な貢献をするものであり、特に独占禁止法の目的に反することが少ないと考えられるという理由で、独占禁止法の適用を除外するものと解されている。したがって、このような独占禁止法22条の組合の行為に該当しない行為（たとえば、農協や漁協が一般の事業者等と共同して、カルテルを行うこと）は、適用除外制度の対象とはならない点にも留意が必要である。

(ii)　農協ガイドライン

　農協のどのような行為が独占禁止法上問題になるかについては、公正取引委員会から「農業協同組合の活動に関する独占禁止法上の指針」（以下「農協ガイドライン」という。）が出されている。農協ガイドラインは、第 1 部に

おいて適用除外制度の概要を解説するとともに、第2部において単位農協または連合会の行為のうち、独占禁止法上問題になる行為を具体的に例示している。以下では、農協ガイドラインに記載された、(a)単位農協による組合員に対する問題行為、(b)連合会による単位農協に対する問題行為、および(c)連合会または単位農協による仕入先・販売先に対する問題行為のそれぞれについて説明する[33]。

(a)　単位農協による組合員に対する問題行為

　単位農協による組合員に対する行為のうち、下表のような行為は独占禁止法上問題となる。

[図表4-7] 単位農協による組合員に対する問題行為

購買事業[34]に関する問題行為	A　購買事業の利用に当たって単位農協の競争事業者との取引を制限すること
	B　共同利用施設の利用に当たって購買事業の利用を強制すること
	C　信用事業（組合員の営農および生活に必要な資金の融資をすること）の利用に当たって購買事業の利用を強制すること
	D　販売事業の利用に当たって購買事業の利用を強制すること
販売事業[35]に関する問題行為	E　販売事業の利用に当たって単位農協の競争事業者との取引を制限すること
	F　共同利用施設の利用に当たって販売事業の利用を強制すること
	G　信用事業の利用に当たって販売事業の利用を強制すること
	H　販売事業の利用に当たって特定の組合員を差別的に取り扱うこと
組合員に対する優越的地位の濫用	

33）漁協については、水産庁が策定した「水産物・水産加工品の適正取引推進ガイドライン」が参考になる。
34）単位農協が、一括購入等した農薬、肥料、飼料等を組合員に供給すること。
35）単位農協が、組合員が生産した農畜産物を集荷して販売すること。

　たとえば、上記Aについて、使用する生産資材が一般的なものであって、同じ品質・規格のものを商系事業者から購入することが可能であるにもかかわらず、単位農協から購入するものに限定する等、組合員に対して競合する商系事業者の販売する生産資材の使用を制限または禁止する場合には、組合員の自由かつ自主的な取引が阻害されるとともに、競争事業者が組合員と取引をする機会が減少することとなり、独占禁止法上問題となるおそれがある。

　同様に、上記Bについて、単位農協が組合員に対して、共同利用施設を組合員が利用する際に、自己の購買事業の利用を強制する等、何らかの方法により、当該組合員が農畜産物の生産に必要とする生産資材の全量または一定の割合・数量以上について購買事業を利用することを事実上余儀なくさせる場合には、組合員の自由かつ自主的な取引が阻害されるとともに、競争事業者が組合員と取引をする機会が減少することとなり、独占禁止法上問題となるおそれがある。

(b)　連合会による単位農協に対する問題行為

　連合会による単位農協に対する以下のような行為は、単位農協の自由かつ自主的な取引を阻害したり、連合会の競争事業者の事業活動を困難にしたりするおそれがあるため、独占禁止法上問題となる。

①　連合会が農畜産物の生産に必要な生産資材の一部について購買事業を通じて購入しようとしている単位農協に対して、ほかの生産資材も併せて購買事業を通じて購入することを強制すること。

②　連合会が単位農協に対して、正当な理由がないのに商品または役務をその供給に要する費用を著しく下回る対価で継続して供給したり、その他不当に低い対価で供給したりすること。

(c)　連合会または単位農協による仕入先・販売先に対する問題行為

　連合会または単位農協による仕入先・販売先に対する行為のうち、たとえば次表のような行為は独占禁止法上問題となる。

［図表4-8］連合会または単位農協による仕入先・販売先に対する問題行為

仕入先の事業活動に対する不当な拘束等	単位農協が仕入先に対して、単位農協以外へ販売することを禁止し、または、単位農協以外へ販売する際に自己の承諾を要求する行為
	連合会が仕入先に対して、連合会以外へ販売することを禁止し、または、連合会以外へ販売する際に自己の承諾を要求する行為
	連合会または単位農協が仕入先に対して、仕入先が系統以外に販売する際に、連合会または単位農協が販売する価格を下回らない価格で販売するようにさせる行為
仕入先に対する優越的地位の濫用	連合会または単位農協が自己と継続的な取引関係にある仕入先に対して、取引上の地位が相手方に優越していることを利用して、自己のために金銭等の経済上の利益の提供を要請する行為
	連合会または単位農協が自己と継続的な取引関係にある仕入先に対して、取引上の地位が相手方に優越していることを利用して、自己または自己の指定する事業者の販売する商品または役務を購入させる行為
販売先の事業活動に対する不当な拘束	単位農協が販売先に対して、自己の販売事業と競合する事業者と取引しないことを条件とする行為
	連合会が加工業者に対して、加工業者が製造し、販売する連合会のブランド製品の販売価格を指示し、これを遵守させる行為

(3)　グリーン社会に向けた取組み

　昨今、農林水産業においても、環境負荷低減に向けた様々な取組みが想定されている。たとえば、農林水産省が2021年5月に策定した「みどりの食料システム戦略」では、今後の主な取組みとして、2050年までに化石燃料を使用しない園芸施設への完全移行を行うこと、耕地面積に占める有機農業の取組面積の割合を25％（100万 ha）に拡大すること、農林業機械・漁船の電化・水素化等について2040年までに技術確立すること、エリートツリー等を活用した再造林や木材利用の拡大を促進すること、2050年までに農林水産業のCO_2ゼロエミッション化を実現することが掲げられている。これらを実現するための事業者間の協同的な取組みのほとんどは、迅速な事業遂行やコスト削減、不足する業務や技術等の相互補完を可能にすること等を通

じて事業活動の効率化を図り、グリーン社会の早期実現を目指すものであり、多くの場合、独占禁止法上問題とならない形で実施可能と考えられる[36]。特に、農協においてこれらの取組みを行う場合には、原則として独占禁止法の適用が除外されるため、独占禁止法が問題になる可能性は高くない。もっとも、上記(2)に記載のとおり、農協の行う全ての行為が独占禁止法の適用除外を受けられるわけではない。たとえば、農協が開発した脱炭素化に資する農業機械の購入を組合員に義務付け、ほかのメーカーからの農業機械の購入を禁止するような行為は、独占禁止法に抵触する可能性があるため、慎重な検討が必要になるであろう。グリーン社会の実現に向けた取組みであっても、農協ガイドラインや「グリーン社会の実現に向けた事業者等の活動に関する独占禁止法上の考え方」を参照し、独占禁止法に留意した上で進めるのが適切である。

(4)　違反事例・相談事例

　農林水産業の場合、農林水産業者自身が独占禁止法違反を問われる事例より、農協等が独占禁止法違反を問われる事例のほうが圧倒的に多い。農林水産業者自身が（農協とともに）独占禁止法違反の嫌疑をかけられた比較的近時の事例として、比内地鶏に関する警告事例が存在する。その事例では、地鶏の処理・加工・販売等を行う企業および農協が、地鶏生産者との契約において、農協の指定する出荷先（警告対象となった企業）以外への出荷が無い者であることを契約条件に含めること等により、地鶏生産者に対し、生産した地鶏を上記企業以外に出荷しないようにさせている疑い等があるとされた。農協の行為について法的措置等の対象となった事例は、公正取引委員会がウェブサイトにおいて一覧を公表している[37]が、比較的近時の事例として

---

36) 公正取引委員会が2023年3月31日に策定した「グリーン社会の実現に向けた事業者等の活動に関する独占禁止法上の考え方」においても、「グリーン社会の実現に向けた事業者等の取組は、多くの場合、事業者間の公正かつ自由な競争を制限するものではなく、新たな技術や優れた商品を生み出す等の競争促進効果を持つものであり、温室効果ガス削減等の利益を一般消費者にもたらすことが期待されるものでもある。そのため、グリーン社会の実現に向けた事業者等の取組は基本的に独占禁止法上問題とならない場合が多い。」とされている。

37) 公正取引委員会ウェブサイト（URL：https://www.jftc.go.jp/dk/noukyou/itiran.html）。

は、たとえば大分県農協がこねぎの販売受託に関し、個人出荷を理由として味一ねぎ部会を除名された5名に対して、味一ねぎに係る販売事業および集出荷施設に係る利用事業を利用させないようにしたとして、大分県農協に対して取引条件等の差別的取扱を理由に排除措置命令が出された事例が存在する。また、漁協の行為について法的措置等の対象となった事例としては、佐賀有明漁協および熊本県漁協が、漁協管内の海苔生産者に対して乾海苔の系統外出荷[38]を行わせないようにさせているとして、これらの漁協に対して拘束条件付取引を理由に排除措置命令が出された事例[39][40]が存在する。

　また、公正取引委員会が公表している相談事例集においても、農林水産事業者や農協に関連するものが存在する[41]。

　たとえば、農林水産事業者として、農産物の栽培方法の開発事業者が、農家に対し、販売データの収集を目的として、生産を委託する農産物に限定して自社の親会社が運営する卸売市場のみへの出荷を求めることについて、独占禁止法上問題となるものではないと回答した事例が存在する。この事例では、農林水産事業者による上記の行為が、取引拒絶、排他条件付取引または拘束条件付取引等に該当し、新規参入者や既存事業者が排除され、または取引機会が減少するような状態をもたらすおそれ（以下「市場閉鎖効果」という。）があるのではないかという点が問題となり得た。しかし、①当該事業者が出荷先を制限する農産物は、自社と農家で費用負担を折半した苗木等を使用して生産された特定の農産物（以下「農産物A」という。）に限定されていること、②当該親会社が運営する卸売市場以外にも農産物Aの出荷先が複数存在するところ、当該事業者から農産物Aの生産委託を受けた農家は、生産委託された農産物A以外の農産物Aについては他の出荷先にも出荷が可能であること、③当該事業者が農産物Aの出荷先を制限する農家は数名に限定

38) 佐賀有明漁協または熊本県漁協管内の海苔生産者が、これらの漁協が運営する共販以外の方法により自らが生産した乾海苔を販売すること。
39) 公正取引委員会ウェブサイト（URL：https://www.jftc.go.jp/houdou/pressrelease/2024/may/20240515dai4saga.html）。
40) 公正取引委員会ウェブサイト（URL：https://www.jftc.go.jp/houdou/pressrelease/2024/may/20240515dai4.html）。
41) 公正取引委員会ウェブサイト（URL：https://www.jftc.go.jp/dk/soudanjirei/index/sangyoubunrui/nougyou.html）。

されており、農協、商系業者等は、当該農家が生産を委託された農産物Ａ以外の農産物Ａに加えて、当該農家以外の多数の農家から農産物Ａを集荷することが可能であることに照らして、市場閉鎖効果が生じるおそれは小さく、独占禁止法上問題となるものではないと判断された。

　また、農協に関連するものとして、農協が組合員に対して、生産資材を自組合から購入することを義務付けることは、独占禁止法上問題となると回答した事例が存在する。上記(2)のとおり、農協の行為には独占禁止法の適用除外制度が存在するが、不公正な取引方法を用いる場合または一定の取引分野における競争を実質的に制限することにより不当に対価を引き上げることとなる場合には、なお独占禁止法が適用される。この事例では、当該農協は、「安心」・「安全」な農産物の生産活動とトレーサビリティ（生産履歴等の情報を記録し、追跡できるようにすること）システムを確保するために組合員が遵守すべき運営規程および実施要領を作成しており、これらの規程および要領に上記義務を定めていた。当該農協は地元農家のほとんどが加入する組合であるところ、相談の範囲では、当該農協が組合員に対して生産資材を自組合から購入することを義務付けることは、トレーサビリティシステムの確保のために必要不可欠なものとは考えられず、当該義務を課すことにより競争者の取引の機会を減少させることにつながるおそれがあることから、独占禁止法上問題となると判断された。

2　農林水産業における価格転嫁問題と独占禁止法・下請法

(1)　概要

　原材料価格やエネルギーコスト等の適切な価格転嫁による適正な価格設定をサプライチェーン全体で定着させ、物価に負けない賃上げを行うことは、デフレ脱却、経済の好循環の実現のために必要である。このような価格転嫁の必要性は、農林水産業においても異なるところはなく、農林水産省でも、適正な価格形成に関する協議会が開催され、議論がなされている。また、2024年6月5日に施行された食料・農業・農村基本法の改正法では、食料の合理的な価格形成に際しては持続的な供給に要する合理的な費用が考慮さ

れるようにしなければならないこと（同法2条5項）、および、食料の持続的な供給の必要性に対する理解の増進と合理的な費用の明確化の促進等の必要な措置を講じる義務を国に課すこと（同法23条）が明示されている。

　適切な価格転嫁を阻害する行為は、独占禁止法や下請法上も問題となり得る点に留意が必要である（言い換えれば、取引先に適切な価格転嫁を求めたにもかかわらず拒絶された場合、取引先が独占禁止法・下請法に抵触している可能性を踏まえて取り得る手段を検討すべきである。）。具体的には、①労務費、原材料価格、エネルギーコスト等のコストの上昇分の取引価格への反映の必要性について、価格の交渉の場において明示的に協議することなく、従来どおりに取引価格を据え置くこと、②労務費、原材料価格、エネルギーコスト等のコストが上昇したため、取引の相手方が取引価格の引上げを求めたにもかかわらず、価格転嫁をしない理由を書面、電子メール等で取引の相手方に回答することなく、従来どおりに取引価格を据え置くことは、独占禁止法上の優越的地位の濫用や下請法上の買いたたき（下請事業者の給付の内容と同種または類似の内容の給付に対し通常支払われる対価に比し著しく低い下請代金の額を不当に定めること）として問題となるおそれがある[42) 43)]。

(2)　労務費の転嫁

　また、労務費の転嫁については、2023年11月に、内閣官房および公正取引委員会により労務費価格転嫁指針が策定されている。労務費価格転嫁指針には、事業者に「求められる行動」と「留意すべき点」が区別して記載されている。「求められる行動」は、事業者として行うことが望ましい行動を記載したものであり、行わなかったからといって直ちに独占禁止法に違反するおそれを生じさせるものではないが、「留意すべき点」は、これを行わなかった場合に独占禁止法に違反するおそれを生じさせるものであるため、より重要性が高いといえる。具体的には、以下のような行為が「留意すべき点」として記載されている。

42）公正取引委員会ウェブサイト（URL：https://www.jftc.go.jp/dk/dk_qa.html#cmsQ20）。
43）公正取引委員会ウェブサイト（URL：https://www.jftc.go.jp/shitauke/legislation/unyou.html）。

[図表4-9] 労務費の転嫁における留意点

発注者として留意すべき点（独占禁止法または下請法に違反するおそれがある行為）	
1	**明示的な協議なく長年価格を据え置くこと** 明示的に協議することなく長年価格を据え置くことや、実質的にスポット取引ではないにもかかわらずスポット取引であることを理由に明示的に協議することなく価格を据え置くこと
2	**説明・根拠資料として公表資料を超えるものを求めること** 労務費上昇の理由の説明や根拠資料につき、公表資料に基づくものが提出されているにもかかわらず、これに加えて詳細なものや受注者のコスト構造に関わる内部情報まで求め、これらが示されないことにより明示的に協議することなく取引価格を据え置くこと
3	**受注者が取引先の労務費転嫁を受け入れるために発注者との取引価格を引き上げるための協議の拒絶** 受注者が直接の取引先から労務費の転嫁を求められ、当該取引先との取引価格を引き上げるために発注者に対して協議を求めたにもかかわらず、明示的に協議することなく取引価格を据え置くこと
4	**労務費転嫁であることを理由とした協議の拒絶** 受注者から協議の要請を受けた際に、労務費の上昇分の価格転嫁に関するものであるという理由で協議のテーブルにつかないことにより、明示的に協議することなく取引価格を据え置くこと
5	**算定式の押し付け** 労務費の転嫁に関し、発注者が特定の算定式やフォーマットを示し、それ以外の算定式やフォーマットに基づく労務費の転嫁を受け入れないことにより、明示的に協議することなく一方的に通常の価格より著しく低い単価を定めること

　価格転嫁問題は今後も農林水産業において解決すべき課題と考えられるため、農林水産事業者およびその投資家にとって、上記の独占禁止法、下請法上の規制および労務費価格転嫁指針の内容を十分に理解しておく必要がある。

第5章　農林水産・食品ビジネスで注目される投資領域

◇I　フードテック

1　フードテックとその状況

　近時「フードテック」という言葉が様々なところで使われるようになった。フードテックとは、「生産から加工、流通、消費等へとつながる食分野の新しい技術及びその技術を活用したビジネスモデル」などと定義されている[1]。

　フードテックに関する技術分野は多岐にわたっている。具体的には、ゲノム編集（育種）技術、DNA マーカーの利活用や遺伝子組換え技術、プラントベースフード（植物肉等）、昆虫食・昆虫飼料、細胞農業・細胞性食品、藻類食品、アグリテック（スマート農業、植物工場等）[2]、スマート水産業（陸上養殖等）、スマート食品産業（AI ロボ、AI 予測等）、次世代型の需給調整マッチングやトレーサビリティ、スマートキッチン（調理ロボット、加工ロボット、3D プリンター等）、パーソナライズドフード等がフードテックに含まれると考えられている[3]。

---

1) 農林水産省 大臣官房 新事業・食品産業部「フードテックをめぐる状況」（令和7年1月）（URL：https://www.maff.go.jp/j/shokusan/sosyutu/attach/pdf/meguji.pdf）1頁。
2) なお、アグリテックを、フードテックとは独立したものと取り扱う例もあるが、本書では、これらは「フードテック」に含まれるものとして取り扱う。
3) 農林水産省・前掲注1）3〜7頁参照。

[図表 5-1]　フードテック技術一覧

| 生産 | プラントベースフード（植物肉等） | 細胞農業・細胞性食品 | 昆虫食・昆虫飼料 |
| | ゲノム編集食品・遺伝子組換え食品 | アグリテック | スマート水産業 | スマート畜産業 |

| 流通 | 鮮度維持技術 | 配送ロボット・ドローン | トレーサビリティシステム | AI需要予測 |

| 加工・調理 | 加工・調理用ロボット | スマートキッチン |

| 小売・外食 | 食品ロス削減 | アップサイクル | 配膳ロボット |

| 消費 | パーソナライズドフード | 健康管理アプリ |

　フードテックは、世界的な人口増加と食料需要の増大、SDGs 等を踏まえた環境負荷低減等の社会的課題の解決、食料安全保障への関心の高まり等を背景に、これらの課題の解決につながるものとして、また、多様化する食に対する個々人のニーズに対応するものとして、大きな注目を集めている[4]。他方で、フードテックの中には、技術面で未成熟な点や課題を抱えている分野もあり、さらなる技術面での発展の必要が指摘されている。また、分野によっては、社会的な受容（消費者受容）の形成についての問題点も指摘されている。

　もっとも、フードテックの世界市場の規模は、2020年時点で24兆円であると試算され、2050年には約280兆円まで成長する可能性があると試算するものもある[5]。また、フードテック領域への世界の投資額も、2012年時点では約31億ドルであったが、2022年には約296億ドルに増加したとするものがある[6]。上記の社会的な課題の解決への期待等から、今後も市場や投資の規

<hr>

4 ）農林水産省・前掲注 1 ）　1 ～ 2 頁参照。
5 ）山本奈々絵＝古屋花「2050年の『フードテック』世界市場、280兆円に」（URL：https://www.mri.co.jp/knowledge/column/20240215_2.html）。
6 ）農林水産省「フードテックに関する動向説明資料」（令和 5 年10月24日）　2 頁。

模は拡大すると思われる。

　わが国でも、「食・農林水産業の発展や食料安全保障の強化に資するフードテック等の新興技術について、協調領域の課題解決や新市場開拓を促進する」ために、令和2年10月、産学官連携によるフードテック官民協議会が設立され[7]、令和5年2月21日には、「フードテック推進ビジョン」が策定された[8]。また、フードテック等を活用した技術の事業化のための実証を支援するとともに、実証した成果の横展開等を行うことで、多様な食の需要への対応、食に関する社会課題の解決に資する新たなフードテックビジネスの創出を図ることを目的とするフードテックビジネス実証事業をはじめ、スタートアップ支援や研究開発支援等についての予算措置が講じられている[9]。このように、わが国においても、フードテックの市場・投資拡大を後押しする状況が形成されている。

　本節では、今後、市場や投資規模の拡大が見込まれるフードテックのうち、①プラントベースフード（植物肉等）、②細胞性食品、および③昆虫食について、それぞれの概要および法務上の留意点等について概説する[10]。

　なお、上述のとおり、フードテックは多種多様な領域からなり、技術分野、事業分野ごとに関連する規制や法務上の留意点等が異なることに十分に注意する必要がある。また、本節で取り扱わないもののうち、スマート農業やスマート水産業を含む農林水産分野のDXについては、農林水産とDX（**本章Ⅱ**）を、遺伝子組み換え技術やゲノム編集技術・食品については、農林水産とバイオテクノロジー（**本章Ⅲ**）を参照されたい。

2　フードテックの3分野の概要および法務上の留意点等

(1)　先端技術を利活用した食に係る事業

　プラントベースフード（植物肉等）、細胞性食品および昆虫食の各領域の

7）フードテック官民協議会ウェブサイト（URL：https://food-tech.maff.go.jp/）。
8）フードテック官民協議会「フードテック推進ビジョン」（令和5年2月21日）。
9）令和6年度のフードテック関連予算について、農林水産省・前掲注1）22〜25頁参照。
10）基本的には日本法や日本における留意点等を念頭においている。必要に応じて、海外の規制やその動向にも言及する。

概要や法務上の留意点等に先立ち、先端技術を利活用した食に係る事業に関する留意点等の概要について、ⓐ当該事業に関連する規制、ⓑ事業収益の確保、ⓒ消費者受容に分けて説明する。

ⓐ事業に関連する規制としては、食品を製造加工および販売等する事業については、(i)安全性に関する規制（食品衛生法等）および(ii)表示に関する規制（食品表示法や景品表示法等）があり、加えて、ゲノム編集技術や遺伝子組み換え技術等に関する規制などの関連する規制もあり、これらを遵守する必要がある[11]。もっとも、フードテックは、先端技術を利活用した事業であり、関連技術自体が発展途上であるため、そもそも（必要と思われる）規制が十分に形成されていないことや既存の規制の適用が明確でないこと等もあるため注意を要する。

ⓑ事業収益の確保という観点からは、当該事業において重要な技術やノウハウ、ブランド等の知的財産を、適切に保護しつつ、利活用することが重要である。他社との差別化や自社の競争力を基礎付ける技術・ノウハウ・ブランド等が法的に保護されていなければ、他社にこれらを利用され、結果として、市場における競争力を失い、投下資本を回収できなくなってしまう。有用な知的財産（技術、ブランド等）を有しているだけではなく、それを知的財産権等により法的に保護することができているか否かは事業の収益性に大きな影響を与え、投資家からの当該事業の価値の評価にも影響し得る。

ⓒ消費者受容としては、先端技術を利活用した食品については、そもそも（潜在的な）消費者に認知されていないことがある。また、仮に消費者に認知されていても、その安全性等に対する不安感や生理的な嫌悪感等を理由に拒絶されるリスクがある。さらに、そのようなリスク故に情報の提示や事業展開の方法・あり方に留意しないと、SNS などにおいて炎上してしまうリスクも考えられる。そのため、事業の展開だけではなく、並行して、消費者受容を確立していくための適切な措置を講じる必要も高いと考えられる。この点に関して、「新たな技術を活用した食品等について、既存の産業との両立のもと、マーケットの創出を図るためには、安全性を確保し、消費者の信

11）なお、日本には、EU の新規食品規則（Regulation（EU）2015/2283）のような「新規食品」に対する横断的な規制はない。

頼を確保するためのルール整備や消費者とのコミュニケーションが必要」という指摘がされている[12]。消費者受容が確立されない場合、市場における需要が増えず、事業の拡大が難しくなる。そのため、投資等に際しては、規制面や知的財産権等による事業収益の確保の観点だけではなく、消費者受容の確立に向けた対応の状況等（適切な情報の開示や啓蒙・普及活動等）も考慮すべきポイントとなり得る。

　以下では、上記ⓐ〜ⓒの視点のうち、主として上記ⓐ（事業に関連する規制）について、①プラントベースフード（植物肉等）、②細胞性食品、および③昆虫食の各領域において留意すべき点を概説する。

(2)　プラントベースフード

(i)　プラントベースフードの概要

　プラントベースフード（植物肉等）とは、肉に風味や味、食感、外観を似せた食品である「代替肉」[13]のうち、植物由来の原材料を使用して畜産物や水産物に似せて作られたものである。使用される原材料に応じて、大豆ミート、グルテンミート、そら豆ミート等がある。なお、その中には、動物由来の原材料を含むものも含まないものも存在する。

　プラントベースフードについては、動物由来のタンパク質を摂取できない人々のニーズ、地球温暖化や環境負荷等の社会的課題に意識ある人々のニーズ、また、近年配慮を求める動きが広がりつつある、アニマルウェルフェア[14]の観点で動物由来の肉を控える者のニーズなどを取り込むことが期待されている。このようなニーズや社会的課題等を背景として、近時、プラントベースフードの市場規模は、日本でも、世界でも拡大している。

(ii)　プラントベースフードに関連する法務上の留意点等

　プラントベースフード（植物肉等）の事業に関連する規制に関する法務上

---

12) フードテック官民協議会・前掲注 8 ）7 頁。
13) 代替肉には、後述する細胞性食品のうち「培養肉」と呼称されるものも含まれる。また、後述する昆虫食も代替肉に含めるものもある。
14) 国際獣疫事務局（WOAH）の勧告では、「アニマルウェルフェアとは、動物が生きて死ぬ状態に関連した、動物の身体的及び心的状態をいう」と定義されている。

の留意点等として、食品衛生法に加えて、食品表示法、景品表示法等の表示に関する規制のいくつかの点を概説する。なお、遺伝子組換え技術・ゲノム編集に関連する規制については、**本章Ⅲ2**を参照されたい。

(a)　食品衛生法に関する留意点

　プラントベースフードは飲食物であり、食品衛生法4条1項の「食品」に該当するため、同法の規制を遵守する必要がある。食品衛生法に基づく食品ビジネスに必要な許認可や衛生管理に関するルールについては、**1章Ⅳ3(1)**および(2)を参照されたい。もっとも、対象の食品がプラントベースフードであるか否か自体に着目した安全性に係る規制等は、管見の限り、見当たらない。

　プラントベースフードは海外でも広く流通しており、これを輸入して日本で販売することも考えられる。もっとも、日本では、原則として、食品衛生法12条に基づいて指定された添加物だけを使用することができ、それ以外で使用できるのは、既存添加物、天然香料および一般飲食物添加物のみである。また、添加物の使用の方法について基準や添加物の成分についての規格が定められた場合、当該基準に合わない方法での添加物の使用や規格に合わない添付物の使用は禁止されている（食品衛生法13条1項・2項）[15]。他方で、海外で流通するプラントベースフードの中には、指定されていない添加物が含まれる可能性や、基準に適合しない方法による添加物や規格に適合しない添加物が使用されている可能性があり、食品衛生法12条や同法13条2項に違反する可能性がある。これらの規定に違反した場合、刑事罰が科される可能性がある（食品衛生法81条および82条）。

(b)　食品表示法に関する留意点

　1章Ⅳ3(3)(ⅰ)および(ⅱ)で述べたとおり、「食品関連事業者等」は、食品表示基準に従った表示がされていない食品の販売をしてはならない（食品表示

---

15) 食品添加物に係る規制の詳細（指定添加物のリスト等）については、消費者庁ウェブサイト「食品添加物」（URL：https://www.caa.go.jp/policies/policy/standards_evaluation/food_additives）参照。

法 5 条）。そして、プラントベースフード（植物肉等）は、食品表示基準との関係では、「加工食品」に該当すると考えられている[16]。プラントベースフードのうち「一般用加工食品」（容器包装に入れられた加工食品）に該当するものには、その販売の際に、名称、保存方法、消費期限または賞味期限、原材料名、添加物等の横断的義務表示事項についての表示が義務付けられる（食品表示基準 3 条）。このうち、原材料名の表示との関係では、原材料に占める重量の割合の高いものから順にその最も一般的な名称をもって表示する必要があるところ、プラントベースフードの原材料の名称としては、現時点では、肉や卵を含む用語は、一般的な名称とはいえないと考えられており、「例えば、大豆から作られている食品の場合には、『大豆』『大豆加工品』等と記載してください。」と説明されている点など、プラントベースフード特有の注意点がある[17]。

　食品表示基準への違反があった場合、**1 章Ⅳ 3 (3)(ii)(b)**のとおり、所管の行政当局からの指示、公表、措置命令、立入検査等の一定の措置等が行われ得る（食品表示法 6 条以下）。また、各命令への違反や、安全性に重要な影響を及ぼし得る事項に係る食品表示義務違反等については、刑事罰が科される可能性もある。

(c)　景品表示法に関する留意点

　1 章Ⅳ 3 (3)(i)および(ii)で述べたとおり、景品表示法は、食品を含む商品やサービス全般に関して、一般消費者に対し、優良誤認表示および有利誤認表示を禁止している（同法 5 条）。これに違反した場合、措置命令や課徴金納付命令等の対象となり得る。この点に関して、たとえば、プラントベースフード（植物肉等）には、①動物由来の原材料が含まれているものや②植物

---

16) 消費者庁「プラントベース食品って何？」と題するリーフレット参照。

17)「プラントベース食品関連情報」と題する消費者庁ウェブサイト（URL：https://www.caa.go.jp/notice/other/plant_based）「プラントベース食品等の表示に関する Q&A」Q10参照。なお、プラントベースフードについて、ヴィーガン、ベジタリアンや宗教上の理由で動物由来のタンパク質を摂取できない人々のニーズが相当程度あることから、動物由来の原材料が含まれるものは、そのことをわかりやすく表示することも重要であろう。プラントベースフード関連の食品アレルギー表示については Q11および Q12を参照。

由来ではない食品添加物が含まれているものがあり、表示全体から、全ての原材料に植物性のものを使用していないのに使用しているかのように一般消費者が誤認する表示にならないよう留意する必要がある[18]。

　なお、景品表示法31条に基づく公正競争規約[19]として全国食肉事業協同組合連合会が「食肉の表示に関する公正競争規約」を定めている。当該公正規約4条1号は、小売販売業者は「食肉以外のものについて、食肉であるかのように誤認されるおそれがある表示」をしてはならないと規定しており、「食肉ではない旨を容易に認識できるように表示することなく、植物由来の原材料等を使用した食品に『○○肉』、『○○ミート』等と表示すること」は当該公正規約4条1号の不当表示に該当するとされている（同規約施行規則10条）。このような業界のルールやその動向にも留意する必要がある。

⒟　その他の表示に関する規制についての留意点

　上記のほかにも、**1章Ⅳ3⑶**で述べたとおり、表示に関する様々な規制があり、たとえば、プラントベースフード（植物肉等）の品質等について誤認させるような表示をしたまたはその表示をした商品を譲渡等した場合、当該行為が不正競争防止法2条1項20号の不正競争に該当する可能性がある。

　なお、令和4年2月24日に制定された「大豆ミート食品類」の日本農林規格（JAS）によれば[20]、「大豆ミート食品類」は、「大豆ミート食品」および「調製大豆ミート食品」からなるところ、原則として大豆ミート食品にあっては「大豆ミート食品」または「大豆肉様食品」、調製大豆ミート食品にあっては「調製大豆ミート食品」または「調製大豆肉様食品」と容器包装の見やすい箇所にそれぞれ記載しなければならないなどとされている（JAS019

18）消費者庁・前掲注17）Q&A Q3等参照。
19）景品表示法31条に基づく公正競争規約とは、同条の規定により、公正取引委員会および消費者庁長官の認定を受けて、事業者・事業者団体が表示または景品類に関する事項について自主的に設定する業界ルールである。なお、自主的に設定する業界のルールであるため、公正競争規約に参加していない事業者には適用されないものの、景品表示法の解釈に当たって参考にされる可能性もあるため、その内容には留意する必要がある。概要は、消費者庁ウェブサイト「公正競争規約」（URL：https://www.caa.go.jp/policies/policy/representation/fair_labeling/fair_competition_code/）参照。
20）農林水産省　日本農林規格「大豆ミート食品類」（令和4年2月24日制定）。

大豆ミート食品類5項)[21]。

(3)　細胞性食品

(i)　細胞性食品の概要

　細胞性食品とは、細胞農業に係る技術により生産した食品のことである。細胞農業[22]とは、厳密な定義はないものの、動物（または植物）の細胞を培養することにより動物（または植物）由来の資源を生産する手法をいうとされる[23]。細胞農業に係る技術を利用して、肉（いわゆる「培養肉」）や魚肉などを生産することができる。図表5-2は、細胞農業における生産方法の大まかな流れである。

[図表5-2]　細胞農業における生産方法[24]

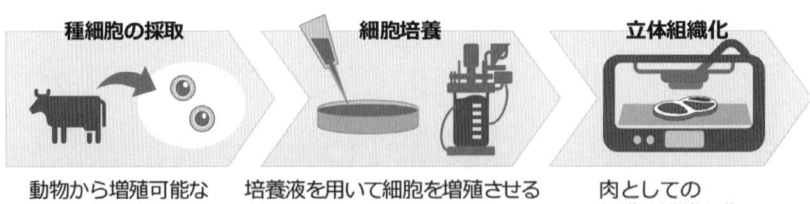

種細胞の採取	細胞培養	立体組織化
動物から増殖可能な細胞を採取する	培養液を用いて細胞を増殖させる大規模な培養にはバイオリアクターが用いられる	肉としての組織や繊維を作る

　細胞性食品は、人口増加による動物由来のタンパク質資源の逼迫の問題や従来型の畜産業における環境負荷の問題等への考えられる対応策の1つとし

---

21)　なお、外国での事業展開を検討している場合、その国の食品の安全性に関する規制（食品添加物に関する規制、遺伝子組換え食品に関する規制等）や表示に関する規制が適用される。

22)　「細胞農業」には、①細胞それ自体が生産物となる「細胞性産物」と②微生物の細胞にタンパク質等を生産させる「非細胞性産物（いわゆる精密発酵）」の2つのカテゴリーが存在する。微生物を利用して生産した乳タンパクなどは、②のカテゴリーに含まれる。本節(3)の細胞性食品では、主として、①に分類されるいわゆる「培養肉」を念頭においている。

23)　吉富愛望アビガイル「細胞性食品（いわゆる「培養肉」等）におけるルール形成〜安全性確認に関する国際的議論や国内の議論状況を中心に」（食の安全と微生物検査）Vol.13 No.2（2023）11頁。

24)　生産方法の概要については、特定非営利活動法人日本細胞農業協会ウェブサイト「細胞農業の生産過程」（URL：https://cellagri.org/cellagriprocess）等参照。

て注目を集めている。他方で、細胞農業は、その生産方法について、コストや製造効率、質等の様々な観点から技術的に今後さらなる発展が求められているようである。また、細胞を培養するという生産方法から、細胞性食品の消費者受容の点にも課題があるといわれているようである。

　もっとも、2020年12月にシンガポールで世界初の鶏由来の培養肉の販売承認が出された[25]。また、米国においても、食品医薬品局（FDA）が安全性に関する質問はこれ以上ないことを表明した後、2023年6月21日に米国農務省（USDA）が米国の2社に対し、鶏由来の培養肉の販売前審査を完了し、商用生産と販売が正式に認められている。2024年1月には、イスラエルで牛由来の培養肉の販売が承認された[26]。さらに、同年11月には香港で培養ウズラの販売が認可された。このように、細胞性食品の市場が形成されてきている。

　また、投資についても、たとえば、日本でも国立研究開発法人新エネルギー・産業総合開発機構（NEDO）のバイオものづくり革命推進事業において、2023年9月、細胞性和牛肉の社会実装に係る研究開発が採択された[27]。このように、今後の投資や研究開発を後押しする動きもある。

　他方で、日本では、後記(ii)で述べるとおり、細胞性食品の規制のあり方や安全性等について活発な議論がされているが、2025年1月現在、筆者らが知る限りでは、いわゆる培養肉、細胞性食品の製造販売はされていない。

(ii)　細胞性食品に係る事業についての法務上の留意点等

　いわゆる培養肉等の細胞性食品の安全性に関する規制について、EUやシンガポール、イスラエル等においては、新規食品（novel food）に関する規制に基づいて、培養肉を上市する前に、規制当局の認可が必要とされてい

---

25) 他方で一部の国や地域において、いわゆる培養肉の製造や販売を法律で禁止しようとする動きも存在する。（日本貿易振興機構「イタリア下院、欧州初の培養肉の生産・販売禁止法案を可決」（2023年12月5日））。

26) 厚生労働省食品基準審査課「いわゆる『培養肉』に係るこれまでの状況等」（令和6年2月8日）（令和6年2月8日薬事・食品衛生審議会食品衛生分科会新開発食品調査部会資料5）。

27) 国立研究開発法人　新エネルギー・産業技術総合開発機構ウェブサイト（URL：https://www.nedo.go.jp/activities/ZZJP_100246.html）。

る[28] [29]。もっとも、このような新規食品の安全性等に関する横断的な規制は、日本には存在しない。

　もっとも、そのような規制がないから培養肉等の細胞性食品の製造・販売が無条件で許されるわけではなく、食品衛生法などの食品の安全性に関する一般的な規制の対象となると思われる[30]。たとえば、食品衛生法は、「厚生労働大臣は、一般に飲食に供されることがなかった物であって人の健康を損なうおそれがない旨の確証がないもの又はこれを含む物が新たに食品として販売され、又は販売されることとなった場合において、食品衛生上の危害の発生を防止するため必要があると認めるときは、厚生科学審議会の意見を聴いて、それらの物を食品として販売することを禁止することができる。」と規定している（同法7条1項）。いわゆる培養肉等の細胞性食品は、これまでに一般に飲食に供されることがなかった物であると思われ、同項の適用の可能性も否定できないところであり、留意すべきであろう。いずれにしても、食品衛生法に関して、具体的にいかなる対応等が求められることになるかなど必ずしも明確ではないと思われる。

　また、食品の表示に関する規制についても、何がどのように適用されるのか、具体的にどのような対応が求められるか等、明確ではない点が多い。たとえば、食品表示法4条1項に基づく食品表示基準には、全ての食品や特定の範疇の食品に義務付けされる横断的義務表示事項および個別品目ごとのルールである個別的義務表示事項が存在するところ、いわゆる培養肉や細胞性食品が食品表示基準に規定される個別品目のいずれに該当するかは明確ではないと思われる。

---

28) EU の Regulation（EU）2015/2283やシンガポールの「食品安全と食料安全保障法」（Food Safety and Security Act）など参照。他方で、米国には、いわゆる「培養肉」のみに適用される規制はなく、一般的な食品安全の規制に基づいて対応されることになるとされている（厚生労働省食品審査基準課・前掲注26）部会資料5）別紙1「いわゆる『培養肉』に関する海外の状況」参照）。

29) 厚生労働省食品基準審査課・前掲注26）部会資料5）別紙1「いわゆる『培養肉』に関する海外の状況」参照。

30) 令和5年12月15日薬事・食品衛生審議会 食品衛生分科会 新開発食品調査部会（議事録：https://www.mhlw.go.jp/content/10906000/001237622.pdf）においても、「培養肉といえども、一度、出してしまえば既存の食品の中に入ってきますので、当然、既存の食品のレギュレーションを満たしていないといけない」と指摘されている（曽根博仁部会長発言）。

　日本では、筆者らが知る限り、2025年1月時点において、培養肉、細胞性食品の製造・販売に関する規制やその適用は十分に明確にされてはいないと思われる。もっとも、薬事・食品衛生審議会食品衛生分科会新開発食品調査部会において、2022年12月12日以降6回にわたって、培養肉についての議論等が行われた。2024年2月8日の部会では「いわゆる『培養肉』を製造する上でのガイダンスをとりまとめるにあたり検討する際のポイント（案）」等を踏まえ、培養肉を製造する際のガイダンスのとりまとめを行うとともに、培養肉の安全性確保のための対応についてさらなる議論を行うこととされた[31]。そして、2024年11月18日には、令和6年度第1回食品衛生基準審議会新開発食品調査部会が開催され、2025年1月20日に開催された第2回の調査部会では、「細胞培養食品に係る安全性確認上の論点整理（案）」が示された上で、細胞性食品に関するリスクを整理する際に必要な観点について議論が行われたようである。今後、安全性や表示に関する規制についての議論等が進展し、わが国においていわゆる培養肉、細胞性食品を上市するための制度が明確化されることが期待される。

　このような規制や制度設計の動向は、事業の継続性やハードルに大きな影響を与え得るものであり、事業遂行および投資の上で特に留意すべき点となる。

(4)　昆虫食

(ⅰ)　昆虫食の概要

　昆虫食については、既に日本でもコオロギパウダーやそれを混ぜたせんべいだけではなく様々な製品が製造販売されており、目にしたり、手に取ったりしたことがある人もいるであろう。

　国際連合食料農業機関（FAO）が2013年に公表した「Edible insects - Future

31）食品基準審査課「新開発食品調査部会におけるいわゆる『培養肉』に係るこれまでの意見の概要と今後の進め方（案）」（令和6年2月8日）（2024年2月8日薬事・食品衛生審議会食品衛生分科会新開発食品調査部会資料6：https://www.mhlw.go.jp/content/12401000/001204003.pdf）4頁、令和6年2月8日薬事・食品衛生審議会食品衛生分科会新開発食品調査部会（議事録：https://www.mhlw.go.jp/content/10906000/001237764.pdf）15～19頁参照。

prospects for food and feed security[32]」において、昆虫食の可能性等に言及したこと等も踏まえて、昆虫食は大きな注目を集めた。近時は、細胞性食品と同様に、世界的な人口増加を背景とした代替タンパク源の確保や食料需要増大の問題や従来型の畜産業における環境負荷の問題等への対応する方法の１つとして注目を集めている。他方で、消費者受容の点（心理的なハードル）に課題があると指摘されており、今後の昆虫食の市場拡大における重要な点の１つと思われる。

　日本では、既に昆虫食の商品が上市されており、市場も拡大しつつあるといわれている。今後、安全管理や衛生管理等に関するガイドラインの策定等が進み、消費者の理解・受容が進めば、さらに市場が拡大するものと思われる。

　海外においても昆虫食についての市場は拡大しつつある。たとえば、EUでは、昆虫食（食用昆虫）が2018年１月１日に施行された新規食品に係る規則[33]の規制対象とされたことにより、合法的に EU 市場に上市することが可能となった。その後、乾燥チャイロコメノゴミムシダマシ（Tenebrio molitor）の幼生が、欧州食品安全機関（EFSA）による安全性評価を経て[34]、2021年６月１日に認可（EU の認可された新規食品のリストに掲載）された[35]。その後もいくつかの食用昆虫が認可を受けている。また、シンガポール食品庁は、2024年７月８日、16種類の昆虫およびその加工品について、ヒトの食用および食用に飼育される動物向けの飼料としての輸入を認めると発表した[36]。

　海外の例はこれに留まるものではないが、いずれにしても、日本だけではなく、世界的に昆虫食に係る市場は拡大しつつある。

---

32) FAO Forestry Paper 171 "Edible insects-Future prospects for food and feed security"（URL：https://www.fao.org/4/i3253e/i3253e.pdf）

33) Regulation（EU）2015/2283（URL：https://eur-lex.europa.eu/legal-content/EN/TXT/?uri=CELEX:32015R2283）。

34) 日本貿易振興機構「EU、新規食品として昆虫を初承認（EU、フランス）」（2021年５月10日）。

35) Commission Implementing Regulation（EU）2021/882（URL：https://eur-lex.europa.eu/eli/reg_impl/2021/0882/oj）。

36) 日本貿易振興機構「コオロギや蚕など昆虫16種類、シンガポールが食用に輸入解禁（シンガポール）」と題するビジネス短信（2024年７月26日）。

(ii)　昆虫食に係る事業についての法務上の留意点等

　昆虫食であることを念頭においた食品の安全性に関する包括的な規制は、筆者らが知る限り日本には存在していない。日本において、昆虫に係る食品を製造販売等する際には、食品安全に関する規制として食品衛生法が適用される。したがって、昆虫に係る食品を製造販売する食品等事業者は、たとえば、HACCP（HACCPについては、**1章Ⅳ3(2)参照**）に沿った衛生管理等に取組む必要がある。

　昆虫に係る食品についても、飼育や加工、保存等の各過程において、カビ、細菌等による汚染、食中毒のリスクを想定しなければならない[37]。この点に関して、昆虫ビジネス研究開発プラットフォームが、食用（や飼料用）の昆虫について、大量かつ安定的な生産および生産・利用過程における安全性の確保が求められることを念頭に、令和4年7月22日、「コオロギの食品および飼料原料としての利用における安全確保のための生産ガイドライン（コオロギ生産ガイドライン）」を策定した[38]。また、同プラットフォームは、別の昆虫についても同趣旨のガイドラインを作成している[39]。これらのガイドラインは、国が直接策定したガイドラインではないものの、フードテック官民協議会における昆虫ビジネス研究開発ワーキングチームにおいて内容を検討して、同プラットフォームがとりまとめたものであり、昆虫食事業を行う際の参考になる。

　また、昆虫に係る食品を販売する際には、食品表示法を遵守する必要もある。この点に関して、昆虫もエビやカニといった甲殻類の持つアレルゲンと構造の良く似たものを保持しており[40]、アレルギー反応を引き起こすことがあることが知られているが、食用昆虫は、現時点では、食品表示法に基づく

37）水野壮「昆虫食品の安全性と国内外の動向」と題するウェブサイト（URL：http://www.mac.or.jp/mail/211201/01.shtml）。

38）地方独立行政法人大阪府立環境農林水産総合研究所「昆虫ビジネス研究開発プラットフォーム　コオロギの食品および飼料原料としての利用における安全確保のための生産ガイドライン（コオロギ生産ガイドライン）」と題するウェブサイト（URL：https://www.knsk-osaka.jp/ibpf/guideline/cricket_guideline.html）。

39）地方独立行政法人大阪府立環境農林水産総合研究所「昆虫ビジネス研究開発プラットフォーム」と題するウェブサイト（URL：https://www.knsk-osaka.jp/ibpf/guideline/）。

40）水野・前掲注37）。

食物アレルギー表示に関する特定原材料や特定原材料に準ずるものに含まれておらず[41]、同法に基づく食物アレルギー表示の義務が課せられたり、推奨されたりするものではない。もっとも、そのような消費者の安全に影響を与える可能性のある根拠・情報がある場合には、適切な注意喚起をすべきであり、消費者庁のウェブサイトにおいても、「例えば、事業者において、根拠に基づき、一括表示枠外に「『本品に使用されている〇〇（昆虫由来の原材料を表示）は、甲殻類と類似した成分が含まれています。えびやかにアレルギーをお持ちの方はお控えください。』等、注意喚起表示を行うことは可能です」と記載されている[42]。そのほか、景品表示法や不正競争防止法等にも留意すべきであろう。

　日本国内だけではなく、昆虫食に係る事業を海外にも展開する場合には、当該国における規制や輸出入関連の規制にも注意する必要がある。昆虫食および昆虫飼料のそれぞれについて、日本には存在しない規制（たとえば、上記のとおり、EUでは、昆虫食については新規食品に係る規則の対象とされている。）等もある。また、規制の内容も変化・ブラッシュアップされていく。参照可能な情報をベースにしつつ[43]、最新の情報を調査・確認する必要があろう。

3　フードテック関連企業・事業への投資上のポイント

　本節では、フードテックについて概説した上で、①プラントベースフード（植物肉等）、②細胞性食品および③昆虫食の3つの領域について、それぞれ、法務上の留意点等を概説した。

　これらのうち、①プラントベースフード（植物肉等）および③昆虫食については、既に日本においても製造販売されている商品があるが、昆虫の生産ガイドラインの制定などさらなる議論が行われている。いわゆる②培養肉、

41）消費者庁「加工食品の食物アレルギーハンドブック」（令和5年3月作成、令和6年3月一部改訂）7頁。
42）消費者庁・前掲注17）Q13参照。
43）たとえば、そのような情報として、株式会社矢野経済研究所「令和4年度昆虫の輸出に係る規制調査委託事業【報告書】」（令和5年3月10日）等がある。

細胞性食品については、日本よりも規制等の体制構築や議論が進んでいる国もあるが、まだ規制の内容等が明確ではない点もある。加えて、海外では、日本とは異なる規制が存在する上に、規制に関するダイナミックな動きもある。このように、規制の変化等の動向に十分に注意する必要がある。

　また、消費者の受容、安全性等に関する適切な情報の提供は、フードテックに係る事業を拡大していく上では必要なことである。もっとも、この際には、表示に関する規制に十分に注意する必要があるほか、いわゆる SNS 上の炎上などのリスクにも注意を要すると思われる。

コラム⑬〈食品ロス削減・アップサイクル〉

　SDGs 等を踏まえた環境負荷低減等の社会課題の中には、食品ロスの問題がある。食品ロスとは、本来食べられるにもかかわらず捨てられている食品をいい、農林水産省、消費者庁および環境省によれば、2022年度の推計として日本における食品ロスは年間472万トンである[44]。

　食品ロス削減推進法は、国等による食品ロスの削減の推進や、教育および学習の振興、食品関連事業者等の取組みに対する支援といった基本的政策を定めている。また、同法に基づき、食品ロス削減推進会議が作成する案に基づき、食品ロスの削減の推進に関する基本方針が策定されている。また、食品リサイクル法は、食品廃棄物等の発生の抑制や減量化、飼料や肥料等の原材料としての再生利用を促進するため、食品廃棄物等を多量に発生させる事業者の定期報告義務や、食品廃棄物を用いて飼料や肥料等を製造する事業者の登録制度、食品関連事業者による再生利用事業計画の認定制度を定めている。かかる登録や認定を受けた場合、廃棄物処理法や肥料取締法、飼料安全法に関して、一定の許可や届出が不要になる等の特例の対象となる。廃棄物処理法上の「廃棄物」とは、物の性状や排出の状況、通常の取扱い形態、取引価値の有無、占有者の意思等を総合的に勘案して判断されるものであり、「廃棄物」に該当する場合には、その取扱いに関して廃棄物処理業の許可が必要となる等、廃棄物処理法の規制対象となることに留意する必要がある。

　フードテックの領域でも、テクノロジーを活用して、捨てられていた食品に

44）環境省「我が国の食品ロスの発生量の推計値（令和4年度）の公表について」（令和6年6月21日）と題する報道発表（URL：https://www.env.go.jp/press/press_03332.html）。

付加価値を付けて新たな食品や商品を生産するアップサイクルを行うビジネス
が注目されている。たとえば、野菜の未利用部位や食品の製造過程で排出され
る廃棄部位を用いて加工食品や代替タンパク質、肥料等を生産する取組みが見
られる。

◇Ⅱ　農林水産と DX

1　はじめに

　DX とは、企業がビジネス環境の激しい変化に対応し、データとデジタル
技術を活用して、顧客や社会のニーズを基に、製品やサービス、ビジネスモ
デルを変革するとともに、業務そのものや、組織、プロセス、企業文化・風
土を変革し、競争上の優位性を確立することである[45]。人口減少および少子
高齢化に伴う産業の担い手の減少や高齢化の影響が顕著である農林水産業に
おいてこそ DX はより一層重要となる。農林水産業における作業の自動化、
効率化の必要性は疑う余地はなく、また、これまで産業従事者の知識や経験
によって担われてきたノウハウ等を、AI 等を活用することにより、可視化
し共有することも可能となってきている。データの蓄積や分析、デジタル技
術の開発にはコストを伴うため、農林水産の DX は投資対象として最も期待
することができる分野である。
　後述のとおり、現に、令和 6 年 6 月には、スマート農業技術活用促進法が
成立し、同法に基づき一定の場合には日本政策金融公庫からの長期低金利の
融資を受けられること等となった。

2　スマート農林水産

　「スマート農林水産」とは、ロボット、AI、IoT、ICT、ロボティクス等

---

45) 経済産業省「デジタルガバナンス・コード3.0」(令和 6 年 9 月19日改訂) 2 頁。

の先端技術を利活用した農林水産業のことである[46)47)]。その範囲は広範に及ぶが、具体的な活用例としては以下の図表5-3に掲記したようなものが挙げられる。「スマート農林水産」の技術の利活用を通じて、①作業自動化による労働力不足の解消・負担の軽減、②情報の共有の簡易化による新規事業者の参入のハードルの低下[48)]、③データの利活用による高度な事業経営、生産性の向上や資源の効率的利用等の効果等が指摘されており、日本の農林水産業が直面する課題の解決の一助となることが期待されている。以下では、代表的なスマート農林水産関連技術であるドローンとロボット農機を中心にみていくこととする。

[図表5-3] スマート農林水産業の具体例

スマート農林水産関連技術	活用例
ドローン	農薬散布、肥料散布、播種、受粉、農産物等運搬、ほ場センシング、鳥獣被害対策、情報収集・発信など
ロボット農機	耕耘、整地、田植え、草刈り、収穫など
センシング技術	水位・水温管理、生育状況の測定、気象データの収集、家畜の生体管理など

(1)　ドローン

　ドローンは、遠隔操作や自動操縦により飛行させることができる機器で

---

46) 本節では、主として農林水産におけるDXに焦点を当てるが、農林水産の新しい取組みとしては、バイオテクノロジーを利活用したスマート育種や品種改良、遺伝子組換えやゲノム編集等もある。これらについては、①遺伝子組換えやゲノム編集に関する規制が問題となり得る（Ⅲ2）ほか、②知的財産との関係でも、種苗法を含めて、林林水産業関連データ等の保護とは異なる点が問題となり得るので留意されたい。

47) 「スマート農林水産」に関する定義には若干の違いが存在し、たとえば、水産庁は、「スマート水産業」を「ICT、IoT等の先端技術の活用により、水産資源の持続的利用と水産業の産業としての持続的成長の両立を実現する次世代の水産業」と定義する（水産庁ウェブサイト（URL：https://www.jfa.maff.go.jp/j/kenkyu/smart/））。

48) たとえば、熟練技術者の有する「暗黙知」であるノウハウに関するデータを収集・解析し、ノウハウを「形式知」化することで、有用なノウハウ・熟練技術の再現・承継が容易になる。また、ロボットや自動化システム等でノウハウを活用できるようになり、新規参入者も熟練技術を利活用することができるようになると考えられる。

あって人が搭乗しない構造のものをいい、農薬や肥料の散布、播種、受粉、農作物等の運搬、鳥獣被害対策等に利用することが期待されている。

　ドローンは航空法上、無人航空機に該当する可能性があり、ドローンの利用に当たっては航空法に基づく規制に留意する必要がある。

　無人航空機とは、航空の用に供することができる飛行機、回転翼航空機、滑空機、飛行船等であって、構造上人が乗ることができないもののうち、遠隔操作または自動操縦により飛行させることができるもの（重量が100g未満のものを除く。）をいい（航空法2条22項、同法施行規則5条の2）[49]、原則として、国土交通大臣の登録を受けなければ航空の用に供することができない（航空法132条の2）[50]。

　無人航空機の飛行方法については以下のような制約がある（航空法132条の86第1項）。

[図表5-4] 禁止される飛行方法

禁止される飛行方法	・アルコール・薬物の影響により無人航空機の正常な飛行ができないおそれがある間の飛行 ・無人航空機の飛行に必要な準備の確認前の飛行 ・航空機・他の無人航空機との衝突を予防しない方法での飛行 ・不要な高調音の発出・急降下等他人に迷惑を及ぼすような方法での飛行

　加えて、以下の方法により無人航空機を飛行させることは原則として禁止されており、無人航空機を飛行させる者は、その運行の管理が適切であることにつき、国土交通大臣の承認を受ける必要等がある（航空法132条の86第2項～5項）。

---

49) ドローン以外にも農業散布用ヘリコプターやラジコン機等が該当する。
50) 登録は3年ごとに更新する必要があり、登録を受けた無人航空機については登録番号の表示等の義務が課される。

［図表5-5］承認が必要な飛行方法

飛行方法	・夜間の飛行 ・目視外の飛行 ・人又は物件と距離を確保できない飛行 ・催し場所上空での飛行 ・危険物の輸送 ・物件の投下

　さらに、以下の空域において無人航空機を飛行させることは原則として禁止されており、無人航空機を飛行させる者は、その運行の管理が適切であることにつき、国土交通大臣の許可を受ける必要等がある（航空法132条の85第1項～4項）。

［図表5-6］許可が必要な飛行空域

飛行空域	・150m 以上の高さの空域 ・空港等の周辺の上空の空域 ・緊急用務空域 ・人口集中地区の上空

　上記の無人航空機の飛行が原則として禁止される空域または方法での飛行（以下「特定飛行」という。）に該当する場合であって、立入管理措置[51]を講じないとき（いわゆるカテゴリーⅢ）は、国土交通大臣の許可または承認を受けることができるのは、一等無人航空機操縦士の技能証明を受けた者が第一種機体認証[52]を受けた無人航空機を飛行させる場合に限られる。

　これに対して、特定飛行であっても立入管理措置を講じた上で（いわゆる

---

51) 無人航空機の飛行経路下において、第三者（無人航空機を飛行させる者およびこれを補助する者以外の者）の立入りを制限することをいう。
52) 機体認証は機体ごとに行われるが、量産される無人航空機については、型式認証の制度が設けられており、製造業者が型式認定を受けることにより、第一種機体認証については、当該機体の設計、製造過程についての検査を省略することができ、第二種機体認証については、全部または一部の検査を省略することができることとされている（航空法132条の13第5項、132条の16）。

カテゴリーⅡ）、二等無人航空機操縦士の技能証明を受けた者が第二種機体認証を受けた無人航空機を空港等の周辺・150ｍ以上の上空・催し場所上空での飛行、危険物の輸送、物件の投下を行わない方法で飛行させる場合であって、無人航空機の総重量が25kg 未満であれば、人口集中地区の上空を飛行させるとしても、特定飛行につき許可・承認を受けることを要しない。

　カテゴリーⅢおよびカテゴリーⅡのいずれにも該当しない場合（いわゆるカテゴリーⅠ）には、無人航空機の飛行につき、航空法上の許可・承認は不要である。

　なお、特定飛行を行う場合には、特定飛行の日時、経路等を記載した飛行計画を国土交通大臣に通報する必要がある（航空法132条の88）。

[図表5-7] 無人航空機の飛行に必要な手続等の概要

カテゴリー	定義	必要な手続等
カテゴリーⅢ	第三者の上空で行う特定飛行	✓国土交通大臣の許可・承認 ✓一等無人航空機操縦士の技能証明 ✓第一種機体認証
カテゴリーⅡ	第三者の上空以外での特定飛行	【空港等の周辺、150ｍ以上の上空、催し場所上空、危険物の輸送、物件の投下以外の飛行】 ✓二等無人航空機操縦士の技能証明 ✓第二種機体認証 ✓総重量25kg 未満
		【上記以外】 ✓国土交通大臣の許可・承認
カテゴリーⅠ	特定飛行に該当しない飛行	不要

　農業におけるドローンの使用は、カテゴリーⅡに分類されるケースが多いと考えられる。たとえば、農薬の空中散布は、特定飛行のうち、「物件の投下」に該当し、さらに一定の農薬を使用する場合には「危険物の輸送」にも該当する。

　また、特に農薬の空中散布については、農薬取締法および関連省令[53]に

基づき、農作物や人畜、周辺環境等に危被害を及ぼさないようにする必要があるところ、農林水産省は「無人マルチローターによる農薬の空中散布に係る安全ガイドライン」（令和5年3月30日最終改正）を策定している（以下「空中散布ガイドライン」という。）[54]。空中散布ガイドライン上の主な留意事項は以下のとおりである。

【空中散布の計画】
　▷ほ場周辺の地理的状況および耕作状況等を十分に勘案した以下の事項を含む計画書の作成
　▷実施区域および実施除外区域の設定
　▷散布薬剤の種類および剤型の選定
【空中散布の実施に関する情報提供】
　▷実施区域周辺の公共施設、民家、農家等への事前の情報提供
　▷作業中の実施区域内への侵入を防止するための措置の実施
【空中散布時の留意事項】
　▷風向き等を考慮した飛行経路の設定
　▷機体等メーカーが取扱説明書等に記載した散布方法を参考にした散布
　▷散布区域外への飛散（ドリフト）が起こらないための注意

　さらに、養殖業等で水中ドローンが利用されることがあるが、水中ドローンについては、利用する区域や作業内容によって、海上交通安全法、港湾法、港則法、漁港法、漁業法、河川法等に基づく許可申請が必要となるケースがある。特に、AUV（Autonomous Underwater Vehicle）については「AUVの安全運用ガイドライン」[55]を参照することも考えられる。ただし、同ガイドライ

53）農薬を使用する者が遵守すべき基準を定める省令。
54）農林水産省は、「無人ヘリコプターによる農薬の空中散布に係る安全ガイドライン」（令和5年3月30日最終改正）も定めており、農薬の空中散布に使用する機器が、無人マルチローターか無人ヘリコプターかによって適用されるガイドラインが異なる。無人マルチローターの場合には、行政への農薬散布の実績報告書の提出が求められ、無人ヘリコプターの場合には、行政への農薬散布の計画書の提出が求められるという違いはあるが、実質的な内容は異ならない。なお、無人マルチローターは3つ以上の回転翼がある無人航空機であり、無人ヘリコプターは無人マルチローター以外の回転翼無人航空機が該当する。

ンは、海洋石油ガス開発・生産施設や洋上風力発電施設において不可欠な検査を行うことを念頭において策定されたものであり、外洋で運用可能な性能を有する AUV を前提としているため、小型 AUV や河川・湖沼等での運用については同ガイドラインの要求水準が安全サイドとなる場合もあり得る。

　なお、電波法上の規制については後述する。

(2)　ロボット農機

　農業機械作業における安全性の確保は重要な課題の一つであり[56]、自動走行・作業を行う車両系の農業機械（以下「ロボット農機」という。）についても、農林水産省は「農業機械の自動走行に関する安全性確保ガイドライン」（令和 6 年 3 月改正）（以下「安全性確保ガイドライン」という。）を策定・公表している。安全性確保ガイドラインは、ロボット農機のうち、目視監視[57]および遠隔監視[58]により使用する農機[59]を対象として、リスクアセスメントやリスク低減手段の実施方法、関係者が取り組むべき内容などについて定めている。

　関係者ごとに求められている取組みは以下のとおりである

[図表 5-8]　ロボット農機の関係者に求められる取組みの概要

対象者	取組み
ロボット農機の設計者・製造者（メーカーなど）	・リスクアセスメントや設計・運転特性の変更などによるリスク低減 ・リスクが低減しない場合の使用上の条件の見直し・製品化の取りやめ ・導入主体や使用者に対する訓練の実施

55) 国土交通省海事局「AUV の安全運用ガイドライン」（URL：https://www.mlit.go.jp/report/press/content/001409137.pdf）（令和 3 年 3 月）。

56) 農業機械作業中の死亡事故は令和 4 年には152件発生しており、農作業中の死亡事故の63.9％を占めている（農林水産省ウェブサイト「令和 4 年の農作業死亡事故について」（URL：https://www.maff.go.jp/j/press/nousan/sizai/240222.html））。

57) ほ場内やほ場周辺等の目視可能な場所で行う監視のことをいう。

ロボット農機の導入・管理を行う者（農業法人など）	・ほ場や周辺環境の確認・農機の使用に係る危険性の把握 ・農機の適切な管理・使用状況の確認 ・（遠隔監視による使用の場合）農機の稼働場所に速やかに駆け付けることができる者の配備・連絡体制の構築・緊急時の体制の整備
ロボット農機を使用する者（実際の作業者）	・安全使用に関する訓練の受講・製造者等が提供する使用上の情報等に基づく適切な使用 ・「農作業安全のための指針」[60]および「個別農業機械別留意事項（農作業安全のための指針参考資料）」[61]の遵守

　安全性確保ガイドラインは、新たなロボット農機の開発状況等を踏まえて随時改正が重ねられており、現在は、ほ場間移動における自動走行について、実用化を見据えた安全性確保策が検討されている。

　また、ロボット農機を農道で使用する際には、農道の通行止め等の措置が必要となり得る。農林水産省の事務連絡[62]によれば、措置を希望する者の申請を受けて、市町村や土地改良区等の農道管理者が、農道を一般交通の用に供するか否かを判断し、通行の禁止または制限の措置を実施することとされている。

　さらに、ロボット農機の安全性の確保や作業性の向上のためには、ロボット農機に対応した農地整備を行うことが重要となる。農林水産省は「自動走行農機等に対応した農地整備の手引き」（令和5年3月改定）を公表しており、大区画化や区画形状の工夫、農道や耕区間移動通路の整備などの考え方や留

---

58) モニターの情報等を使用して行う監視やロボット農機のシステムがセンシング情報等を使用して行う監視のことをいう。

59) トラクター、茶園管理機械、田植機、草刈機、小型汎用台車およびコンバインが対象とされている。このうち、トラクターおよび茶園管理機械については、目視管理に加え、遠隔監視により使用するものも含まれる。

60) 平成14年3月29日付13生産第10312号生産局長通知。

61) 平成14年3月29日付13生産第10313号生産局生産資材課長通知。

62) 「農道における車両の通行に関する措置について」（平成31年2月19日・農村振興局整備部地域整備課長事務連絡）。

意点を整理している。

　万が一ロボット農機についての事故が生じた場合の関係者の法的責任については、自動運転車についての議論が参考になる。運転者の責任については、民法上の不法行為責任や自賠法上の運行供用者責任が、大型特殊自動車に該当するロボット農機[63]の所有者については運行供用者責任が問われる可能性がある。ロボット農機のメーカーについては、不法行為責任や製造物責任法上の製造物責任が問題となる。ロボット農機に対するデータ提供者は、データを提供する債務を履行できなかった場合、メーカーとの関係で契約上の責任を負う可能性がある。

(3)　その他

(i)　無線通信

　スマート農業においては、ロボット農機やドローンの制御、センサーによる水田の水位・水温や気象、家畜個体に関するデータの収集など、さまざまな場面で無線通信を利用することが想定される。携帯電話サービスエリア外など、キャリアサービスではなく自営無線を利用する際には、電波法上、無線局設置および操作者に関する免許または登録が必要になる場合がある。取り扱う情報ごとの想定される無線システムおよび免許の要否は、次の図のとおりである[64]。

63）「農耕作業の用に供することを目的として製作した小型特殊自動車」は自賠法上の「自動車」の定義から除外されている（自賠法 2 条 1 項）。

64）北海道農業 ICT/IoT 懇談会「スマート農業のための無線システム活用ハンドブック」（URL：https://www.soumu.go.jp/main_content/000937372.pdf）（第 5 版・令和 6 年 3 月）70頁参照。

65）5GHz 帯無線 LAN を上空で利用することについての検討が進められており、2025年 3 月には、電波法令の改正により、5GHz 帯無線 LAN を活用したドローンを上空で利用することが可能となる見込みである。これにより、ドローンによる高速かつ大容量の通信が可能となり、高画質映像をリアルタイムで確認することができるようになるなど、国内での高性能なドローンの開発促進も期待される。

［図表5-9］電波法上の免許制度の概要[65)]

免許	ローカル5G	地域／自営等BWA
	RTK-GNSS基地局（各種業務用無線局）	
	ドローン （無人移動体画像伝送システムに該当するもの。無人移動体画像伝送システムとは、高画質映像の長距離伝送などを可能とする周波数を使用するシステムをいう。）	
登録	**RTK-GNSS基地局**（簡易無線局） （キャリアセンス（通信が行われている場合は送信ボタンを押しても電波が送信されない）機能を有している等一定の条件を満たすデジタル簡易無線については、登録で足りる）	
	Wi-Fi （5.2GHz帯高出力データ通信システムのアクセスポイントおよび中継器）	
免許・登録不要	**ドローン** （微弱無線局、特定小電力無線局、または小電力データ通信システムに当たるWi-Fiに該当するもの）	
	Wi-Fi （小電力データ通信システムに該当するもの）	**LPWA** （特定小電力無線局に該当するもの）

(ii)　食品製造業

　農林水産省は、食品製造事業者や食品分野の機械メーカー、システムインテグレーター（SIer）を対象として、「食品製造現場におけるロボット等導入及び運用時の衛生管理ガイドライン」（令和6年4月）を策定・公表し、ロボット等の先端技術を食品製造現場に導入し、HACCP に沿った衛生管理の下で安全に運用するための留意点等をまとめている。また、人と同一空間で作業するロボットの運用時における労働者の安全性の確保を目的として、「食品工場における協働ロボット運用時の安全性確保ガイドライン」（令和5年4月）を策定・公表し、リスクアセスメントの実施等の基本的な考え方、運用時の注意点、関係者の役割等の指針を提供している。

(iii)　Web 3.0

　農産物をテーマにした NFT の発行や、農村での DAO プロジェクト、メタバースを利用した農産物の取引や生産管理のためのデジタルツイン等、Web3.0技術を利用した取組みも見られる。関連する規制は、個別のサービ

ス等の内容によって異なるが、たとえば、NFT が暗号資産に該当する場合には、その取扱いに暗号資産交換業の登録が必要となり得ること、NFT の保有者に対して一定の条件の下で暗号資産や金銭が付与される仕組みとする場合には、NFT が金融商品取引法上の有価証券とみなされて、開示規制や業規制（金融商品取引業者）の対象となるケースがあることに留意する必要がある[66]。

(4)　スマート農業推進のための政策

　農業における生産力の強化のため、スマート農業や農業の DX の推進は、政府の政策課題として随所に掲げられている[67]。令和 6 年 6 月14日には、スマート農業技術活用促進法が成立した。同法は、スマート農業の活用の促進に関する基本理念や国の責務等を定めるとともに、スマート農業に関する一定の計画に対する認定制度を創設し、認定を受けた事業者に対する行政手続の特例や日本政策金融公庫による長期低利融資等の支援措置を定めている[68]。

　農林水産省は「スマート農業推進総合パッケージ」を策定しており、実証プロジェクトや交付金の支給等の、スマート農業の実装を推進する施策を展開している。特に、データ分析やドローン散布等の作業受託、農業機械のシェアリング、農業現場への人材供給等の、農業者を支援するサービスについては、当該サービスに取り組む事業者を対象とした、出融資、保証制度等の施策を取りまとめた、「農業支援サービス関連施策パンフレット（Ver.5.0）」を公表している。

66）殿村桂司ほか編『詳解　web3・メタバースビジネスの法律と実務』（商事法務、2024年）142〜143頁。
67）新しい資本主義のグランドデザイン及び実行計画2024年改訂版（令和 6 年 6 月21日閣議決定）、食料・農業・農村基本計画（令和 2 年 3 月31日閣議決定）等。
68）同法に基づき、スマート農業技術の開発および普及の好循環の形成を推進することを目的として、多様なプレーヤーが参画する「スマート農業イノベーション推進会議（IPCSA）」が設置されている。また、「スマート農業技術の活用の促進に関する関係府省庁連絡会議」も設置されている。

3　農林水産業関連データ等の保護・利活用

　スマート農林水産により前記2で述べた効果等を達成するためには、大量かつ有用な農林水産の事業に関連するデータ（ノウハウに係るデータを含む）を収集し、利活用することが重要である。このようなデータとして、たとえば、図表5-10に挙げるものがある。

[図表5-10]　スマート農業・水産業において利活用されるデータの例

	具体例
スマート農業[69]	土壌に関するデータ（土壌の種類）、農地に関するデータ（位置、広さ、形状等）、気象データ（日照時間、天気、気温、湿度等）、過去の収穫データ、市況データ等
スマート水産業[70]	水温、pH、溶存酸素量、気温、湿度、日照時間、風速、風向き、漁獲量、漁獲した魚の体長・種類・重量や画像データ、漁獲した位置情報、燃料に関する情報、潮の情報、（養殖において）給餌の量、配合等

　これらのデータは、たとえば、農業に関するものについては、農研機構が運営する農業データ連携基盤（WAGRI）から取得できるものがある[71]。また、データを保有する事業者から提供を受けることも考えられる。ノウハウについては、熟練の従事者が保有する暗黙知をデータ化する（形式知化する）ことにより取得することも考えられる。

　このように取得されたデータの解析・利活用により、スマート農林水産を推進し、効率的かつ効果的な農林水産の事業遂行が期待される。もっとも、データは、複製や第三者への提供や移転、持ち出し等が比較的容易にできる。また、悪意の第三者等により、不正にアクセスされる、不正に取得・利用さ

69）農林水産省技術政策室「農業データの利活用の推進について」（令和6年10月）3頁等参照。
70）水産庁「水産分野におけるデータ利活用ガイドライン」（令和4年3月）13～15頁等参照。
71）前掲注69）4～15頁。

れる可能性も高まる。このように、（特にこれまで暗黙知であったものをデータとして把握した場合）データの流出や不正取得・利用等のリスクが高まる。その上、一旦データが流出すれば、当該データが拡散し、第三者が容易に利用できる状態にもなり得る。特に、重要なノウハウに係るデータが流出した場合、当該ノウハウに基づく市場競争力が大きく失われる。

　したがって、スマート農林水産に係る事業を実施する場合や当該事業へ投資する場合、農林水産の事業に関連するデータや当該事業のノウハウに係るデータ、それらの派生データ等（以下、本節において、これらを総称して「農林水産業関連データ等」という。）の適切な保護が重要となる。以下、農林水産業関連データ等の保護について概説する。

(1)　農林水産業関連データ等の法的保護の概要

　農林水産業関連データ等は、「有体物」ではなく無体物であるから、所有権の対象とはならない（民法85条、206条参照）が、著作権法や特許法等が定める要件を充足する場合、著作権や特許等により保護され得る。また、農林水産業関連データ等が、不正競争防止法所定の要件を充足する場合、「営業秘密」（同法2条6項）や「限定提供データ」（同法2条7項）として保護されることがある[72]。知的財産権による保護については後記(2)で述べる。

　もっとも、後述のとおり、必ずしも農林水産業関連データ等の多くが知的財産権により保護され得るわけではない。そこで、データの取扱いや利活用について適切な内容の契約を締結することが重要である。データの提供者と利用者の間で、提供を受けたデータの取扱い、データ利用者の利用可能な範囲・目的、秘密保持義務、利活用を通じて生み出されたデータの帰属・取扱い等を取り決めることで、紛争を防止し、円滑なデータの利活用を推進し、また、問題が生じた場合に契約の相手方に対して法的主張をできるようにすることにより、スマート農林水産を推進することが期待される。この点については、関連するガイドライン等含め、後記(3)で概観する。

---

[72]　データの類型と知的財産権による保護の関係については、農林水産省「農業分野における AI・データに関する契約ガイドライン—ノウハウ活用編—」（令和2年3月）22頁等参照。

　なお、データ等が一旦流出した場合これを完全に元に戻すことは困難である。そのため、法的な保護に加え、技術的手段や情報管理体制の構築・運用等を通じて、現実に農林水産業関連データ等が意に反して流出・利用されるのを防止する措置も重要である。

(2)　日本における農林水産業関連データ等の知的財産権による保護
(i)　農林水産業関連データ等の著作権による保護の可能性

　著作物（思想または感情を創作的に表現したものであつて、文芸、学術、美術または音楽の範囲に属するもの）（著作権法2条1項1号）に該当するものは、著作権等により保護される[73]。著作権者は、著作権が侵害された場合、侵害行為の差止め（同法112条）や損害賠償（民法709条）等を請求できる。

　たとえば、写真や画像データは「著作物」に該当し得る。他方で、客観的な指標に係るデータは「思想又は感情を創作的に表現したもの」ではなく、「著作物」に当たらないと解されている。農林水産業関連データ等は単なる客観的数値等に係るデータも多いと思われ、そのようなデータは著作権によって保護されない。

(ii)　農林水産業関連データ等の特許権による保護の可能性

　「発明」（自然法則を利用した技術的思想の創作のうち高度のもの）（特許法2条1項）のうち、特許出願がされ、審査官による審査の結果、特許法上の所定の要件を満たしているものについては、特許査定がされ、設定の登録がされることにより、特許権が発生する（特許法66条）。特許権者は、特許権が侵害された場合、侵害行為の差止め（同法100条）や損害賠償（民法709条）等を請求できる。

　もっとも、データについては、そもそも「発明」に該当するか問題となる。すなわち、「情報の単なる提示」（提示される情報の内容にのみ特徴を有するも

73）農林水産業関連データ等の「データベース」で、「その情報の選択又は体系的な構成によつて創作性を有するもの」については、「データベースの著作物」として著作権等により保護される（著作権法12条の2第1項）。もっとも、当該データベースが「データベースの著作物」として保護されたとしても、そのことにより、当該データベースに含まれる個々のデータそれ自体が「著作物」として保護されることにはならない。

のであって、情報の提示を主たる目的とするもの）にすぎないものは、技術的思想ではなく、「発明」に該当しないと考えられている[74]。他方で、「構造を有するデータ」および「データ構造」（データ要素間の相互関係で表される、データの有する論理的構造）については、「プログラムに準ずるもの」（特許法2条4項）として「発明」に該当すると解される可能性があるとされている[75]。そもそも、農林水産業関連データ等については「情報の単なる提示」にすぎない場合も多いと思われる。加えて、新規性や進歩性などの他の要件を満たす必要もある。このように、必ずしも農林水産業関連データ等の多くが、特許権により保護され得るわけではないと思われる。

(iii) 農林水産業関連データ等の不正競争防止法に基づく「営業秘密」または「限定提供データ」としての法的保護の可能性

　上記(i)および(ii)のとおり、農林水産業関連データ等は、著作権や特許権により保護されないものも多いと思われる。もっとも、そのようなデータも、①秘密管理性（秘密として管理されていること）、②有用性（事業活動に有用な情報であること）、および③非公知性（公然と知られていないこと）の3要件を充足する技術上または営業上の情報は、「営業秘密」（不正競争防止法2条6項）に該当する[76)77)]。また、①限定提供性（業として特定の者に提供する情報であること）、②相当蓄積性（電磁的方法により相当量蓄積された情報であること）、③電磁的管理性（電磁的方法により管理されたものであること）の3要件を充足する技術上または営業上の情報は、「限定提供データ」（同法2条7項）に該当する[78)79)]。「営業秘密」や「限定提供データ」の保有者は、不正競争防止法所定の不正競争を行い、営業上の利益を害する者等に対して、差

---

74) 特許庁「特許・実用新案審査基準」（令和6年4月改訂）第Ⅲ部第1章4頁。

75) 前掲注74）第Ⅲ部第1章6頁および特許庁「特許・実用新案審査ハンドブック」（令和6年6月改訂）附属書B『『特許・実用新案審査基準』の特定技術分野への適用例」24〜26頁。

76) 経済産業省「営業秘密」と題するウェブサイト（URL：https://www.meti.go.jp/policy/economy/chizai/chiteki/trade-secret.html）を参照。

77) 特に、不正競争防止法に基づく「営業秘密」としての保護を受けるために必要となる最低限の水準の対策を示すものとして策定された、経済産業省「営業秘密管理指針」（平成15年1月30日。最終改訂平成31年1月23日）を参照。なお、令和7年1月現在、営業秘密管理指針の改訂の予定がある。

止めや損害賠償を請求できる（同法3条、4条）。

　ある農林水産業関連データ等を「営業秘密」として保護するためには、上記のとおり、秘密管理性、有用性および公知性の要件を充足する必要がある。したがって、当該データ等を第三者に対して提供するにあたり、当該第三者に秘密保持義務を課す等の適切な対応が求められる。

　また、必ずしも、農林水産DXに主眼を置いたものではないが、農業や養殖業の特性（たとえば、公衆から見える場所で作業をすることが多い、秘密情報が化体したものが比較的アクセスしやすい場所に置かれることになる等）を踏まえた営業秘密保護のあり方については、それぞれ、公益社団法人農林水産・食品産業技術振興協会（JATAFF）「農業分野における営業秘密の保護ガイドライン」（令和4年3月）および水産庁「養殖業における営業秘密の保護ガイドライン」（令和5年3月）が策定され、公表されている。これらのガイドラインを参照しつつ、農林水産分野の特性を踏まえた「営業秘密」として法的に保護されるために適切な措置が講じられているかを確認することが肝要である。

(3)　農林水産業関連データ等の契約による保護（関連するガイドライン）

　前述のとおり、農林水産業関連データ等は、必ずしも、著作権や特許権により保護されるわけではない。また、不正競争防止法上の「営業秘密」や「限定提供データ」として保護されるための要件の充足性や不正競争行為該当性の主張立証等についてもハードルがある。そのため、農林水産業関連データ等については、当事者間の契約による保護も重要であり、適切な内容の契約が締結されているか否かが「スマート農林水産」事業にとって肝要である。

　データ等の保護に関して、農林水産省は、令和2年3月12日付けで農業分野の特殊性を踏まえたデータの利活用促進とノウハウ保護に関するルール

78）経済産業省「データ利活用、限定提供データ」と題するウェブサイト（URL：https://www.meti.go.jp/policy/economy/chizai/chiteki/data.html）参照。
79）「限定提供データ」に該当するための3要件や不正競争の該当性については、経済産業省「限定提供データに関する指針」（最終改訂令和6年2月）を参照。

づくりを目的として、「農業分野における AI・データに関する契約ガイドライン〜農業分野のノウハウの保護とデータ利活用促進のために〜」を策定した。当該ガイドラインは、①データ提供型契約、②データ創出型契約、③研究開発契約および④データ共用契約の4つの類型について、農業分野の特殊性を踏まえた条項案およびその解説を記載するとともに、モデル契約やユースケースにも言及されている。また、水産庁も、令和4年3月、「水産分野におけるデータ利活用ガイドライン」を策定し、また、令和5年8月、「水産分野におけるプラットフォームを通じたデータ利活用に関するガイダンス」を策定した。

　これらのガイドライン等には、農業分野や水産分野における特殊性を踏まえた、データ利活用に係る契約の条項案（提供データ等の定義、利用目的、監査、秘密保持条項、利益分配、成果物等の知的財産の帰属等）や当該条項案についての考え方が掲載されている。個別の契約の内容は、その背景や交渉力等により変わり得るものではあるが、これらのガイドライン等を参照しつつ、守るべき農林水産業関連データ等が適切かつ法的に保護されることになるかを検討し、必要に応じた措置をとることが肝要であろう。

　なお、農林水産省の補助事業等を用いて、スマート農機、農業ロボット、ドローン、IoT 機器等を導入する場合は、そのシステムサービス（ソフトウェア）の利用契約を、「農業分野における AI・データに関する契約ガイドライン」に準拠させることが令和3年度から要件化された[80]。このような補助金を利用してスマート農林水産を推進する場合には、この点に十分に留意する必要があろう。

コラム⑭〈植物工場〉

　近時のフードテック・農林水産 DX の進展で注目を集めるものの1つとして、植物工場がある。一般社団法人日本施設園芸協会が公表する「大規模施設園芸・植物工場実態調査・事例調査」（令和6年3月）では、「環境制御をしてい

80）農林水産省「農業分野における AI・データに関する契約ガイドライン〜農業分野のノウハウの保護とデータ利活用促進のために〜」と題するウェブサイト（URL：https://www.maff.go.jp/j/kanbo/tizai/brand/keiyaku.html）。

る施設園芸及び植物工場」とは「施設内で植物の生育環境（光、温度、湿度、CO2濃度、養分、水分など）を制御して栽培を行う施設園芸のうち、一定の気密性を保持した施設内で、環境及び生育のモニタリングに基づく高度な環境制御と生育予測を行うことにより、季節や天候に左右されずに野菜などの植物を計画的かつ安定的に生産できる栽培施設」と定義されている。そして、植物工場等は、①人工照明のみを利用する人工光型（いわゆる完全閉鎖型植物工場）、②人工照明と太陽光を併用する太陽光併用型、③太陽光のみの太陽光型に分類されている。

　植物工場については、(1)水道光熱費が嵩みランニングコストが高い、(2)技術上の制約により、栽培可能かつ採算の合う品目が限定される等の弱みが指摘されている。他方で、最適な環境条件の形成による短期間・効率的な栽培、気候や栽培環境の変化のリスクに強く、また、都市部を含め栽培に適さない環境下での栽培が可能となり、農産物の安定供給や増産が見込める等の利点があるとされる。

　植物工場においては、環境制御システム、環境モニタリングシステムを始め、既に様々なIoT技術やAI技術が利活用されている。そして、近時のAI技術や自動化技術等の関連技術の進展を踏まえて、今後の植物工場の利活用が増えると思われる。その際には、関連データの取扱い・保護が重要である。加えて、需要者／消費者の個別のニーズに応じた農産物を生産するオーダーメイド型植物工場ビジネスへの期待も指摘されている。今後も市場規模が拡大していくと予想され、注目すべき分野の１つであるといえる。

◇Ⅲ　農林水産とバイオテクノロジー

1　農林水産分野でのバイオテクノロジーの活用

(1)　近時のバイオテクノロジーの発展と農林水産分野への活用

　近時のバイオテクノロジーの発展には、目を見張るものがある。特に、2020年にノーベル化学賞を受賞したCRISPR/CAS9に代表される遺伝子関連技術の著しい進化は、世界を大きく変えるポテンシャルを持っているといえ

る。遺伝子関連技術の進化は、医療分野における活用に注目が集まることが多いが、それと同じかそれ以上に農林水産分野における活用が進んでおり、多くの人々にとって普段の生活における身近な存在になりつつあるといっても過言ではない。

　本節では、バイオテクノロジーの中でも特に遺伝子関連技術に着目し、農林水産分野における各技術の活用状況を紹介するとともに、これらに特有の規制について概説する。

(2)　遺伝子組換え技術

(i)　遺伝子組換え技術とは

　遺伝子組換え技術とは、DNA（デオキシリボ核酸）を細胞から取り出し、遺伝子の構成や並び方を変え、元の生物や別の種類の生物の細胞に組み込んで新たな性質を持たせる技術をいう。農作物の場合には、たとえば、植物に感染する土壌微生物のアグロバクテリウムが元々持っている遺伝子組換え能力を利用した方法（アグロバクテリウム法）や、目的の遺伝子をコーティングした金属の微粒子を高圧ガス等の力で植物細胞に打ち込むことによって遺伝子を導入する方法（パーティクルガン法）等により遺伝子を組み換える。また、畜産物の場合には、たとえば、体外受精により準備した受精卵の核内にマイクロマニピュレータに接続した微細ガラス管を用いて DNA 溶液を注入する方法（前核内注入法）や、核を取り除いた体外成熟卵子に別途エレクトロポレーション（電気穿孔）により遺伝子を導入した細胞を移植する方法（核移植法）等により遺伝子を組み換える。

　従来の交配を用いた品種改良でも結果として遺伝子の組換えは起きているところ、遺伝子組換え技術が従来行われてきた交配による品種改良とは異なる点として、人工的に遺伝子を組み換えることで、生物の種類に関係なく様々な生物を品種改良の材料にすることができる点や、改良の範囲を大幅に拡大できる点、改良自体に要する期間を短縮できる点等が挙げられる。他方で、品種改良につながる有用な遺伝子を特定し抽出することは容易でないことや、後述するような各種規制対応等を含めて結果として実用化に向けた費用と時間を要する場合が多いこと等が、デメリットと考えられている。

(ⅱ)　遺伝子組換え技術の活用例

　農林水産分野においては、害虫抵抗性や除草剤耐性を高めた農作物や生産性・品質を向上させた添加物を作製する目的で、遺伝子組換え技術が活用されている。具体的には、とうもろこし、わた、大豆、なたね等の農作物や、調味料として使用されるL－グルタミン酸ナトリウム、栄養強化の目的で使われるL－アルギニン等の添加物について、遺伝子組換え技術が活用されている。

(3)　ゲノム編集技術

(ⅰ)　ゲノム編集技術とは

　ゲノム編集技術とは、特定の機能を付与することを目的として、染色体上の特定の塩基配列を認識する酵素を用いてその塩基配列上の特定の部位を改変する技術をいう。具体的には、ZFNやTALEN、CRISPR/CAS9等に代表される人工酵素を「はさみ」として用いて、染色体上の特定の塩基配列を意図的に切断し、切断されたDNAが修復される過程で稀に突然変異が生じて必要な遺伝子の機能が書き換えられる現象を通じて、目的となる遺伝子の機能を停止または強化させる方法である。なお、切断されたDNAが修復されるという過程自体は、自然界でも紫外線や放射線等が原因となってごく一般的に生じているものであり、ゲノム編集技術では特定の部位を意図的に切断することができる点に特徴がある。

　遺伝子組換え技術の場合は、組換えに使用する他の生物の遺伝子が組換え対象の生物のゲノムのどこに挿入されるかや、どのような働きをするか等を制御することが難しく、安全性等への影響が懸念される面がある一方、ゲノム編集技術の場合には、特定の部位を狙って塩基配列を切断することから、そのようなデメリットが低減されると考えられている。他方で、ゲノム編集技術においても、稀に狙った塩基配列ではない似た塩基配列を切断して（いわゆるオフターゲット作用）、想定とは異なる変異を生じさせてしまう場合もあり、精度のさらなる向上に向けて技術開発が進められている。なお、DNA切断後に生じる変異自体は、当該生物による自然な反応に任せられており、もし切断した部位に別の特定の遺伝子を挿入し、それが残存する場合には、後述する各種規制との関係ではあくまで遺伝子組換え技術として取り

扱われる点に留意が必要である。

(ii) ゲノム編集技術の活用例

　国内の農林水産分野においては、脳機能改善効果や高血圧改善作用が認められているアミノ酸の一種であるGABAを多く蓄積させたトマトや、筋肉量に関係するミオスタチンという遺伝子を欠損させることにより肉厚にして可食部を増やしたマダイ、食欲に関係するレプチン受容体を取り除くことで食欲を増進させ成長スピードを早めたトラフグ等が、ゲノム編集技術を活用して実用化されている。

[図表5-11] 遺伝子組換え技術とゲノム編集技術

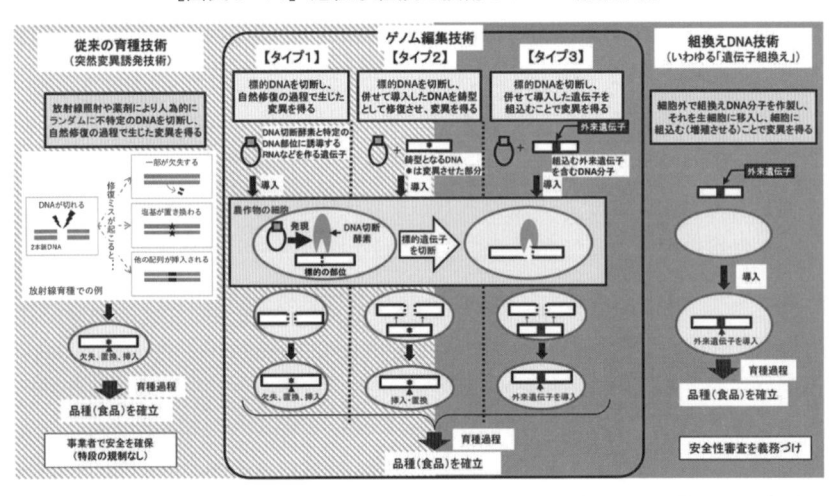

出典：厚生労働省医薬・生活衛生局食品基準審査課新開発食品保健対策室「ゲノム編集技術を利用して得られた食品等の食品衛生上の取扱いについて」（令和元年7月）8頁。

2　遺伝子組換え・ゲノム編集に関連する規制

(1)　規制の概要

　遺伝子組換え技術やゲノム編集技術を活用した農畜水産物や食品に対しては、各技術の特徴やリスクを勘案した特別な規制が設けられている。同じ遺

伝子に関連する技術ではありつつ、各技術の特徴やリスクは異なるため、対応する規制の内容も現時点では異なる部分が多い。

　以下では、各技術に適用される規制について、①安全性の確認の観点、②消費者への情報提供の観点、および、③生物多様性の確保の観点から整理し、そのポイントを概説する。

(2)　安全性の確認

(i)　遺伝子組換え技術の場合

(a)　概要

　遺伝子組換え技術はこれまで食品や添加物の製造に応用された経験が少ないため、当該技術を用いて製造される食品および添加物の安全性には十分配慮がされなければならないとの考え方を背景に、2001年4月以降、遺伝子組換え技術を応用した食品および添加物を製造、輸入または販売等する場合には、所定の安全性審査および製造基準適合確認を受けることが義務付けられている（食品衛生法13条1項・2項、食品規格基準）。安全性審査および製造基準適合確認のおおまかな流れは、図表5-12のとおりである。

[図表5-12] 安全性審査および製造基準適合確認の流れ

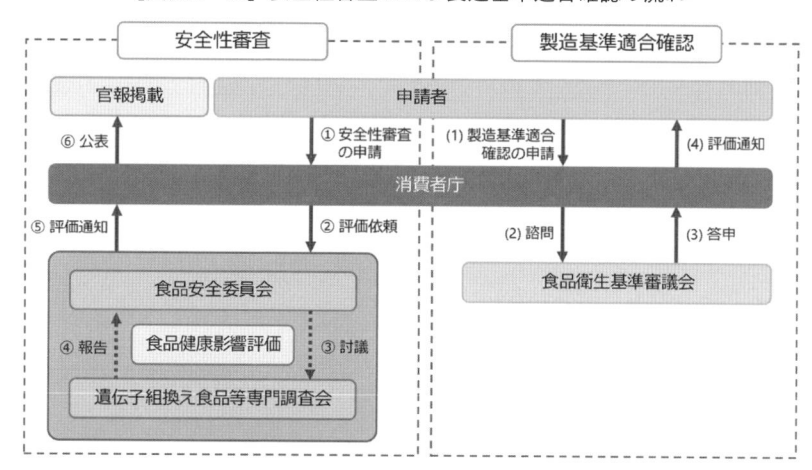

出典：2018年3月18日付薬事・食品衛生審議会食品衛生分科会新開発食品調査部会遺伝子組換え食品等調査会 資料2「現行制度について」2頁をもとに筆者らにて作成。

(b)　安全性審査

　安全性審査では、遺伝子組換え技術を応用した食品または添加物の開発者等が、所定の申請書に必要資料（安全性に関する試験データ等）を添付して、消費者庁に対して申請する。申請を受けた消費者庁は、食品安全委員会の意見を聴くための諮問を行い、同委員会の中の遺伝子組換え食品等専門調査会の専門家が、申請された食品に関する食品健康影響評価を行う。また、消費者からの情報・意見の募集のためにパブリックコメントも実施される。それらを踏まえて食品安全委員会から消費者庁に対して評価結果が答申され、審査品目が人の健康を損なうおそれはないとされた場合には、消費者庁が当該審査品目について安全性審査の手続を経た旨を官報に掲載し、公表する。それにより、当該遺伝子組換え食品等を製造、輸入または販売等することが可能となる。2024年8月現在、安全性審査の手続を経た旨の公表がなされた遺伝子組換え食品および添加物は、食品が9品目334品種、添加物が83品目となっている。

　安全性の評価に当たっては、評価対象の遺伝子組換え食品が健康に有害な影響を与えるような変化の有無（既存の食品と比較した場合の実質的同等性）の観点から検討が行われる。具体的には、①遺伝子を組み込む前の既存の食品等は食経験があるか、②組み込む遺伝子やベクター等はよく解明されたものか、③組み込まれた遺伝子はどのように働くか、④遺伝子を組み換えることで新しくできたタンパク質は人に有害ではないか（アレルギーを起こしたりしないか）、⑤組み込まれた遺伝子が間接的に作用し、有害物質等を作る可能性はないか、⑥食品中の栄養素等が大きく変わらないか等が確認される。また、遺伝子組換え食品によって、当該種類の食品のこれまでの食べ方や食べる量等が変化しないか、変化する場合は人の健康に影響を及ぼすことがないかといった点も確認される。

(c)　製造基準適合確認

　製造方法が製造基準に適合する旨の確認では、遺伝子組換え技術を応用した食品または添加物の製造者が、所定の申請書に製造所が基準を満たしていることを示す資料を添付して、消費者庁に対して申請する。申請を受けた消

費者庁は、食品衛生基準審議会の意見を聴くための諮問を行い、同委員会からの答申を踏まえて、製造所ごとに当該製造所が製造基準に適合する旨の確認を行う。

(d)　必要な手続を経ていない場合

安全性審査を経ていない遺伝子組換え食品や製造基準に適合する旨の確認を経た方法以外の方法で製造された遺伝子組換え食品が市場に流通した場合は、廃棄命令・回収命令がなされる可能性がある（食品衛生法59条）。また、食品衛生法13条 2 項に違反するものとして、 2 年以下の懲役もしくは200万円以下の罰金またはその両方が科される可能性がある（同法82条）。

(ii)　ゲノム編集技術の場合

(a)　概要

ゲノム編集技術を活用した食品や添加物に関する安全性の確認のための規制の現在の枠組みは、ゲノム編集技術を活用した結果として当該食品や添加物に他の生物から導入する遺伝子が残存するか否かによって、その枠組みが異なる。

ゲノム編集技術を活用した食品や添加物に導入遺伝子が残存しない場合には、食品衛生法上の定義上の「組換え DNA 技術」（すなわち、遺伝子組換え技術）に該当しない可能性がある一方、その場合でも、新たな技術を用いて品種改良がなされた食品等であることに鑑みて、遺伝子組換え食品と同様に何らかの安全性の審査等を行うべきではないかについて検討するため、2018年から厚生労働省の薬事・食品衛生審議会の遺伝子組換え食品等調査会および新開発食品調査部会で議論が重ねられた。その結果、ゲノム編集技術を応用した食品や添加物について、①外来の遺伝子およびその一部が残存せず、かつ、②特定の塩基配列を認識する酵素（CRISPR/CAS9等）による切断等に伴う塩基の欠失等が生じ、結果として 1 ～数塩基の変異が挿入される結果となる場合は、安全性審査の対象とはせず、厚生労働省が定める取扱要領[81] に基づく届出の対象とするにとどめることとなった。このような変異は、自然界で起こる切断箇所の修復で起こる変化の範囲内であり、遺伝子組

換え技術に該当しないような従来型の育種技術でも起こり得る変化であるため、安全性の問題が生じる可能性は低いと考えられたことが、安全性審査までは不要とされた背景にある。

　他方で、ゲノム編集技術を活用して切断した特定のDNAの部位に別の特定の遺伝子を挿入し、当該導入遺伝子を残存させることで当該農畜水産物に新しい性質を持たせるという場合には、遺伝子組換え技術に該当しないような従来型の育種技術では起こり得ない変化であることから、それを原料とする食品等は遺伝子組換え技術を活用した食品等とみなされ、安全性の確認については、安全性審査や製造基準適合確認に関する規制（(i)参照）が適用されることになる。

(b)　事前相談および届出

　ゲノム編集技術を活用した食品等の開発者等は、当該食品等（原則として商品化を目的として既に開発されたものに限られる。）が届出または安全性審査のいずれの対象に該当するか否かを確認するため、届出等に先立ち、消費者庁に事前相談を申し込む。消費者庁は、事前相談の食品等が届出あるいは安全性審査のいずれの対象に該当するか否かについて、必要に応じて薬事・食品衛生審議会の調査会や食品安全委員会への確認や意見聴取を行った上で、申請した開発者等に対して結果を回答する。届出に該当すると確認されたゲノム編集技術応用食品等については、開発者等は上市前に所定の情報を必要な添付資料とともに消費者庁に届け出る。消費者庁は上記の届出を受理した後、遅滞なく所定の情報を消費者庁のウェブサイトに掲載し、公表する。

　上記の届出は法令上の義務ではなく、あくまで行政通知に基づくものであるため、罰則等は設けられていない。ただし、届出の不実施等が判明した場合には、経緯等を確認の上、食品衛生法その他の法令にも照らし合わせつつ、当該開発者等の情報とともに当該事実を公表する場合があるとされている。

---

81)「ゲノム編集技術応用食品及び添加物の食品衛生上の取扱要領」（令和元年9月19日（令和2年12月23日最終改正）厚生労働省大臣官房生活衛生・食品安全審議官決定）。

コラム⑮〈ゲノム編集技術を活用した食品等に係る安全性規制の海外動向〉

　近時の調査[82]によれば、2023年7月時点で、「ゲノム編集技術」を用いた農作物等に関する規制は、以下に述べるとおり国や地域ごとに異なり、国際的調和が取れていないのが実情である。各国・地域で規制に差が生じる要因として、そもそも「遺伝子組換え技術」を用いた農作物等に関する規制についても各国や地域の間で差があることが挙げられると分析されている。

　米国では、農務省（USDA）、環境保護庁（EPA）および食品医薬品局（FDA）がそれぞれゲノム編集技術を活用した農作物や食品を規制している。USDAは、SECURE ルールと呼ばれる連邦行政規則により、ゲノム編集技術等を活用した農作物の栽培等を許可制にしているが、外部遺伝子が導入されていない等の要件を満たせば規制対象外としている。EPA は、植物体内の一定の性質の遺伝物質を農薬として利用する場合に事前登録を義務付けている。FDA は、ゲノム編集技術を活用した食品のうち、植物由来のものについては、開発者による自主的相談と確認・公表の枠組みを設ける一方、動物由来のものについては医薬品と同様の事前承認制をとっている。

　EU では、2018年7月に欧州司法裁判所がゲノム編集技術を活用した生物は原則として遺伝子組換え生物としての規制の適用を受ける旨の解釈を示したことを契機に、欧州委員会が各機関を通じてゲノム編集技術に関する情報収集を行った。その結果、2023年7月に、遺伝子組換え生物に関する法令とは別に、ゲノム編集技術を活用した植物および食品に関する規則を公表し、上市に向けた認証の手続を簡素化・迅速化した。一方、EU を離脱した英国では、2023年3月に、従前の EU の規制をもとにした規制に代え、ゲノム編集技術を用いた生物については遺伝子組換え生物と異なる規制（販売時等の届出や登録簿の整備、上市時の事前承認等）を制定した。

　南米諸国（アルゼンチン、ブラジル、チリ等）では、ゲノム編集技術を用いた農作物等について、主に外来の遺伝子が残存するかにより遺伝子組換え生物の規制の適用有無を判断する事前相談制度を設けている。また、遺伝子組換え生物に該当しない場合でも、関連する政府機関において、当該農作物等の上市に際して追加の措置の要否について検討される場合がある。なお、事前相談の結果は公表されないこととなっている。

---

82) Tachikawa, M. and M. Matsuo（2024）Global regulatory trends of genome editing technology in agriculture and food. Breed Sci 74: 3-10.

(3)　消費者への情報提供

(i)　遺伝子組換え技術の場合

(a)　概要

　安全性審査を経て販売等が認められた遺伝子組換え食品等については、食品表示基準において定められた特別な表示ルールを遵守する必要がある。この表示ルールには、大別すると「義務表示」と「任意表示」の 2 つの枠組みがある。

(b)　義務表示

　組成、栄養価等が通常の農産物と同等である遺伝子組換え農産物およびこれを原材料とする加工食品であって、加工工程後も組み換えられた DNA またはこれによって生じたたんぱく質が、広く認められた最新の検出技術によってその検出が可能とされているものについては、「遺伝子組換えである」旨または「遺伝子組換え不分別である」旨の表示が義務付けられている。2024年 8 月現在、①9 農産物およびそれを原材料とした33加工食品群ならびに②組成、栄養価等が通常の農産物と著しく異なる遺伝子組換え農産物として別途指定された大豆、とうもろこしおよびなたね、ならびに、それらの加工食品が、義務表示の対象とされている。

[図表5-13] 義務表示の対象となる農産物および加工食品群

農産物	加工食品	
1. 大豆（枝豆および大豆もやしを含む）	1. 豆腐・油揚げ類 2. 凍り豆腐、おから及びゆば 3. 納豆 4. 豆乳類 5. みそ 6. 大豆煮豆 7. 大豆缶詰及び大豆瓶詰 8. きなこ 9. 大豆いり豆	10. 1から9までに掲げるものを主な原料とするもの 11. 調理用の大豆を主な原料とするもの 12. 大豆粉を主な原料とするもの 13. 大豆たんぱくを主な原料とするもの 14. 枝豆を主な原料とするもの 15. 大豆もやしを主な原料とするもの
2. とうもろこし	1. コーンスナック菓子 2. コーンスターチ 3. ポップコーン 4. 冷凍とうもろこし 5. とうもろこし缶詰及びとうもろこし瓶詰 6. コーンフラワーを主な原料とするもの 7. コーングリッツを主な原料とするもの（コーンフレークを除く） 8. 調理用のとうもろこしを主な原料とするもの 9. 1から5までに掲げるものを主な原料とするもの	
3. ばれいしょ	1. ポテトスナック菓子 2. 乾燥ばれいしょ 3. 冷凍ばれいしょ 4. ばれいしょでん粉 5. 調理用のばれいしょを主な原料とするもの 6. 1から4までに掲げるものを主な原料とするもの	
4. なたね		
5. 綿実		
6. アルファルファ	アルファルファを主な原料とするもの	
7. てん菜	調理用のてん菜を主な原料とするもの	
8. パパイヤ	パパイヤを主な原料とするもの	
9. からしな		

(c) 任意表示

　他方で、①油やしょうゆ等、組み換えられたDNAおよびこれによって生じたたんぱく質が加工工程で除去・分解され、広く認められた最新の検出技術によってもその検出が不可能とされている加工食品や、②遺伝子組換え農産物が混入しないように分別生産流通管理が行われた対象農産物およびこれを原材料とする加工食品については、上記の義務表示の対象とはならない。その上で、これらの食品について、一定の要件を満たす場合には、分別生産流通管理を行っている旨、または、「遺伝子組換えでない」旨を任意で表示することを認めるのが任意表示の制度である。上記①の油やしょうゆ等については、任意で、遺伝子組換え農産物が混入しないように分別生産流通管理が行われた旨を表示することが認められる。また、②の対象農産物およびこれを原材料とする加工食品については、任意で、分別生産流通管理を行っている旨または「遺伝子組換えでない」旨の表示をすることが認められる。た

だし、「遺伝子組換えでない」旨を表示するためには、分別生産流通管理を行った上で、現に遺伝子組換え農産物の混入がないと認められるものでなければならない。

　任意表示制度は、2023 年 4 月に一部改正され、特に大豆およびとうもろこし、ならびに、それらを原材料とする加工食品に関して、「遺伝子組換えでない」旨を表示することができる場面が変更されることとなった。現実の農産物および加工食品の取引の実態として、分別生産流通管理を適切に行うことにより、最大限の努力をもって非遺伝子組換え農産物を分別しようとした場合でも、大豆およびとうもろこしについては、遺伝子組換えのものが最大で 5 ％程度混入する可能性を否定できない。そのため、日本では、大豆およびとうもろこしについてのみ、分別生産流通管理が適切に行われている限り 5 ％以下の意図せざる混入を認めており、そのような場合にも分別生産流通管理を行っている旨だけでなく、例外的に「遺伝子組換えでない」旨を表示することを認めていた。しかし、2023 年 4 月以降は、5 ％以下の意図せざる混入がある大豆およびとうもろこしについては「遺伝子組換えでない」旨の表示は認めず、分別生産流通管理を行っている旨の表示のみを認めることとした。大豆およびとうもろこしにおいても、「遺伝子組換えでない」旨の表示が許されるのは、あくまで分別生産流通管理を行った上で、現に遺伝子組換え農産物の混入がないと認められる場合に限られることとなった。

　なお、現時点で厚生労働省による安全性審査の手続を経た 9 つの遺伝子組換え農産物以外の農産物（たとえば、米や小麦等）およびその加工食品については、「遺伝子組換えでない」等の任意表示は行ってはならないこととされている。これは、当該農産物について遺伝子が組み換えられたものが存在すると誤解させるおそれや、消費者による優良誤認を招くおそれを考慮しての取扱いである。

(d)　表示の適正性に疑義が生じた場合

　分別生産流通管理を行っている旨の表示が適正か否かに疑義が生じた場合、消費者庁は生産・流通の過程を遡って、証明書、伝票、分別流通の実際の取扱い等をチェックし、不十分な場合にはその結果に応じて、食品表示法に基

づく指示、命令、罰則等の所要の措置を講じることになるとしている。また、
「遺伝子組換えでない」旨の表示についても、行政側が行う科学的検証およ
び社会的検証の結果において、原料農産物に遺伝子組換え農産物が含まれて
いることが確認された場合は、「遺伝子組換えでない」という表示は不適正
な表示となり、食品表示法に基づき指示、命令、罰則等、所要の措置を講じ
ることになるとしている。

(ii)　ゲノム編集技術の場合

　ゲノム編集技術を応用した食品等のうち、外来遺伝子が残存しないこと等
により安全性審査の対象とならないものについては、食品表示基準上も同様
に遺伝子組換え食品には該当しないため、食品表示基準に基づく遺伝子組換
え表示制度（(i)参照）の対象外となる。

　他方で、消費者庁発出のQ&A[83]において、ゲノム編集技術応用食品であ
るか否かを知りたいと思う消費者が一定数いることに鑑みて、適切に情報提
供がなされる場合には、食品関連事業者がゲノム編集技術応用食品に関する
表示を行うことは可能とされている。ゲノム編集技術応用食品であることの
情報提供をする場合は、食品関連事業者自らが、食品供給行程の各段階にお
ける流通管理に係る取引記録その他の合理的な根拠資料に基づき、適正な情
報提供を通じて消費者の信頼を確保することが必要とされている。また、消
費者の自主的かつ合理的な選択の観点から、消費者庁に届出されて同庁の
ウェブサイト上で公表されたゲノム編集技術応用食品またはそれを原材料と
する食品であることが明らかな場合には、積極的に情報提供するよう努める
べきとされている。

　なお、ゲノム編集技術応用食品でない食品またはそれを原材料とする加工
食品に「ゲノム編集技術応用食品でない」と表示することについては、それ
が適切になされる限りにおいて、消費者の自主的かつ合理的な選択の機会の
確保に資するものであると考えられるため、特に禁止されるものではないも
の、現時点では、ゲノム編集技術を利用したかどうかの確認を科学的に検

---

83)「食品表示基準Q&Aについて」（平成27年3月30日消食表第140号（最終改正：令和6
　年4月1日消食表第214号））別添「ゲノム編集技術応用食品に関する事項」。

証して行うことはできないため、表示に係る適切な管理体制を有しない食品関連事業者が「ゲノム編集技術応用食品でない」旨の表示を安易に行うことは望ましくないとされている。

(4)　生物多様性の確保

(i)　カルタヘナ法

(a)　概要

　遺伝子組換え技術を用いた農畜水産物等の性質によっては、在来種である野生の動植物を減少させたり、絶滅させたりといった形で生物の多様性に悪影響を与える可能性があることが懸念される。そのため、生物の多様性の保全とその持続可能な利用への悪影響を防止する目的で、遺伝子組換え生物の輸出入等の国際的枠組みを定める「生物の多様性に関する条約のバイオセーフティに関するカルタヘナ議定書」（通称「生物多様性条約カルタヘナ議定書」）が2000年1月に採択され、同議定書の日本における的確かつ円滑な実施を確保する目的で、「遺伝子組換え生物等の使用等の規制による生物の多様性の確保に関する法律」（通称「カルタヘナ法」）が2004年2月に施行された。

　カルタヘナ法は、遺伝子組換えを行った生物等を用いて行う行為の形態を「第一種使用等」と「第二種使用等」という2つの類型に分け、それぞれの使用等に応じて必要な措置や手続を規定している。

(b)　第一種使用等

　「第一種使用等」とは、環境中への拡散を防止しないで行う使用等を意味し、新規の遺伝子組換え生物等の環境中での第一種使用等を行おうとする者（開発者、輸入者等）等は、事前に使用規程を定めるとともに、生物多様性影響評価書を併せて提出して、主務大臣から当該使用規程について承認を受けなければならない（カルタヘナ法4条）。主務大臣は、第一種使用規程を承認すべきか否かを判断する際には、学識経験者から聴取した意見を参考にする。たとえば、農作物の場合には、生物多様性に影響が生ずるか否かについて、①雑草化して他の野生植物に影響を与えないか（競合における優位性）、②野

生動植物に対して有害な物質を生産しないか（有害物質の産生性）、③在来の野生植物と交雑して遺伝子が広がらないか（交雑性）等の観点から、最新の科学的知見に基づき審査される。第一種使用規程が承認された場合には、国は当該承認された第一種使用規程を公表する。なお、主務大臣は、承認した第一種使用規程に係る遺伝子組換え生物等について、その使用等が適正に行われることを確保するために必要と考えた場合には、当該遺伝子組換え生物等の譲渡等を受けた者に対して提供すべき情報（適正使用情報）を定めた上で、公表する。

(c)　第二種使用等

　「第二種使用等」とは、環境中への拡散を防止しつつ行う使用等を意味し、施設の態様等の拡散防止措置の内容が主務省令で定められている場合は当該措置を、主務省令に定められた拡散防止措置が無い場合は使用者が策定し予め主務大臣の確認を受けた拡散防止措置を、それぞれとりながら使用等を行う必要がある（カルタヘナ法12条、13条）。

(d)　法違反や事故等があった場合

　主務大臣による使用規程の承認を受けずに第一種使用等を行った場合や、拡散防止措置を取らずに第二種使用等を行った場合には、主務大臣や環境大臣は、事案に応じて、違反者が用いている遺伝子組換え生物等の回収等の措置や定められた拡散防止措置をとるよう命ずることができる（カルタヘナ法10条1項・3項、14条1項・3項）。承認を受けずに第一種使用等を行った者や第二種使用等の拡散防止措置について必要な確認を受けなかった者、主務大臣の措置命令に違反した者等には、それぞれ所定の刑事罰が科される可能性がある（同法38条以下）。

　万が一、事故が発生して、第一種使用等により生物多様性への影響が生じるおそれのあるときや、第二種使用等において拡散防止措置がとれない場合等には、応急措置を実施して速やかに主務大臣に事故状況を届け出なければならず、応急措置が適切に実施されていない場合は、措置命令が出されることがある（カルタヘナ法11条、15条）。

なお、承認時には想定していなかった環境の変化が起きた場合や、生物多様性への影響に関する新たな科学的知見が得られた場合には、主務大臣は使用等を中止する等の命令を出すこともできる（カルタヘナ法10条2項、14条2項）。

(ii)　遺伝子組換え技術の場合

遺伝子組換え技術を応用した農畜水産物は、遺伝子組換え生物等に該当し、カルタヘナ法所定の手続や措置をとる必要がある。たとえば、遺伝子組換えとうもろこしの輸入や流通、栽培等は、遺伝子組換え生物等の環境への拡散を防止しないで行う行為であり、第一種使用等に該当する。したがって、それらを行おうとする者は、使用規程を定めるとともに、生物多様性影響評価書を取得した上で、主務大臣[84]から第一種使用等に係る使用規程の承認を取得しなければならない。また、たとえば、新たな植物を開発する過程で遺伝子組換えを行った花粉等を実験室等で環境への拡散を防止しつつ使用する場合には、第二種使用等に該当する。したがって、主務省令で定められている場合は当該措置を、主務法令に定められた拡散防止措置が無い場合は使用者が策定し予め主務大臣[85]の確認を受けた拡散防止措置をとりながら、これを行わなければならない。

(iii)　ゲノム編集技術の場合

ゲノム編集技術を応用した農畜水産物のうち、他の生物の遺伝子が最終的に残存しない場合（他の生物の遺伝子は導入せず、ゲノム内の特定の DNA 配列を意図的に切断し、切断された DNA が自然に修復される過程での突然変異のみを活用している場合等）には、当該農畜水産物はカルタヘナ法の適用対象である「遺伝子組換え生物等」には該当せず、その使用等に当たってカルタヘナ

---

[84]　対象となる遺伝子組換え生物が農畜水産物の場合は、農林水産大臣が環境大臣とともに審査を行う。

[85]　研究開発段階での遺伝子組換え生物の第二種使用等は、文部科学大臣が確認を行う。他方で、第二種使用等自体が農林水産業に当たる場合（たとえば、遺伝子組換えマウスの工場内での飼養・繁殖や、動物用医薬品としての遺伝子組換え微生物の工場内での生産等。）は、農林水産大臣が確認を行う。

法の適用は無いこととなる。しかし、生物多様性条約カルタヘナ議定書の目的や趣旨等に照らして、カルタヘナ法の適用対象外となる場合でも、ゲノム編集技術により得られた生物に関する知見を収集し、作出経緯等を把握できる状況にしておくことにより、生物多様性への影響に係る知見の蓄積と状況の把握を図るために、ゲノム編集技術を応用した生物を使用等しようとする者に対して、行政通知[86]に基づき一定の対応を求めることとされた。

　具体的には、カルタヘナ法に基づき省令に定められた拡散防止措置または主務大臣が認めた拡散防止措置のとられている環境で使用する場合等を除いて、ゲノム編集技術を応用した農畜水産物等の使用等を行おうとする者は、農林水産省に対して事前相談を行い、「遺伝子組換え生物等」に該当しないこと等について確認を受けた上で、所定の情報提供書を提出し、使用等を行うことが求められる。また、拡散防止措置のとられている環境で使用等を行う場合には、一定の場合を除いて、拡散防止措置に関する情報等を記載した確認書を農林水産省に提出し、当該拡散防止措置の有効性について確認を受けた上で、使用等を行うことが求められる。

◇Ⅳ　農林水産と再生可能エネルギー

1　投資家目線でみたビジネスチャンス──農林水産と再エネ事業を融合したプロジェクトへの投資

(1)　農林水産と再エネ事業の融合

　再生可能エネルギー（再エネ）は、太陽光、風力、バイオマス、地熱、水力等から生成される自然由来のエネルギーであり、生成時に温室効果ガスを排出せず、かつ、国内での生産が可能であることから、脱炭素社会の実現やエネルギー安全保障の観点から重要なエネルギー源である。

---

86)「農林水産分野におけるゲノム編集技術の利用により得られた生物の生物多様性影響に関する情報提供等の具体的な手続について」（令和元年10月9日付け元消安第2743号農林水産省消費・安全局長通知（最終改正：令和3年3月2日付け2消安第4280号農林水産省消費・安全局長通知））。

　また、再エネの導入は、従来未利用となっていた土地、水、バイオマス等の資源に新たな価値を与えその有効活用を可能とするほか、発電設備の維持管理等の周辺事業における雇用創出にも寄与することで地方の経済循環にも貢献する等、様々な経済的なメリットを見込むことができる。

　このような背景から、国や地方自治体は、2050年カーボンニュートラルに向けて様々な法律や支援制度の整備を行っており、今後もこのような傾向が加速すると思われる。投資家目線で見ても、農林水産と再エネを組み合わせた事業に投資することは、投資リターンの向上や事業リスクの分散に資するだけでなく、ESG投資の調達促進や企業価値向上にもつながり得ることから、近時の重要な視点といえるであろう。

　以下では、農林水産と再エネを融合させたプロジェクトの推進に際して、投資家目線で理解しておくべき制度や議論の状況を概説する[87]。

(2)　農山漁村における再生可能エネルギー発電を促進する法制度

　農林水産と再エネを融合させた事業促進の観点では、①農山漁村再エネ法と②温対法に基づく事業促進のための枠組が注目される。以下、両法に基づく制度枠組を概観していきたい。

(i)　農山漁村再エネ法に基づく事業促進の枠組

(a)　概要

　農山漁村再エネ法は、地域主導で農林漁業の健全な発展と調和した再生可能エネルギー発電設備の導入等を促進しつつ、無計画な再生可能エネルギー発電設備の整備計画が進み地域の農林漁業に支障を来すことを防ぐことにより、地域と共生する再生可能エネルギー電気の発電によって農山漁村の活性化およびエネルギー供給源の多様化を図ること（同法1条）を目的として、2013年に制定された法律である。

---

87) 再生可能エネルギーに関する法制度および実務に関しては、長島・大野・常松法律事務所　カーボンニュートラル・プラクティスチーム編『カーボンニュートラル法務』（金融財政事情研究会、2022年）や、長島・大野・常松法律事務所　ESGプラクティスチーム編著『ESG法務』（金融財政事情研究会、2023年）を参照されたい。

[図表 5 -14] 農山漁村再エネ法の概要

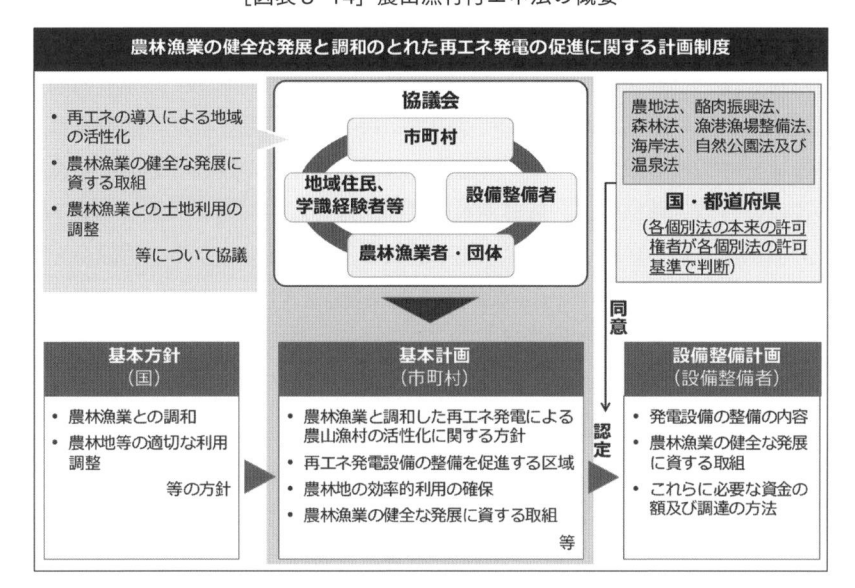

出典：農林水産省「農林漁業の健全な発展と調和のとれた再生可能エネルギー電気の発電の
　　　促進に関する法律の概要」をもとに筆者ら作成。

　図表 5 -14に示されるように、市町村は国が定める基本方針に基づき、当
該市町村の区域における農林漁業の健全な発展と調和のとれた再生可能エネ
ルギー電気[88] の発電の促進による農山漁村の活性化に関する基本的な計画
（以下「基本計画」という。）を作成することができる（同法 5 条 1 項）。また、
基本計画を作成しようとする市町村は、当該市町村、当該市町村の区域内に
おいて再生可能エネルギー発電設備[89] の整備を行おうとする者、当該市町
村の区域内の関係農林漁業者およびその組織する団体、関係住民、学識経験
者その他の当該市町村が必要と認める者を構成員とする協議会を組成するこ
とができる（同法 6 条）。基本計画が策定された場合、再生可能エネルギー

---

88) 太陽光、風力、水力、地熱、バイオマス（動植物に由来する有機物であってエネルギー
　源として利用することができるもの（原油、石油ガス、可燃性天然ガスおよび石炭ならび
　にこれらから製造される製品を除く。））、その他電気のエネルギー源として永続的に利用
　することができると認められるもの（同法 3 条 1 項）をいう。

発電設備の整備を行おうとする者は、市町村に設備整備計画の認定の申請を
することができる（同法7条1項）。

　近時、再エネに対する安全面、防災面、景観・環境への影響、将来の廃棄等
に対する地域の懸念が高まっている中で、再エネの開発と地域との共生は大
きなテーマである。地域との共生を図りながら再エネの整備を進めていくた
めには、行政、地域住民、農林漁業の関係団体等との対話が重要になる。現
行の農山漁村再エネ法の下では、基本計画を作成するかどうか、協議会を組
成するかどうかも含め、行政の裁量に委ねられている。2024年3月末時点
の情報では、基本計画を作成済みの市町村は99に留まっているが、地域共生
と調和した再エネ開発のためには、今後積極的に活用されるべき制度である。

　また、事業者からみた場合、市町村から設備整備計画の認定を受けること
で、①農地法、酪肉振興法、森林法、漁港法、海岸法、自然公園法および温
泉法に基づく許可または届出の手続のワンストップ化、②市町村による所有
権移転等促進計画の作成・公告による農林地等の権利移転の一括処理といっ
たメリットを受けることができる。設備整備計画の認定制度は、多額のコス
トをかけて開発を進めた段階で肝心の許認可が得られず計画が頓挫するとい
うリスクを減少させることにもつながるであろう。

(b)　市町村による基本計画の作成

　上記のとおり、市町村は国が定める基本方針に基づき、基本計画を作成す
ることができる。基本計画は、当該市町村において再生可能エネルギー電気
の発電の促進による農山漁村の活性化に取り組む関係者の行動指針となるも
のである。

　基本計画には、①農林漁業の健全な発展と調和のとれた再生可能エネル

---

89) 再生可能エネルギー源を電気に変換する設備およびその附属設備をいい、太陽光パネル、
　風車、水車等のほか、小水力発電、地熱発電およびバイオマス発電のように、通常建屋を
　必要とする場合には、その建屋の敷地も含まれ、また、附属設備には、蓄電池、パワーコ
　ンディショナー、管理施設、電線、電柱、導水路、地熱発電用井戸等の設備を用いた発電、
　変電、送電または配電に必要な設備が含まれる（農林水産省「農林漁業の健全な発展と調
　和のとれた再生可能エネルギー電気の発電の促進による農山漁村の活性化に関する計画制
　度の運用に関するガイドライン」（令和3年7月30日施行版）1頁）。

ギー電気の発電の促進による農山漁村の活性化に関する方針、②再生可能エネルギー発電設備の整備を促進する区域（以下「設備整備区域」という。）、③設備整備区域において整備する再生可能エネルギー発電設備の種類および規模、④再生可能エネルギー発電設備の整備と併せて農林地の農林業上の効率的かつ総合的な利用の確保を図る区域を定める場合にあっては、その区域および当該区域において実施する農林地の農林業上の効率的かつ総合的な利用の確保に関する事項、⑤その他再生可能エネルギー発電設備の整備と併せて促進する農林漁業の健全な発展に資する取組みに関する事項等が定められる。

(c)　各法に基づく許認可または届出の手続のワンストップ化

　基本計画が定められた場合、再生可能エネルギー発電設備の整備を行おうとする者は、市町村に設備整備計画の認定の申請をすることができる。申請に当たって、事業者は設備整備計画に、①整備をしようとする再生可能エネルギー発電設備の種類、規模等および当該整備を行う期間、②再生可能エネルギー発電設備の整備と併せて行う農林漁業の健全な発展に資する取組みの内容、③再生可能エネルギー発電設備または農林漁業関連施設の用に供する土地の所在、地番、地目および面積または水域の範囲、④必要な資金の額およびその調達方法等を記載する必要がある（同法7条2項）。

　申請を受けた市町村は、設備整備計画の基本計画への適合性や実現可能性等の一定の要件を満たす場合、設備整備計画を認定する（同法7条3項）。設備整備計画の認定を受けた事業者（以下「認定設備整備者」という。）は、再生可能エネルギー発電設備の整備に際して取得することが本来必要となる以下の許認可の取得または届出の手続を省略することができる（同法9条から15条）。

[図表5-15] 農山漁村再エネ法に基づくワンストップ化対象許認可等

省略することのできる許認可・届出の概要
① 農地法4条1項、5条1項に基づく農地転用または農地への権利設定・移転の許可等[90]
② 酪肉振興法9条に基づく酪農区域における草地形質変更に係る届出
③ 森林法10条の2第1項に基づく民有林等における開発行為の許可および同法34条1項・2項に基づく保安林の伐採の許可等
④ 漁港法39条1項に基づく漁港等における工作物の建設、土地の整備、汚水の放流または水面の一部の占用等を行うための許可
⑤ 海岸法7条1項、8条1項に基づく海岸における施設の設置や土砂の採取等を行うための許可
⑥ 自然公園法20条3項および33条1項・2項に基づく国立・国定公園内における開発行為の許可等
⑦ 温泉法3条1項に基づく土地の掘削許可等および同法11条1項の増掘または動力の装置の許可等

(d)　市町村による農林地所有権移転等促進事業

　再エネ発電設備の整備予定地やその周辺の農林地に多数の地権者が存在する場合、地権者間の意見集約が難航する等の理由によって、再エネ発電設備の整備や農地の集約化等が円滑に進まないおそれがある。農山漁村再エネ法は、市町村が主導して行う農林地所有権移転等促進事業[91] を創設し、公的主体である市町村が中心となって地権者全員の合意形成を図り、農林地等についての複数の権利の移転または設定を一括して行うことを可能とする制度を導入した。

---

90) 同法9条に基づく農地法の特例は、認定設備整備計画に従って行われる再生可能エネルギー発電設備等の整備に関するものであり、別の土地に工事用の道路や資材置場等を設置するなど一時的な利用のための農地転用には適用されず、その限りでは別途農地法4条1項または5条1項に基づく一時転用の許可申請が必要となる。
91) 再生可能エネルギー発電設備または農林漁業関連施設の円滑な整備およびこれらの用に供する土地の周辺の地域における農林地の農林業上の効率的かつ総合的な利用の確保を図るために行う農林地等についての所有権の移転等を促進する事業をいう（同法5条4項）。

　この制度の下では、市町村はその基本計画において農林地所有権移転等促進事業に関する一定の事項を記載することができる。かかる事項を記載した市町村（計画作成市町村）は、認定設備整備者から認定設備整備計画に従って農林地等について所有権の移転等を受けたい旨の申出があった場合、必要があるときは、農業委員会の決定を経て所有権移転等促進計画を定め（同法16条）、その旨を公告する（同法17条）。公告がなされると、所有権移転等促進計画の定めるところによって所有権移転、または地上権、賃借権もしくは使用貸借の設定もしくは移転が効力を生じる（同法18条）。また、対抗要件具備の観点からも、市町村による嘱託登記の仕組が併せて導入され、所有権移転等促進計画で発生した権利の移転または設定後の不動産登記についても市町村が主導して必要な手続を行うこととされている（同法19条・権利移転等の促進計画に係る不動産の登記に関する政令）。

　これらの措置により、個々の地権者との間の権利移転・設定に必要となる調整や登記の手間・コストの削減が図られることになる。事業者にとっては、特に、個々の地権者との合意形成に難航したような場合に、市町村の協力を得て計画を前進させるための一つの拠り所になるものと期待される。

(ii)　温対法に基づく事業促進の枠組み

(a)　概要

　温対法は、地球温暖化対策の推進を図ることを目的として1998年に制定された法律であり、日本の温暖化対策の中心的な根拠法令である。温対法自体は、政府の事務・事業に関する温室効果ガスの排出削減計画の策定（同法20条）、温室効果ガス排出量算定・報告・公表制度（同法26条以下）等、温暖化対策に関連する多岐に亘る制度を含むが、農林水産と再エネ事業を融合したプロジェクトの推進の観点からは、地域脱炭素化促進事業の推進のための計画・認定制度の活用が注目される。

(b)　地域脱炭素化促進事業の計画・認定制度

　地域脱炭素化促進事業の計画・認定制度は、地域における脱炭素の取組みを促進し、プロジェクトの円滑な実施を促進すべく、2021年6月に公布

された温対法の一部改正法により導入された制度である。

　地域脱炭素化促進事業の計画・認定制度は、①市町村が地域脱炭素化促進事業の目標、同事業の対象となる区域（促進区域）、促進区域において整備する地域脱炭素化促進施設の種類および規模等の地域脱炭素化促進事業の促進に関する事項を含めた地方公共団体実行計画を策定することを前提に、②事業者が地方公共団体実行計画に適合した事業計画を策定し、申請により市町村の認定を受けることで、許認可のワンストップ化等の特典を得られる仕組みである（図表5-16を参照）。

[図表5-16] 地域脱炭素化促進事業の計画・認定制度の概要

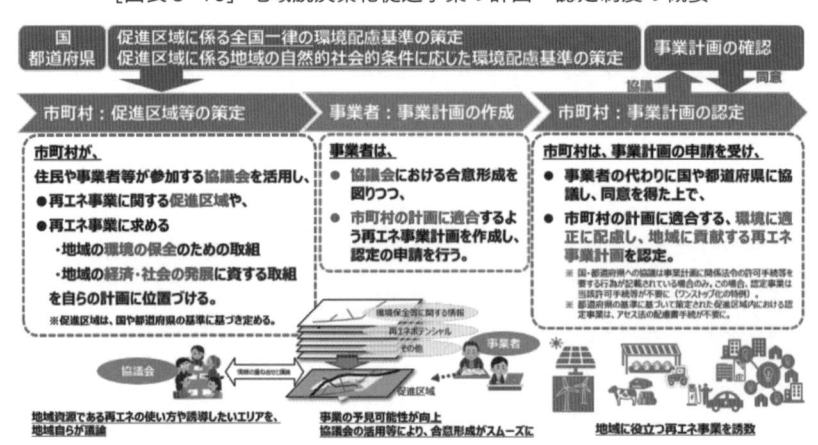

出典：環境省「地方公共団体実行計画（区域施策編）策定・実施マニュアル（地域脱炭素化促進事業編）」3頁。

　このうち①の段階は市町村が主導して行う手続であり、市町村が地方公共団体実行計画における「地域脱炭素化促進事業の促進に関する事項」を策定するに当たり、関係者が参加する議論の場（協議会）を設ける等して課題の抽出や解決方法を検討し、促進区域や市町村が同事業に対して求める「地域の環境の保全のための取組」、「地域の経済および社会の持続的発展に資する取組」等を決定するプロセスである[92]。市町村が定める地方公共団体実行計画が協議会におけるステークホルダーとの協議を反映し、事業の適地や調整

が必要な課題が見える化されることによって、事業者の事業予見性を高めることが意図されたものである。

②の地域脱炭素化促進事業の計画・認定に向けた手続は、大要、以下のようなものである。まず、地域脱炭素化促進事業を実施しようとする事業者は、当該地域脱炭素化促進事業の実施に係る事業計画（地域脱炭素化促進事業計画）を作成し、地方公共団体実行計画（ただし、同法21条5項に従って、当該市町村が地方公共団体実行計画（区域施策編）において「地域脱炭素化促進事業の促進に関する事項」を定めた場合に限る。）を策定した市町村（計画策定市町村）に対して認定の申請を行うことができる（同法22条の2第1項・2項）。

申請を受けた計画策定市町村は、①当該地域脱炭素化促進事業計画の内容が地方公共団体実行計画に適合するものであること、②同計画に記載された地域脱炭素化促進事業が円滑かつ確実に実施されると見込まれるものであること、③その他関係省令で定める基準に適合するものであることを認めたときは、同計画を認定する（同条3項）。計画策定市町村は、当該認定を行うに際し、その申請に係る地域脱炭素化促進事業計画に記載された地域脱炭素化促進施設の整備等が温泉法に基づく土地の掘削許可等の一定の許可を要する行為に該当する場合、環境大臣または管轄都道府県知事等の許認可権者等と協議しその同意を得なければならない（同条4項）。

こうした事前の調整枠組が設けられている反面、認定事業者は、認定地域脱炭素化促進事業計画に従って地域脱炭素化促進施設の整備等を実施する場合、以下の関係許認可等の取得・届出に係る別途の手続を省略することができ（同法22条の5から22条の10）、これらの手続を当該認定の申請と併せてワンストップで行うことが可能となる。

92）従来、各市町村がそれぞれ「地域脱炭素化促進事業の促進に関する事項」を定めることのみが予定されていたが、2025年4月1日施行の改正温対法の下では、都道府県および市町村が共同して、地方公共団体実行計画における「地域脱炭素化促進事業の促進に関する事項」を定めることができるようになる（改正温対法21条6項）。これにより、複数の計画策定市町村の区域（同法21条6項の規定により地方公共団体実行計画において定められた促進区域内に限る。）に跨がる地域脱炭素化促進事業計画の認定等の手続は、当該計画策定市町村が属する都道府県または都道府県知事が処理することになる（同法22条の5第1項）。新制度の下で、再エネ促進区域の設定等が一層加速化されることが期待される。

[図表5-17] 地域脱炭素化促進事業の計画・認定制度に基づく

ワンストップ化対象許認可等

省略することのできる許認可・届出の概要
① 温泉法3条1項に基づく土地の掘削許可等および同法11条1項の増掘または動力の装置の許可等
② 森林法10条の2第1項に基づく民有林等における開発行為の許可および同法34条1項・2項に基づく保安林の伐採の許可等
③ 農地法4条、5条に基づく農地転用または農地への権利設定・移転の許可等
④ 自然公園法20条3項および33条1項・2項に基づく国立・国定公園内における開発行為の許可等
⑤ 河川法23条の2に基づく水利使用のために取水した流水等を利用する発電の登録
⑥ 廃棄物処理法9条の2の4第1項、15条の3の3第1項に基づく熱回収施設の認定および同法15条の19第1項に基づく指定区域内における土地の形質変更届出
⑦ 宅地造成及び特定盛土等規制法12条1項に基づく宅地造成等に関する工事の許可および同法30条1項に基づく特定盛土等または土石の堆積に関する工事の許可等

※⑦に関しては2025年4月1日施行の改正温対法により追加予定。

　また、環境影響評価制度との連携の観点から、認定を得た事業者は、環境影響評価法に基づく事業計画の立案段階における配慮書手続（環境影響評価法2章1節）の省略という特例を受けることができる（同法22条の11）。

　環境省は、「地域脱炭素のための促進区域設定等に向けたハンドブック」（最新版は2024年4月改訂の第4版）や「地方公共団体実行計画（区域施策編）策定・実施マニュアル（地域脱炭素化促進事業編）」を公表すること等を通じて、地域脱炭素化促進事業の促進を積極的に後押ししている。

(3)　再生可能エネルギー導入に向けた支援制度

　国は、再生可能エネルギー事業に係る設備導入、実証・モデル事業、調査、研究開発等に対して、税制上の優遇制度、融資制度、補助金制度等、様々な

支援制度を導入している[93]）。

　農林水産省は、農林漁業の健全な発展と調和の取れた再生可能エネルギー発電の事例をウェブサイト上[94]）で公開しており、補助金制度や融資制度を活用した資金調達の実例も紹介されている。

　農林水産関連ビジネスに参入する投資家にとっては、過去の実例も参照しながら、これらの支援制度の活用を検討することも有用であるといえよう。

2　営農型太陽光発電

(1)　背景

(i)　営農型太陽光発電とは

　営農型太陽光発電とは、農地に簡易な構造で、かつ、容易に撤去できる支柱を立てて一時的に農地を農地以外のものにし、上部空間に太陽光を電気に変換する設備を設置し、営農を継続しながら発電を行うことをいい（農地法施行規則30条2項）、ソーラーシェアリングと呼ばれることもある。

　近年太陽光発電事業に適した土地の減少が指摘されている中、ソーラーシェアリングは適地不足の解決策として注目されており、実際、プロジェクトに必要な許可の新規の件数も年々増加している。

93）各制度の詳細については、資源エネルギー庁のウェブサイト（URL：https://www.enecho.
meti.go.jp/category/saving_and_new/saiene/support/index.html）が参考になる。

94）農林水産省ウェブサイト（URL：https://www.maff.go.jp/j/shokusan/renewable/energy/zirei.
html）。

[図表 5-18]　営農型太陽光発電設備を設置するための農地転用許可件数

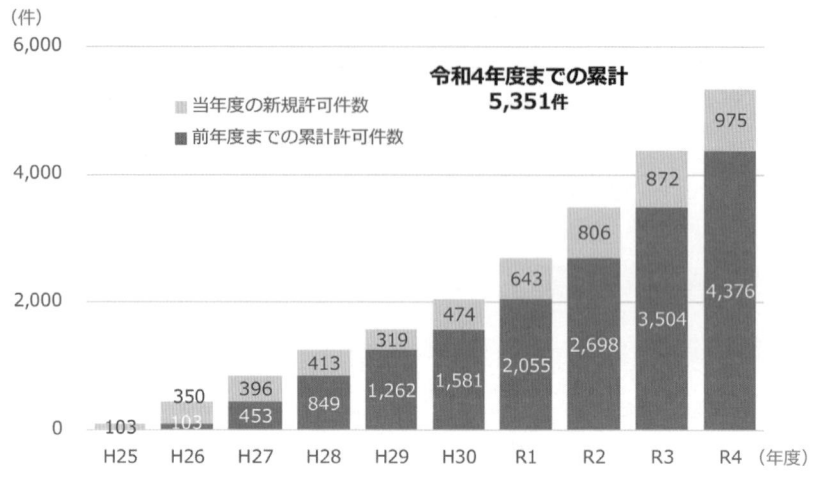

出典：農林水産省「営農型太陽光発電について」4 頁をもとに筆者ら作成。

(ii)　営農型太陽光発電を導入するメリット

　上記のとおり、営農型太陽光発電は営農を継続しながら発電を行う形態であり、原則として農業以外の目的で利用することができない農地を太陽光発電事業に利用できることになる。そのため、発電事業の観点からは、発電事業に必要な土地の確保という側面において農地を候補に入れることが可能となる。一方、天候等の不確定要素に左右されやすい農業の視点でみた場合、再エネ特措法に基づく固定価格買取制度（いわゆる FIT 制度）や Feed-in Premium（いわゆる FIP 制度）、あるいは、需要家に対して直接に、または電力小売業者を通じて間接に電力を売却するコーポレート PPA を活用して売電による収益と農業による収益の 2 つを併存させることで、事業リスクを分散させることにもつなげることができる。

　図表 5-19 は、営農型太陽光発電のストラクチャーの一例である。

［図表5-19］営農型太陽光発電のストラクチャーの例

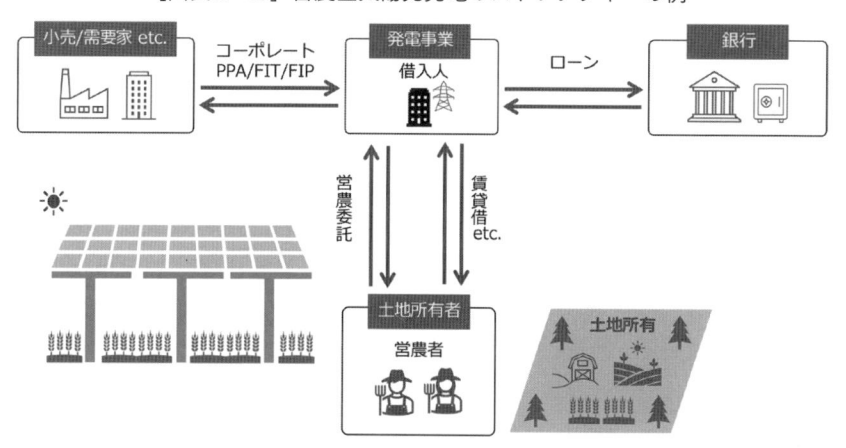

(2)　営農型太陽光発電と農地法

　農地を全面的に転用して太陽光発電所を開発する場合、転用に先立って農地法に基づく農地転用許可を取得する必要があるが、一度転用事業を適法に完了させた後は、転用許可の維持は不要である。一方、営農型太陽光発電の場合、太陽光パネルを支える架台の支柱が農地に接地する部分について一時転用許可を取得するとともに、営農事業を継続する間はこれを維持し続ける必要がある[95]。

95）なお、太陽光発電設備の設置者と土地の所有者が異なる場合、太陽光パネルが存在する
　　農地の上空部分については土地の所有者から区分地上権（民法269条の2）または賃借権
　　の設定を受ける必要があるが、当該設定に際しては、別途農地法3条の許可を得る必要が
　　ある。

[図表 5-20] 太陽光パネルの設置と一時転用許可の位置関係

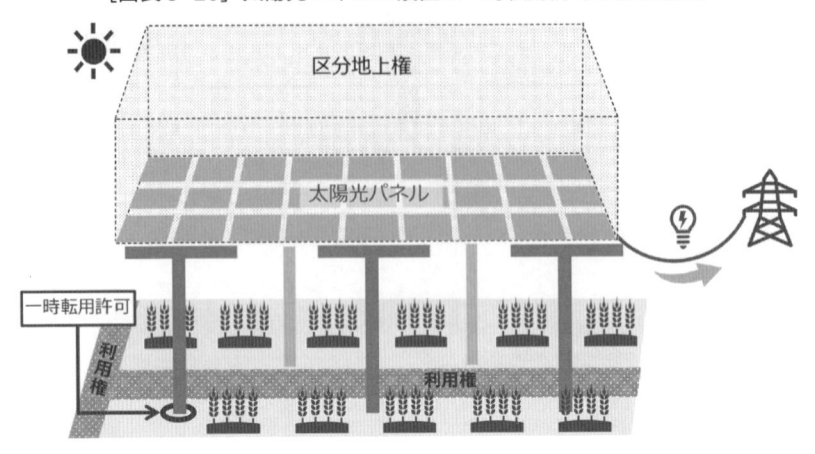

ソーラーシェアリングに関する一時転用許可の運用に関しては、長らく行政庁の通知[96]により処理されてきた。農林水産省は、営農が適切に継続されない事例を排除するため、従来通知により定めていた一時転用の許可基準等を改正農地法施行規則（令和 6 年 4 月 1 日施行）に定めるとともに、具体的な考え方や取扱いについてガイドライン[97]を制定し運用している。一時転用許可は、同施行規則57条 6 号イからチのいずれかに該当する事由（図表 5-21参照）が存在する場合は認められない。

[図表 5-21] 一時転用許可が得られない事由

同施行規則57条 6 号イ	下部の農地において栽培する農作物の単位面積当たりの収穫量（「単収」）が、同じ年産の当該申請に係る農地が所在する市町村の区域内の平均的な単収と比較して概ね 2 割以上減少するおそれ（当該市町村の区域内において栽培されていない農作物または生産に時間を要する農作物を栽培する場合にあっては、申請に際し添付した栽培実績書または当該農作物を栽培する理由を記載した書類に記載された単収が見

---

96)「支柱を立てて営農を継続する太陽光発電設備等についての農地転用許可制度上の取扱いについて」（平成25年 3 月31日付け24農振第2657号農林水産省農村振興局長通知）等。

97)「「営農型太陽光発電に係る農地転用許可制度上の取扱いに関するガイドライン」の制定について」（令和 6 年 3 月25日付け 5 農振第2825号農林水産省農村振興局長通知）。

	込まれないおそれ）があると認められる場合（現に耕作の目的に供されておらず、かつ、引き続き耕作の目的に供されないと見込まれる農地を利用する場合を除く。）
同ロ	下部の農地の全部または一部において営農が行われる見込みがない場合（現に耕作の目的に供されておらず、かつ、引き続き耕作の目的に供されないと見込まれる農地を利用する場合に限る。）
同ハ	営農型太陽光発電設備の設置により、下部の農地において生産される農作物の品質を著しく劣化させるおそれがあると認められる場合
同二	都道府県知事等への毎年の下部の農地において栽培する農作物に係る栽培実績書および収支報告書が適切に提出されないおそれがあると認められる場合
同ホ	営農型太陽光発電設備の角度、間隔等について、下部の農地において栽培される農作物の生育に必要な日照に影響を及ぼすおそれがある場合
同ヘ	支柱の高さが地上から2m以上あることその他の下部の農地において農業機械等を効率的に利用できる等、耕作者が農作業を効率的に行うことができる空間を確保するための措置が講じられていない場合
同ト	（系統連系を前提とする案件の場合）申請者が、連系に係る契約を電気事業者と締結する見込みがない場合
同チ	申請者が、農地法51条1項に基づく違反転用者等に対する原状回復等の措置を現に命じられている場合

　これらに加え、ガイドライン上、主として、一時転用許可に際して次の事項も確認対象となっている点に留意が必要である。

① 申請に係る転用期間が、(a)担い手[98]が自ら所有する農地または賃借権その他の使用および収益を目的とする権利を有する農地等を利用する場

---

98)「担い手」とは、食料・農業・農村基本計画（令和2年3月31日閣議決定）の第3の2に掲げる次の者をいうとされる。
　①効率的かつ安定的な農業経営（主たる従事者が他産業従事者と同等の年間労働時間で地域における他産業従事者とそん色ない水準の生涯所得を確保し得る経営）
　②認定農業者（農業経営基盤強化促進法12第1項に規定する農業経営改善計画の認定を受けた者）
　③認定新規就農者（同法14条の4第1項に規定する青年等就農計画の認定を受けた者）
　④将来法人化して認定農業者になることが見込まれる集落営農

合、遊休農地を再生利用する場合または第2種・第3種農地を利用する場合は10年以内、(b)それ以外の場合は3年以内であること。

② 下部の農地での営農の適切な継続が確実であること（以下のいずれにも該当しないこと）。

   ⓐ ア 遊休農地を再生利用する場合以外の場合：下部の農地において栽培する農作物の単収が、同じ年産の当該申請に係る農地が所在する市町村の区域内の平均的な単収と比較して概ね2割以上減少する場合（ただし、当該市町村の区域内で作付けされていない農作物または生産に時間を要する農作物を栽培する場合にあっては、試験栽培の実績または栽培理由書に記載された単収より減少する場合）

     イ 遊休農地を再生利用する場合：農地法32条1項各号に掲げる遊休農地に該当することとなる場合

   ⓑ 下部の農地において生産された農作物の品質に著しい劣化が生じるおそれがあると認められる場合

③ 農業経営基盤強化促進法19条1項に規定する地域計画の区域内において営農型太陽光発電を行う場合は、当該地域計画に係る協議の場において、農地の利用の集積その他の農業上の効率的かつ総合的な利用の確保に支障を生ずるおそれがないとして、営農型太陽光発電の実施について合意を得た土地の区域内において行うものであること。

④ 支柱を含む営農型太陽光発電設備を撤去するのに必要な資力および信用があると認められること[99]。

　一時転用許可を取得した者は、ガイドライン上、毎年、下部の農地における農作物の生産に係る状況として一定事項を農地転用許可権者に対して報告することが求められる。報告の結果、営農に支障が生じていると認められれば、現地調査が行われ改善措置等が指導されることがあり、一時転用許可を受けた者が当該指導に従わない場合は是正勧告や原状回復命令等の措置が講じられる可能性がある。

　また、ガイドライン上、一時転用許可の期間が満了する場合、農地転用許

---

99) なお、当該事業が再エネ特措法に基づく FIT 制度や FIP 制度を活用するものである場合、再エネ特措法に基づいて撤去費用として積み立てられた金額も考慮される。

可権者は、当初の許可付与時に準じた手続により、再度一時転用許可を行うことができるとされている。この場合、それまでの転用期間における下部の農地での営農の状況を十分勘案して総合的に判断するものとされる。なお、それまでの転用期間において、営農型太陽光発電設備の設置が原因とはいえないやむを得ない事情により、下部の農地の利用の程度が著しく劣っていることや下部の農地において単収が減少していること等が見られる年がある場合には、その事情およびその他の年の営農の状況を十分勘案して判断するとされていることにも留意が必要である。

　なお、資源エネルギー庁は、下部農地での営農が適切に継続されていない、または一時転用期間満了後も設備の撤去がなされず農地法違反の状態が継続している事案（15件：6事業者）等につき、2024年8月5日、再エネ特措法に基づいて、FIT/FIP交付金の一時停止措置を講じている。再エネ特措法によるFIT・FIP制度を活用するプロジェクトの場合、農地法違反の結果として再エネ特措法に基づく交付金一時停止や返還措置が講じられる可能性があることにも注意する必要がある。

コラム⑯〈森林保護と再エネ開発〉

　太陽光発電事業をはじめとする再エネ事業の用地確保のためには森林の伐採等の開発が必要となる場合もある。森林法は、森林の保全と適正な利用を確保するため、保安林制度と林地開発許可制度を設けていることは前述のとおりである（1章Ⅲ2参照）。保安林の指定解除については「保安林の指定解除事務等マニュアル（風力編）」（令和5年10月改訂）、「保安林の指定解除事務等マニュアル（地熱編）」（令和5年10月改訂）等のマニュアルや、「保安林及び保安施設地区の指定、解除等の取扱いについて」（昭和45年6月）等の通達にも留意する必要がある。また、林地開発許可については、許可申請の手続や許可基準等については、林野庁「開発行為の許可基準等の運用について」（令和4年11月）等の通達に沿った運用がなされているが、近時の太陽光発電設備の設置を目的とした林地開発の増加による森林機能の喪失や環境への負の影響の増大といった社会問題を踏まえ、2022年9月に森林法施行令および同施行規則が改正され、2023年4月1日以降、開発許可の手続が厳格化されている。

3　農業水利施設の有効括用

(1)　農業水利施設と土地改良法

（i）　農業水利施設の意義

　農業水利施設とは、水源を確保して適切な時期に必要な量の農業用水を農作物に供給するとともに、その生育を阻害しないよう適切に排水する一連の農業水利システムを構成する要素である[100]。

　農業水利施設には、ダム、頭首工（河川の水をせき止めて水位を調節する取水堰および用水路へ水を入れる取水口を併せた施設）、用水路・排水路、ため池などがあるが、これらを発電のために有効活用する例が近時増加している。ダムや水路は水の落差から得られるエネルギーを電力として有効活用することができるし、ため池の中には太陽光発電を行うのに適したものもある。

（ii）　土地改良法

　農業水利施設の中には、水利組合や個人が所有・管理するため池などもあるが、その多くは土地改良法に基づく土地改良事業によって造成された土地改良施設である。山と海の距離が近く、急で短い河川が多いという日本の地理的特性を克服し、広大な農地を生み出すため、土地改良法に基づいて、様々な農業水利施設が整備されてきた。

　こうした土地改良法に基づいて整備された農業水利施設を再エネプロジェクトに活用するためには、発電事業者が、どのようにして当該土地や施設の利用権原を確保するかが重要な問題となる。そのためには土地改良法に基づく土地改良事業の仕組みを理解する必要がある。

　土地改良法に基づく土地改良事業には、土地改良区が行うもの、国または都道府県が行うもの、市町村が行うもの、農業協同組合等が行うものがあり、事業主体に応じて土地改良施設の所有主体が異なる。また、各土地改良施設の所有主体が当該土地改良施設の管理を実際に行っているとは限らない。実

100）農林水産省「農業水利施設の機能保全の手引」3頁。

務上、多くのケース（ダム・頭首工に関しては約8割、農業用排水路に関しては約9.5割）で、土地改良区または市町村に委ねられている[101]。

[図表 5‑22] 土地改良施設の所有・管理主体

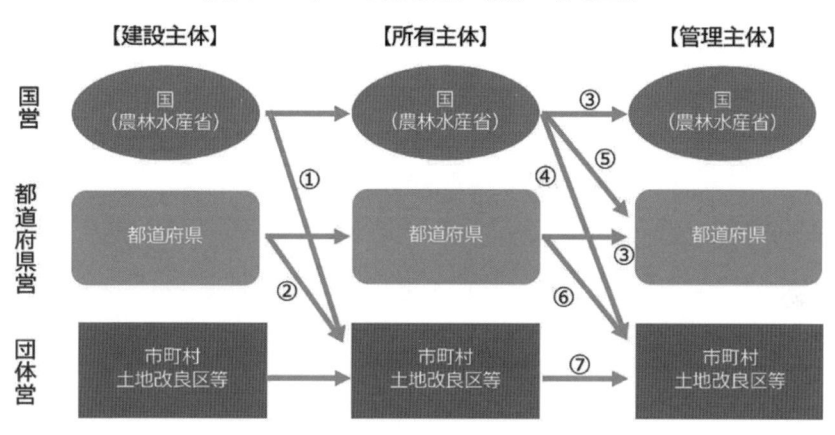

① 　法94条の3による譲与（条件付譲与）
② 　条例による譲与（地方自治法）
③ 　法85条による直轄管理
④ 　法94条の6による管理委託
⑤ 　同上
⑥ 　法94条の10または条例による管理委託
⑦ 　法57条による管理（造成主体の管理義務）

出典：農林水産省＝国土交通省「農業水利施設等を活用した小水力発電施設導入の手続き・事例集」7頁。

　民間企業が土地改良事業で整備された農業水利施設を発電用に利用しようとする場合、本来の用途や目的と異なる仕様（他目的使用）となるため施設所有者の承認を得なければならない。土地改良区等に土地改良財産を管理委託している場合の土地改良財産の他目的使用については、土地改良財産取扱規則（昭和34年農林省訓令第23号）、土地改良財産の管理及び処分に関する基本通知（昭和60年4月1日付60構改B第499号農村振興局長通知）の規定に従い、

101）農林水産省＝国土交通省「農業水利施設等を活用した小水力発電施設導入の手続き・事例集」7頁。

土地改良区等の管理受託者が、地方農政局長等の承認を受けて、使用者と契約を行うこととされている。かかる契約において使用料が定められるところ、公共用財産である土地改良財産の使用料の年額の算定方法については、同基本通知に定められている（同 9 頁以下参照）。なお、かかる地方農政局長等の承認は、他目的使用等が当該財産の本来の用途または目的を妨げない限りにおいて、関係農家の利益に反しない場合に限り行われる（土地改良法施行令59条参照）。

(2)　中小水力の導入

(i)　開発余力（包蔵水力）

　水力発電は古くから重要な電源として利用され、近時は安定的かつ純国産の電源として、脱炭素の観点から再評価されている。2022年度の水力発電量は約769億 kWh で、全発電量の7.6％を占めており、2021年 3 月末時点で1,828か所（1,000kW 未満の自家用発電所を除く。）の水力発電所がある[102]。しかし、大規模な水力発電所（大水力）の新規開発には多額の投資と時間が必要で、開発リスクや地域との合意形成など多くの課題があるため、容易に数を増やせるものではない。これに対し、河川の流水、農業用水や上下水道を利用する規模が比較的小さい中小水力に関しては、近時建設が活発化している。国の調査によれば、技術的・経済的に利用可能な水力エネルギー量（包蔵水力）は、約2,000万 kW（原発 1 基あたり50万 kW〜100万 kW とした場合、20基〜40基分に相当）とされており（2021年 3 月31日現在）、今後のさらなる開発が期待される。

　法令上、大水力と中小水力の明確な定義はなく、国や機関によってその基準は異なるとされているが、概ね、1 万 kW 〜 5 万 kW の間で中小水力と大水力が区別されることが多い。中小水力として今後導入ポテンシャルが大きいとされるのが、大量の水を利用する農業水利施設を活用した案件である。

　もっとも、農業水利施設を利用した中小水力発電プロジェクトを積極的に展開していくに際しては、元々農業用に設計された農業水利施設に発電設備

102）国土交通省水管理・国土保全局水資源部「令和 4 年版　日本の水資源の現況」16頁。

を追加することに伴う技術的な課題や初期投資が高額になりやすいといった経済性の問題のほか、様々な許認可も関連するため留意が必要である。

(ⅱ)　河川法上の許可[103]

　農業水利施設を活用した中小発電プロジェクトにおいて、土地改良法上の承認と並んで取得の検討を要する重要許認可が河川法上の各種許可等である。具体的には、以下の図表5-23のとおり、河川法上の河川（一級河川および二級河川）の流水を利用して水力発電を行う場合、発電設備の設置場所に応じて、河川法上の許可を取得し、または登録を受ける必要が生じる。

[図表5-23]　河川法上の許可等の要否

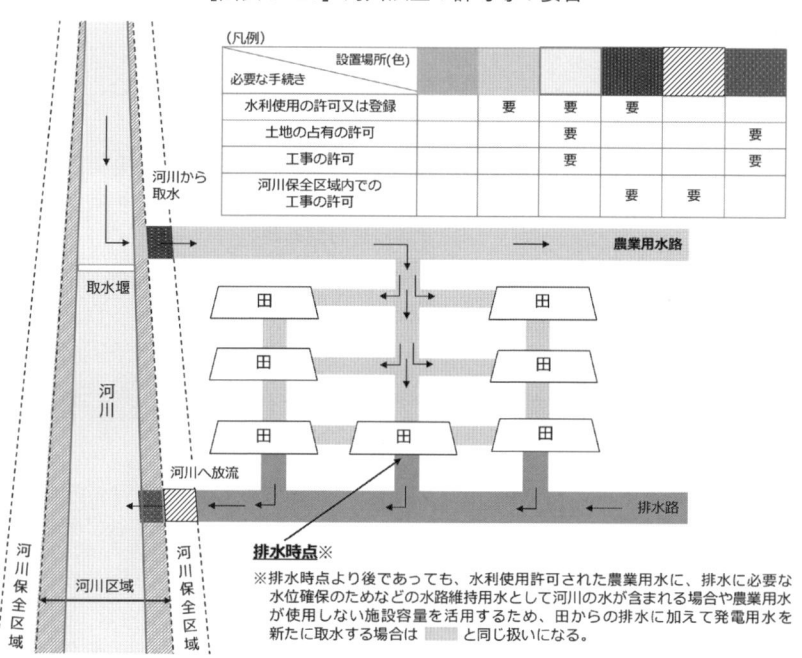

出典：農林水産省・国土交通省「農業水利施設等を活用した小水力発電施設導入の手続き・事例集」12頁をもとに筆者ら作成。

　許可または登録の概要は図表5-24のとおりである。

[図表 5-24] 河川法上の許可等の概要

許可又は登録	概要
流水の占用の許可又は登録 （河川法23条、23条の 2 ）	・原則として、河川管理者の許可を得なければならない。但し、従属発電の場合（既に流水の占用許可を受けた水利使用のために取水した流水等として河川法施行令14条の 2 に定めるもののみを利用する発電のために河川の流水を占用する場合）は登録のみ ・発電水利使用の有効期間については概ね20年として実務上処理（国土交通省ウェブサイト：https://www.mlit.go.jp/river/riyou/main/suiriken/seido/）
土地の占有の許可 （同法24条）	・河川区域内の土地を占有する場合、河川管理者の許可が必要
土石等の採取の許可 （同法25条）	・河川区域内の土地において土石（砂を含む。）や竹木等の河川の産出物を採取する場合、河川管理者の許可が必要
工作物の新築等の許可 （同法26条）	・河川区域内の土地において工作物を新築し、改築し、又は除却しようとする場合、原則として、河川管理者の許可が必要
土地の掘削等の許可 （同法27条）	・河川区域内の土地において土地の掘削、盛土若しくは切土その他土地の形状を変更する行為（工作物の新築等の許可に係る行為のためにするものを除く。）又は竹木の栽植若しくは伐採をしようとする場合、原則として、河川管理者の許可が必要
河川保全区域内の工事許可 （同法55条）	・河川保全区域内において、土地の掘さく、盛土若しくは切土その他土地の形状を変更する行為又は工作物の新築若しくは改築を行う場合、原則として、河川管理者の許可が必要

---

103) 一定の要件を満たす水力発電は、再エネ特措法上の固定買取制度（FIT 制度）の適用対象となるが、そのためには、①水力発電設備が揚水式によらず発電を行うものであって、②当該水力発電設備に係る発電機の出力の合計が 3 万 kW 未満であることという要件を満たす必要がある（再エネ特措法 9 条 3 項 3 号、同施行規則 5 条 2 項 7 号）。なお、2022年度から、1,000kW 以上の新規認定案件については、FIP 制度のみ認められる区分に分類されている。また、認定に際し、自家消費型・地域一体型の地域活用要件を満たすことも求められる。

　このうち、継続的に発電設備を設置するに際して、河川法上特に重要なものが流水占用の許可または登録である。河川法が想定する原則的な許可形態は占用許可であり、この占用許可を得て河川を占用する権利は、許可水利権と呼ばれる。一方、すでに流水の占用許可を得ている水利使用のために取水した流水（農業用水のみを発電のために利用する場合）や、ダムまたは堰から専ら河川の流水の正常な機能を維持するために必要なとき、ダム等の洪水調節容量を確保するために必要なとき、または流水の占用許可を受けた水利使用（発電以外のためにするものに限る。）のために必要なときに放流される流水（魚道その他の魚類の通路となる施設を流下するものを除く。）のみを発電のために利用する発電（従属発電）に関しては、従属元となる水利使用の許可の審査に際して下流の利水者や河川環境への影響に関してすでに確認が完了しており、河川の流量等に新たな影響を与えるものではないことから、2013年施行の河川法改正により、河川管理者による登録というより簡素な手続で水利使用が可能となっている。

　許可水利権の有効期間は、原則として、発電水利使用については概ね20年、その他の水利使用については概ね10年として、実務上処理されている。

　許可水利権を取得する際に特に問題となるのが、他の水利権者との調整である。河川法は、水利使用許可の申請を受けた河川管理者に対して、原則として「関係河川使用者」（先行する流水の占用許可等を受けた者や漁業権者や入漁権者を指す（河川法38条、河川法施行令21条）。）に対して通知をし、意見申述の機会を与えることと定め（河川法39条）、かつ、意見申述をした関係河川使用者であって当該申請に係る水利使用によって損失を受けるものが存在する場合は、①当該水利使用を行うことについて当該関係河川使用者の全ての同意がある場合、②当該水利使用に係る事業が関係河川使用者の当該河川の使用に係る事業に比し公益性が著しく大きい場合、または③損失を防止するために必要な施設を設置すれば関係河川使用者の当該河川の使用に係る事業の実施に支障がないと認められる場合を除き、当該申請に対して許可をしてはならないと規定する（同法40条）。そのため、実務的には、水利使用許可を得て中小水力発電を行おうとする際、発電事業の実施によって影響を受ける関係河川使用者（後述する慣行水利権者も含む。）を特定し、個別の同意

が得られるよう努めていくことが必要となる点に留意を要する。

(3)　ため池を利用した水上設置型太陽光発電所

(i)　水上設置型太陽光発電所

　日本には、古くから、農業用水を貯水し随時取水ができるように人工的に造成された池（ため池）が造成され、特に、降水量が少なく流域の大きな河川の数が相対的に乏しい西日本（特に瀬戸内地域）を中心に分布している。令和5年3月末時点において、「ため池防災支援システム」に登録されている農業用ため池の数は15万以上に上る。

　現在の水上設置型太陽光発電所の主な構造は、浮体するフロートに架台を固定して太陽光パネルを設置し、水底まで係留索（ワイヤー）を下ろして土中にアンカーで固定する方式である。この方式は、ため池本来の用途である灌漑目的を損なうことなく再生可能エネルギーの発電を可能とするものである。太陽光発電プロジェクトに適した陸地が限られてきている中、ため池であれば、土地を造成する必要がなく遮蔽物も少ない上に、水面に近接しており陸地よりも気温が若干低くなることから太陽光パネルの発電効率も陸地に比べて向上するといわれている。

　このように、ため池は太陽光発電プロジェクトに適した場所であるとはいえるが、その多くが江戸時代以前に築造されたという歴史的経緯もあり、その所有者および管理者が不明であるものが多く存在する。以下の図表5-26に示されるように、農林水産省が2018年3月に実施した調査では、所有者または管理者が不明のため池も多く存在することがわかる。

[図表5-25] ため池の所有者および管理者の概況

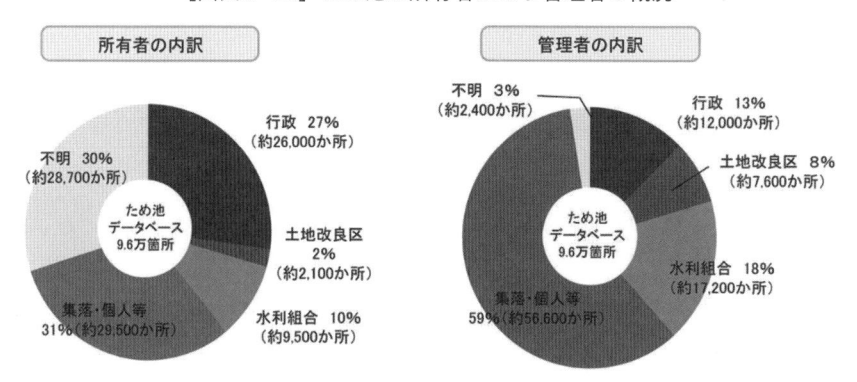

※ため池データベースの所有者・管理者は、任意の聞き取りによるものであり、データベース未記入のものも含め「不明」と計上している。
出典：農林水産省「農業用ため池の管理及び保全に関する法律の概要」。

(ii)　ため池の利用権原の取得

　ため池に浮体式太陽光パネルを設置しようとする場合、ため池の利用権原を確保する必要がある。行政が所有・管理するため池であれば、国有財産法や地方自治法をはじめとする法令や条例に則った手続により貸付を受けることになり、土地改良法に基づく土地改良財産であるため池については、前述した土地改良法に基づく承認と他目的使用契約の締結により権原を確保することになる。個人が所有・管理するため池であれば、当該個人との間で賃貸借契約等の利用権原を設定する契約を締結する。特に留意が必要となるのは、水利組合（用水組合、溜池組合などの名称のものも含む。）が所有・管理しているため池など、必ずしも権利関係が明確ではないため池の利用権限を確保するようなケースである。

　かつて水利組合に関しては旧水利組合条例（明治23年法律第46号）や旧水利組合法（明治41年法律第50号）といった関連法令があったが、戦後は土地改良区へと転換していった。現存する水利組合は、法的な根拠はなく、ため池や用排水路を管理する地域住民が自主的に設立した団体であると解されている。こうした水利組合の法的性質について、「権利能力なき社団」として認められるための判例（最判昭和39年10月15日民集18巻8号1671頁参照）が定

立した要件、すなわち①団体としての組織を備え、②多数決の原則が行われ、③構成員の変更にかかわらず団体が存続し、④その組織において代表の方法、総会の運営、財産の管理等団体としての主要な点が確定している場合には、当該水利組合は「権利能力なき社団」として認められるであろう（大審院昭和8年9月22日新報345号11頁、広島地判尾道支部昭和35年1月13日下民集1巻1号20頁、東京地判昭和35年11月22日下民集11巻11号2536頁も参照）。その結果、水利組合の代表者（組合長など）を相手方として賃貸借契約等の利用権原を設定する契約を締結すれば、その効果は水利組合に帰属すると考えられる。もっとも、水利組合が管理者兼所有者であればよいが、水利組合が事実上管理を継続してきたものの所有者は不明という場合、後日真実の所有者が現れて当該契約の有効性を争い、当該契約の有効性が否定されるリスクが残ってしまうことになる。そのため、権利関係が十分に明らかなため池でないと、実際上、事業者として水上設置型太陽光発電の導入に躊躇せざるを得ないという問題が残る。

(iii)　ため池管理保全法上の許可取得

　農業用ため池は、農業生産に不可欠な施設でありながら、災害により農業用ため池が被災する事例が発生する一方、相続による権利関係の複雑化や、利用者を主体とする管理組織の弱体化など、その日常の維持管理が適正に行われなくなる事態が懸念される状況にある。こうした状況を踏まえ、2019年7月1日に、農業用ため池が有する農業用水の供給機能の確保を図りつつ、防災・減災対策の強化を図るために必要な措置を講ずることができるよう、①所有者等による届出制度と適正管理義務の明文化、②決壊した場合に周辺地域に被害を及ぼすおそれのある特定農業用ため池の指定制度、③決壊を防止するために施行する工事（防災工事）についての施行命令および代執行制度、④所有者を確知することができず、かつ、適正な管理が困難な特定農業用ため池について、市町村が管理権を取得できる制度を中核とするため池管理保全法が制定された。

　ため池管理保全法7条により、都道府県知事は、農業用ため池であってその決壊による水害その他の災害によりその周辺の区域に被害を及ぼすおそれ

があるものとして政令で定める要件に該当するものを、「特定農業用ため池」として指定することができる。特定農業用ため池に関しては、決壊により周辺の区域に被害を及ぼすおそれがあることから、土地の掘削、盛土または切土、竹木の植栽その他当該特定農業用ため池の保全に影響を及ぼすおそれのある行為で政令で定めるもの（特定農業用ため池に係る水底の掘削、岸の形状の変更または取水設備もしくは洪水吐きの変更もしくは廃止）をしようとする者は、予め、都道府県知事の許可を受けなければならない（同法7条、同法施行令2条）。そのため、アンカー等の指示物の設置に際し、堤体や岸の形状変更を行い、または水底の掘削等を行うに際しては、事前に都道府県知事の許可を得なければならない点に留意を要する。

(iv)　農林水産省の「手引き」

　農林水産省は、2021年9月に「農業用ため池における水上設置型太陽光発電設備の設置に関する手引き」を公表している。実務上は当該手引の内容を遵守する必要があろう。主な留意事項は以下のとおりである。

[図表5-26] 水上設置型太陽光発電設備設置時の留意事項

項目	留意事項
ため池の利水や維持管理面への配慮	水上設置型太陽光発電設備は、ため池における農業用水等の利水のための管理や日常管理等に支障がないように設置すること
ため池の構造の安定性および機能の確保	堤体、洪水吐き、取水設備その他のため池を構成する設備の構造の安定性や機能が低下することがないよう、水上設置型太陽光発電設備を適切に設置すること
防災・減災機能の確保（洪水調節機能等）	水上設置型太陽光発電設備は、ため池の防災・減災機能に影響を及ぼすことのないように設置すること
ため池の多面的機能の確保（生態系保全、景観、文化）	水上設置型太陽光発電設備の設置により、ため池の有する多面的機能が失われないようにすること
地域への説明と環境対策の実施	水上設置型太陽光発電設備を設置するに当たり、事前に地域住民に説明すること。また、周辺環境に配

	慮した対策を適切に実施すること
事故防止および事故発生時等の対応	水上設置型太陽光発電設備が破損しないよう適切に設置すること。また、太陽光発電設備が放置され、ため池の適切な管理および保全に影響を及ぼすことがないよう、ため池所有者等と発電設備設置者の間で水上設置型太陽光発電設備の保守管理および廃止・撤去方法等について確認しておくこと
水上設置型太陽光発電設備の施工時の影響対策	水上設置型太陽光発電設備の設置工事により、農業用水の利水や周辺環境に影響を及ぼさないよう確認すること
関係法令、条例、ガイドライン等	関連法令、条例やガイドライン等に基づき、水上設置型太陽光発電設備の設置を実施すること

出典：農林水産省「農業用ため池における水上設置型太陽光発電設備の設置に関する手引き」をもとに筆者ら作成。

4　農林水産ビジネスから生み出されるカーボン・クレジット

(1)　カーボン・クレジットとは

　カーボン・クレジットは、広義には、排出される温室効果ガス、代表的には二酸化炭素の排出の削減量を値付けして（カーボン・プライシング）、その排出量に見合った温室効果ガス削減活動等に投資することによって、温室効果ガス削減の効果を金銭で取引できるようにクレジット化したものをいう。

　農林水産業は、その事業の過程で、家畜によるメタンの排出や土壌からの一酸化二窒素の排出といった温室効果ガスの排出が必然的に生じるビジネスである。2021年度の日本の温室効果ガスの排出量は11.70億トンであったが、そのうち農林水産分野からの排出量は4,949万トンで全体の4.2％を占めている[104]。一方で、適切に管理された森林や海藻などの養殖場は温室効果ガスの吸収作用を発揮し[105]、その削減に貢献することになる。温室効果ガスの削減量をクレジット化しその売却益を得ることで事業全体の収入向上が期待

---

[104]　農林水産省「農林水産分野におけるカーボン・クレジットの拡大に向けて」3頁参照。

できるし、省エネ設備などの導入を通じ長期的なランニングコストの低減も期待することができるほか、脱炭素社会の実現にも寄与する効果を期待できる。農林水産関連ビジネスに参入する投資家の観点では、今後、カーボン・クレジット取引を上手く活用することによって安定的な事業運営を目指すことも、有力な選択肢となるだろう。以下では、カーボン・クレジット取引の基礎と、特に農林水産分野において活用が期待されるJ−クレジット制度を概説する。

(2)　カーボン・クレジットの取引類型

　広義のカーボン・クレジットは、①キャップ＆トレード型の取引（排出権取引）および②ベースライン＆クレジット型の取引（削減量取引）の2つの仕組みに大別される。各取引類型のイメージは図表5−27のとおりである。

[図表5−27] 各取引類型のイメージ

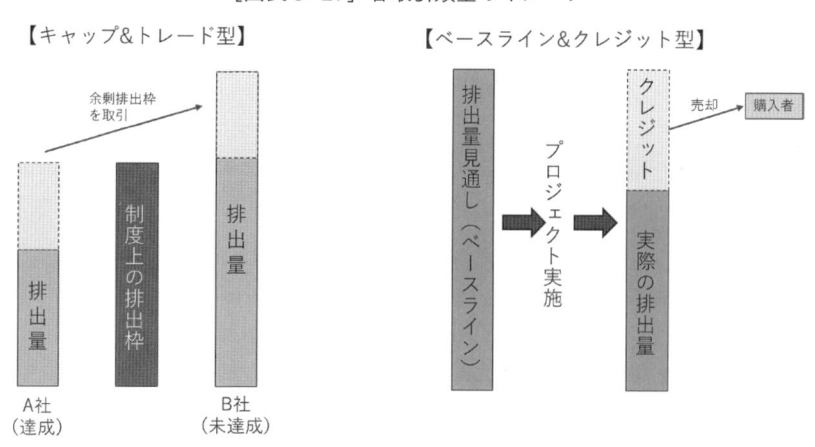

①キャップ＆トレード型は、予め設定された一定の排出枠の超過分を排出権として取引する仕組みで、ある期間において行った事業活動で設定された排出枠よりも多くの温室効果ガスを排出してしまった場合に排出枠を下

105）2021年度の日本の温室効果ガス吸収量は4,760万トンで、このうち森林は4,260万トン、農地・牧草地は350万トンである（農林水産省・前掲注104）3頁参照）。

回った企業から余剰の排出枠を購入する取引をいい、主に排出量の規制対応に用いられる。キャップ＆トレード型の代表的なものには、EU 排出量取引制度（EU ETS：EU Emissions Trading System）や東京都キャップ＆トレード制度が挙げられる。これに対し、②ベースライン＆クレジット型は、特定の温室効果削減プロジェクトが実施されなかった場合を基準値（ベースライン）として、そのベースラインと実際の排出量の差分（排出削減量）をクレジットとして取引する類型で、各企業はこれらのクレジットを購入することで規制対応に用いるほか、自らが達成することのできなかった温室効果削減量を相殺（カーボン・オフセット）したり、自己の商品を脱炭素化して価値を付加するなどして活用することができる。たとえば、国連が主導する京都メカニズムクレジット、各国政府が主導するクレジット（日本の場合は J-クレジット）のほか、VCS、Gold Standard や J ブルークレジット® [106] など民間主導のものが挙げられる。このうち、農林水産関連ビジネスを営む事業者が特に活用を検討したいのが、ベースライン＆クレジット型の代表例である J-クレジットである。

(3)　J-クレジットと農林水産関連ビジネスにおける活用の具体的事例

　J-クレジットは、省エネ設備の導入や再エネ利用による CO_2 の排出削減量、適切な森林管理による CO_2 等の吸収量を、国がクレジットとして認証する制度であり、その仕組みの概念図は図表 5-28 のとおりである。

　温室効果ガスの排出削減または吸収量の拡大につながるプロジェクト（温室効果ガス排出削減・吸収事業）を実施しようとする事業者（J-クレジット創出者）は、排出削減・吸収に資する対象技術ごとに適用範囲、排出削減・吸

106）J ブルークレジット® は、ジャパンブルーエコノミー技術研究組合が、独立した第三者委員会による審査・意見を経て認証・発行・管理するボランタリークレジットである。対象となるプロジェクトは、藻場、マングローブ、干潟その他内湾等の自然海岸および自然海域における活動、構造物や養殖施設等の人工基盤における活動や養殖活動を対象としつつ、自主的な活動の結果、CO_2吸収量が増加したことが、プロジェクトの実施前後の比較（Before-After）、かつプロジェクト実施場所と実施していない場所との比較（Control-Impact）の両側面から示されることと（ベースライン）、クレジット取得が活動の維持や発展につながること（追加性）が要求される（ジャパンブルーエコノミー技術研究組合「J ブルークレジット® 認証申請の手引き—ブルーカーボンを活用した気候変動対策—Ver.2.4」6〜8 頁を参照）。

収量の算定方法などを含む方法論を定め、当該方法論を適用することができるプロジェクトの計画書を作成して登録申請を行い、Ｊ－クレジット制度認証委員会による承認・プロジェクト登録を経た後にプロジェクトを推進し、モニタリングを実施した上でモニタリング報告書がＪ－クレジット制度認証委員会に承認されるとＪ－クレジットが発行される、というのがこの制度の基本的な仕組みである。経済的な観点でみれば、Ｊ－クレジット創出者は、取得したＪ－クレジットを売却することによってクレジットの売却益を享受することができる。他方、Ｊ－クレジット購入者は、購入したＪ－クレジットを自己の温室効果ガスの排出量目標の達成の目的で使用することができる。

［図表５-28］　Ｊ－クレジットの仕組み

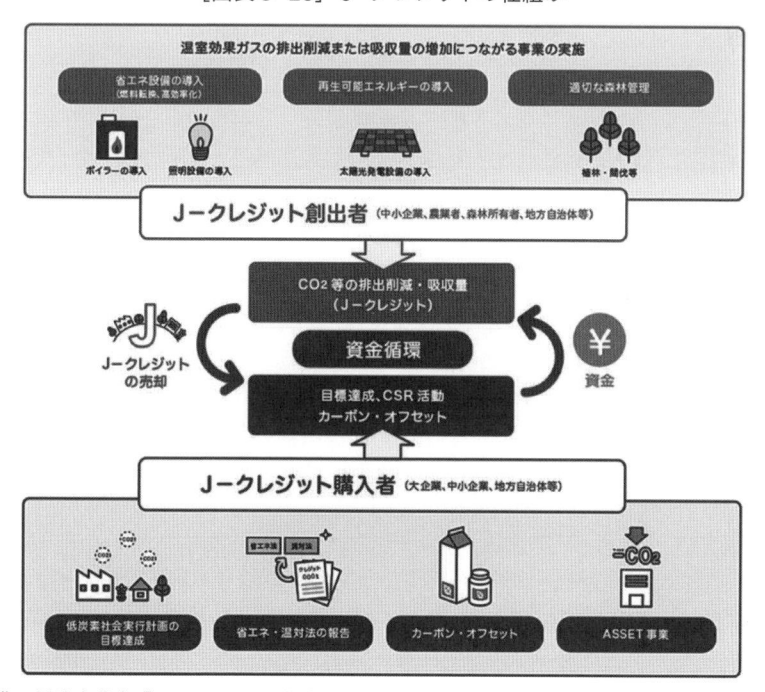

出典：経済産業省「Ｊ－クレジット制度」ウェブサイト（URL：https://japancredit.go.jp/about/outline/）。

2024年７月現在、Ｊ－クレジット制度全体で70の方法論が承認されており、

そのうち 6 つが農業（畜産業を含む。）関連であり、3 つが森林関連のものである[107]。また、J–クレジット登録プロジェクトのうち、農林水産関連分野の登録件数（2024年6月現在）は J–クレジット登録プロジェクト件数全体の約38パーセント（240件）に上る[108] [109]。たとえば、農業分野ではバイオ炭を農地に施用することで炭素を土壌に貯留するプロジェクト、畜産分野では牛・豚・ブロイラーへのアミノ酸バランス改善飼料の給餌により排泄物のN2O の排出を削減するプロジェクト、林業分野では植林や間伐等によってCO2の吸収効率を上げるプロジェクト等が登録されている。

コラム⑰ 〈漁業と洋上風力〉

　四方を海に囲まれ、世界第 6 位の規模の排他的経済水域を有する日本にとって、海洋は漁業の場としてだけでなく、洋上風力発電所の設置場所としても有望視されている。洋上風力の産業競争力強化に向けた官民協議会が定めた「洋上風力産業ビジョン（第 1 次）」（2020年12月15日策定）において政府は、今後年間100万 kW 程度の区域指定を10年間継続し、2030年までに1,000万 kW、2040年までに浮体式も含めて3,000万 kW から4,500万 kW の案件を形成する旨の導入目標を設定し、現在においても政府目標として維持されている。

　再エネ海域利用法は、一般海域（領海および内水のうち、漁港区域、港湾区域、海岸保全区域など個別法の定めがある区域外の海域）に関して洋上風力発電プロジェクトの実施可能な地域である「促進区域」の指定要件の 1 つに、「発電事業の実施により漁業に支障を及ぼさないことが見込まれること」を掲げている。また、これまでの促進区域における公募占用指針上、公募手続で選定された事業者は、洋上風力発電所を開発するために不可欠となる「海域占用許可」を申請するまでに、協議会の構成員である関係漁業者の了解を得ることが求められている。もっとも、関係漁業者の了解を得るために、どのような水

---

107) 経済産業省「J–クレジット制度」ウェブサイト（URL：https://japancredit.go.jp/about/methodology/）参照。

108) ブルークレジットのうち、国内で主要なものはジャパンブルーエコノミー技術研究組合（JBE）が創設したブルークレジットで、ブルーカーボンから創出されたクレジットを取引対象とするプロジェクトに対してJブルークレジットを発行するものである。

109) 農林水産省・前掲注104）14頁参照。

準の漁業補償や基金の設置等の漁業貢献策の導入が必要なのかの指針は、法律や国により示されていない。洋上風力発電事業と漁業との共生は不可欠な視点ではあるが、今後、両者がともに発展していくことのできる実務的な水準が形成されることを期待したい。

◇V　農林水産と地域創生

1　はじめに

　本節では、農林水産業を営む地理的領域である農山漁村に着目した投融資について概説する。都市部に比べ人口の減少や少子高齢化の進む農山漁村の活性化については、農山漁村への移住の促進や農業の6次産業化の推進に向けた政策が実施されてきた。しかし、これまでの施策は、農山漁村を抱える都道府県または市町村が国からの交付金を受けて行う事業が目立ち（たとえば、農山漁村振興交付金や農山漁村地域整備交付金）、民間による投融資は限られてきた印象がある。

　もっとも、近年は、コロナ禍による生活・労働様式の変化により、都市部から離れた農山漁村でのリモートワークを検討する人も増え、さらには、農業体験を伴った宿泊である農泊や農山漁村への移住に対する関心も高まっている。

　また、令和6年には、農政の憲法とも呼ばれる食料・農業・農村基本法が改正され、基本理念において、地域社会が維持されるよう農村の振興が図られなければならない旨が追加されるとともに、基本施策として、地域の資源を活用した事業活動の促進、農村への滞在機会を提供する事業活動の促進、鳥獣害対策等が規定された。このような状況において、地方公共団体による交付金を通じた事業に限らず民間の投融資を活用した事業の増加も今後期待される。

　令和6年12月24日に新しい地方経済・生活環境創生本部が示した「地方創生2.0の「基本的な考え方」」では、「付加価値創出型の新しい地方経済の創生」が5本の柱の一つとされ、農林水産業や環境産業を高付加価値化する

ための施策として農林水産品・食品のブランド化が考えられる施策として掲げられた。

　以下では、農山漁村への投融資という「カネ」の動きとの関係で、農山漁村へ「ヒト」を呼び込む農泊・渚泊や農山漁村での人手を確保するために活用が期待されるビジネスマッチングについて概観するとともに、農山漁村で生産される「モノ」の魅力を対外的に発信する際に検討される地理的表示（GI）保護制度やジビエによる振興について概観する。

2　「ヒト」の移動

(1)　宿泊業

(i)　農泊とは

　「農泊」とは、農山漁村に宿泊し、滞在中に豊かな地域資源を活用した食事や体験等を楽しむ「農山漁村滞在型旅行」を意味する。地域資源を観光コンテンツとして活用し、インバウンドを含む国内外の観光客を農山漁村に呼び込み、地域の所得向上と関係人口創出が期待される[110]。海外観光客が農泊により農山漁村に訪問するケースも多くあり、農泊を観光政策として重視する自治体も存在する[111]。

(ii)　農泊営業における許認可等

　農泊の中心的な活動である、宿泊料を収受して農山漁村にある宿泊施設等に観光客等を宿泊させることは、原則として、旅館業法に定める旅館業に該当し、同法に基づく旅館業の許可が必要となる。そのため、農泊を行うに当たり、または、農泊を行う事業者に対して投融資を行うに当たり、旅館業法関連の規制について検討が必要となる。なお、下記(a)～(c)の比較については、図表5-29を参照。

---

110) 農林水産省ウェブサイト（URL：https://www.maff.go.jp/j/nousin/kouryu/nouhakusuishin/nouhaku_top.html#nouhaku）。

111) 2024年6月現在、農林水産省は40の地域を「農泊インバウンド受入促進重点地域」に選定している（農林水産省ウェブサイト（URL：https://www.maff.go.jp/j/press/nousin/kouryu/240614.html））。

［図表5-29］旅館業法関連の規制比較表

	旅館業法（簡易宿所）	国家戦略特別区域法（特区民泊に係る部分）	住宅宿泊事業法
所管省庁	厚生労働省	内閣府（厚生労働省）	国土交通省 厚生労働省 観光庁
許認可等	許可	認定	届出
住専地域での営業	不可	可能（認定を行う自治体ごとに、制限している場合あり）	可能（条例により制限されている場合あり）
営業日数の制限	制限なし	2泊3日以上の滞在が条件（下限日数は条例により定めるが、年間営業日数の上限は設けていない。）	年間提供日数180日以内（条例で実施期間の制限が可能）
宿泊者名簿の作成・保存義務	あり	あり	あり
玄関帳場の設置義務（構造基準）	なし	なし	なし
最低床面積、最低床面積（3.3㎡／人）の確保	最低床面積あり（33㎡。ただし、宿泊者数10人未満の場合は、3.3㎡／人）	原則25㎡以上／室	最低床面積あり（3.3㎡／人）
衛生措置	換気、採光、照明、防湿、清潔等の措置	換気、採光、照明、防湿、清潔等の措置、使用の開始時に清潔な居室の提供	換気、除湿、清潔等の措置、定期的な清掃等
非常用照明等の安全確保の措置義務	あり	あり 6泊7日以上の滞在期間の施設の場合は不要	あり 家主同居で宿泊室の面積が小さい場合は不要

	旅館業法 （簡易宿所）	国家戦略特別区域法 （特区民泊に係る部分）	住宅宿泊事業法
消防用設備 等の設置	あり	あり	あり 家主同居で宿泊室の 面積が小さい場合は 不要
近隣住民と のトラブル 防止措置	不要	必要（近隣住民への適 切な説明、苦情および 問合せに適切に対応す るための体制および周 知方法、その連絡先の 確保）	必要（宿泊者への説 明義務、苦情対応の 義務）
不在時の管 理業者への 委託業務	規定なし	規定なし	規定あり

出典：観光庁ウェブサイト（URL：https://www.mlit.go.jp/kankocho/minpaku/overview/minpaku/index.html）をもとに筆者ら作成。

(a)　旅館業法に基づく旅館業許可

　旅館業法3条に基づく許可を得て農泊営業を行うことが考えられる。同法3条に基づく許可においては、営業形態に応じて、宿泊施設が満たすべき基準として異なった基準が設けられている。農泊の場合には、旅館・ホテル営業か簡易宿所営業として許可を得ることが想定されるが、旅館・ホテル営業の場合、玄関帳場（フロント）の設置義務があるため（旅館業法施行令1条1項2号）、簡易宿所営業として許可を取得する場合が多いと思われる。一般に、簡易宿所営業に係る許可を受ける場合、その宿泊施設として満たすべき基準として、客室の延床面積が33平方メートル以上であることを要するが、農山漁村滞在型余暇活動のための農林漁業体験民宿業[112]に係る宿泊につい

---

112)「農林漁業体験民宿業」とは、施設を設けて人を宿泊させ、一定の農村滞在型余暇活動等（主として都市の住民が余暇を利用して農村に滞在しつつ行う農作業等の体験その他農業に対する理解を深めるための活動）に必要な役務を提供する営業をいう（農山漁村余暇法2条5項）。

てはこの要件が適用されない（旅館業法施行規則5条1項4号・2項）。その
ため、一般的な簡易宿所営業に比べると比較的小規模な施設を利用した農泊
を提供することが可能となる。

(b)　住宅宿泊事業法に基づく届出

　住宅宿泊事業法に基づき都道府県知事に対して届出を行った上で、農泊営
業を行うことが考えられる。住宅宿泊事業法は、農山漁村に限らず、たとえ
ば都市部のマンション等においても適用される民泊一般を想定したものであ
るが、農泊においても活用が期待される。旅館業法に基づく許可と異なり、
都道府県知事への届出により農泊営業を行うことができることから、開業の
負担は軽減される。もっとも、住宅宿泊事業法に基づく場合には、旅館業の
例外として定められたことから、営業可能日数が180日（または条例で定める
それより短い日数）以内に限定されていたり、近隣住民からの苦情・問い合
わせへの対応義務が課されていたりと、旅館業法の許可を取得して農泊営業
を行う場合にはない制限が課される。

(c)　国家戦略特別区域法（特区民泊に係る部分）

　その他の方法として、国家戦略特別区域法（特区民泊）に基づく認定を受
けた上で農泊営業を行うことが考えられる。同法13条は、国家戦略特別区域
において滞在に適した施設を賃貸借契約に基づき一定期間以上使用させ、滞
在に必要な役務を提供する事業のうち所定の要件を満たすものを「国家戦略
特別区域外国人滞在施設経営事業」と位置づけ、内閣総理大臣の認定を受け
ることで旅館業法3条1項の規定の適用を排除している。なお、上記「国家
戦略特別区域外国人滞在施設経営事業」の名称は、外国人を宿泊させること
を想起させる名称であるが、外国人旅客の滞在に適した「施設」であること
を想定するのみであり、宿泊する者は外国人のみならず日本人も含まれる[113]。

(iii)　渚泊とは

　農泊は農村に限られず、漁村においても「渚泊」として実施が推進されて
いる。「渚泊」とは、農泊のうち、漁村地域における滞在型旅行をいう[114]。

---

113)　内閣府国家戦略特区ウェブサイト（URL：https://www.chisou.go.jp/tiiki/kokusentoc/
　　　 tocminpaku.html）。

宿泊業に必要な許認可等は農泊と同様である。

　渚泊としては、漁港法に定める漁港の区域内において宿泊施設を提供する場合がある。漁港は漁港管理者が維持管理するため、漁業の目的以外での使用は原則として制限されることとなる。もっとも、漁港管理者が漁港法41条に基づき漁港施設等活用事業の推進に関する計画を定めた場合、漁業関係者以外の事業者も、当該計画に従って、漁港内において、漁港施設等活用事業の実施計画の認定を受けることができる（同法42条）。漁港施設等活用事業の実施計画の認定を受けることで、水産物の販売や水産物を材料とする料理の提供を行う事業（飲食店や物販等）、遊漁（釣りその他の方法による水産動植物の採捕）や漁業体験活動等に関する事業、およびそれらの付帯事業（宿泊業）等を行うことができる。また、漁港施設等活用事業の認定を受ける者は、同法50条1項所定の事項を実施計画に定めて認定を受けることで、漁港施設等活用事業のために漁港水面施設運営権の設定を受けることもできる（同法48条）。漁港水面施設運営権はみなし物権であり、運営権者は、設定から10年間（更新も可）、同運営権が設定された水域を排他的に使用収益することができる（同法53条、57条）。漁港における渚泊を行う事業者は、宿泊業だけでなく、漁港におけるマリンアクティビティ等を行うことで収益の安定化を図ることが可能となると考えられる。

114）水産庁ウェブサイト（URL：https://www.jfa.maff.go.jp/j/bousai/nagisahaku/）。

[図表5-30] 漁港施設等活用事業のイメージ図

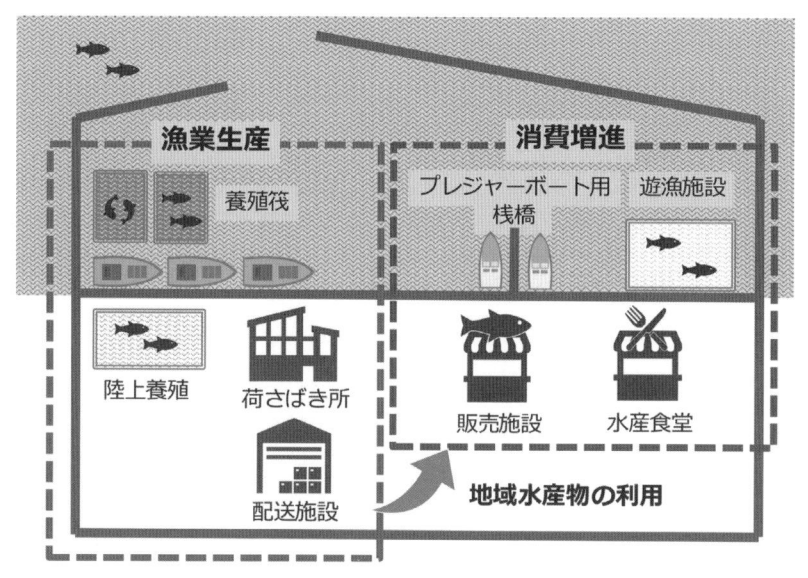

出典：水産省「漁港施設等活用事業の概要」をもとに筆者ら作成。

コラム⑱〈農林漁業体験民宿業者の登録制度〉

　農山漁村余暇法には農林漁業体験民宿業者の登録制度が設けられている（同法16条）。この制度は農林漁業体験民宿業者の普及・広報を目的とするものであり、この登録自体は旅館業を行う根拠にはならず、農林漁業体験民宿業者の登録を受ける場合であっても、旅館業法に基づく旅館業許可等の取得が必要となる。

　農林漁業体験民宿業を行おうとする者は、農林水産大臣の登録を受けた登録実施機関（一般財団法人都市農山漁村交流活性化機構および株式会社百戦錬磨）に申請し、農林漁業体験民宿業者の登録を受ける。

　農林漁業体験民宿業者として登録を受けるための基準は、①農山漁村滞在型余暇活動（主として都市の住民が余暇を利用して農村に滞在しつつ行う農作業の体験その他農業に対する理解を深めるための活動）に必要な役務を提供できること、②利用者の生命または身体について損害が生じた場合におけるその損害を填補する保険契約等を締結していること、および③地域の農林漁業者と調

和が図られていること等である（農山漁村余暇法16条2項、農山漁村余暇法施行規則14条）。

　農林漁業体験民宿業者の登録を受けることにより、登録自体によるブランディング効果に加え、登録実施機関が管理するウェブサイトに宿泊施設を掲載することができるためより多くの集客が期待できるといったメリットがある。

(2)　ビジネスマッチング

(i)　農山漁村におけるビジネスマッチング

　農山漁村の振興のために、当該農山漁村における人材確保は欠かせない。農山漁村において新たなビジネスを始める場合、それにより農山漁村における雇用が創出されることで農山漁村の活性化を図ることができることが期待される一方、そもそも対象となる農山漁村において少子高齢化に伴い労働力となる世代の人口減少が問題となっていることも多く、その場合は、農山漁村において雇用を創出した場合の担い手となる人手をいかに確保するかが課題となり得る。農山漁村の人材確保を行う場合、中長期的には、都市部における労働力となる世代が、農山漁村へ移住することが理想的ではあるが、喫緊の人材を確保するためには、農山漁村における労働力確保のニーズと農山漁村での労働を希望する労働者のニーズをマッチングすることが考えられる。そのようなビジネスマッチング事業を行うために必要となる許認可について概説する。

(ii)　職業紹介事業

　農山漁村における労働力確保のニーズと農山漁村での労働のニーズをマッチングする方法として想定されるのは、両者のニーズ（いいかえると労働契約）を斡旋することである。このような斡旋事業は、職業安定法上の「職業紹介」に該当し（同法4条1項）、有料で職業紹介事業として行うためには、厚生労働大臣の許可を受けなければならない（同法30条）。有料職業紹介事業の許可を受けるためには、当該事業を健全に遂行するに足りる財産的基礎（一定額以上の純資産や現預金の確保）や、個人情報適正管理規程の策定を含む社内体制整備も必要となり、事業を開始するに当たり障壁となる可能性が

ある。

(iii)　募集情報等提供

　職業安定法は、厚生労働大臣の許可が必要となる「職業紹介」とは別のカテゴリーとして「募集情報等提供」を定めている（同法４条６項）。募集情報等提供は、雇用関係の成立の斡旋に至らない情報提供に限った事業が想定されており、募集情報等提供として行うのであれば、厚生労働大臣の許可は不要となる[115]。もっとも、「職業紹介」と「募集情報等提供」の区別が難しいケースもあり、厚生労働省から指針[116]も公表されているため、募集情報等提供を行う場合には許可なく行える範囲について慎重な検討が必要となる。

(iv)　業務委託紹介・仲介

　職業安定法に基づく職業紹介事業および募集情報等提供はいずれも、労働契約の斡旋や情報提供が前提となっているが、労働契約に該当しない請負契約の斡旋や情報提供であれば、同法の規制を受けることなく行うことができる。もっとも、労働契約と請負契約の区別は難しいケースもあり、偽装請負と評価される労働契約の斡旋や情報等提供を行っていたとなると職業安定法違反となるため、請負契約を通じたビジネスマッチングを検討する場合には、斡旋・情報等提供を行う対象が真に請負契約と評価されるものに限定されるように検討する必要がある。

115）この場合であっても、適格な情報を表示する旨の義務（職業安定法５条の４）や個人
　　情報の取扱いに係る義務（同法５条の５）が課されることには留意されたい。
116）「職業紹介事業者、求人者、労働者の募集を行う者、募集受託者、募集情報等提供事業
　　を行う者、労働者供給事業者、労働者供給を受けようとする者等がその責務等に関して適
　　切に対処するための指針」第６・６（二）では、職業紹介に該当する例として、①求職者
　　に関する情報または求人に関する情報について、当該者の判断により選別した提供相手に
　　対してのみ提供を行い、または当該者の判断により選別した情報のみ提供を行うこと、②
　　求職者に関する情報または求人に関する情報の内容について、当該者の判断により提供相
　　手となる求人者または求職者に応じて加工し、提供を行うこと、③求職者と求人者との間
　　の意思疎通を当該者を介して中継する場合に、当該者の判断により当該意思疎通に加工を
　　行うこと、が挙げられている。

3　「モノ」の魅力

　農山漁村の活性化のためには、その土地で採れた農作物等の「モノ」の魅力を対外的に発信するとともに、その「モノ」と当該農山漁村とのつながりを保護することが必要となる。以下ではそのような制度である地理的表示（GI）制度と野生鳥獣肉（ジビエ）の活用制度を概観する。

(1)　地理的表示（GI）保護制度

(i)　制度の概要とGI法

　地理的表示（GI：Geographical Indication）保護制度は、その地域ならではの自然的、人文的、社会的な要因・環境の中で長年育まれてきた品質、社会的評価等の特性を有する産品の名称を地域の知的財産として保護する制度である。日本の地理的表示については、外国との相互保護や模倣品対策の充実により、海外においても保護される場合がある[117]。

　日本では、GI法に基づき、農林水産物・食品（酒類を除く）についての地理的表示（GI）の保護の制度が設けられている[118]。GI法は、生産地と主として結び付く特性を有する農林水産物・食品について、当該生産地や特性とともに登録する制度を採用し[119]、登録された産品についてのみ、GI法に基づく登録を証するGIマークと地理的表示を使用できることを確保することで、当該産品のブランド価値を高め、また、行政による模倣品の取締りにより、当該産品のブランド価値が保護され得る。

---

117) 農林水産省輸出・国際局「地理的表示（GI）保護制度について」（2025年1月）1頁および4頁。
118) 酒類についての地理的表示は、酒税の保全及び酒類業組合等に関する法律86条の6第1項に基づく「酒類の地理的表示に関する表示基準を定める件」（平成27年10月30日国税庁告示第19号）（平成29年3月国税庁告示第6号により改正）に規定されている。
119) たとえば、神戸ビーフの場合、兵庫県内を生産地とし、但馬牛を素牛として肥育し、A・B4等級以上でBMS値No.6以上に格付けされた枝肉であり、最高級の霜ふり肉であるという特性で登録されている。

［図表 5-31］GI マーク（登録商標第5756405号）

出典：農林水産省ウェブサイト（URL：https://www.maff.go.jp/j/shokusan/gi_act/gi_mark/）

(ii)　GI 法による保護の主たる要件と効果

　GI 法に基づく登録・規制の対象となる「農林水産物等」（同法 2 条 1 項）のうち、同法の保護の対象となる「特定農林水産物等」は、①特定の場所、地域等を生産地とするものであることに加え、②品質、社会的評価その他の確立した特性がその生産地等に主として起因していることが要件となる（同条 2 項）。この要件によりその土地「ならでは」の農林水産物等に限り登録が可能となる。

　また、登録できる地理的表示は、その名称により上記①および②を特定することができるものに限定されており、また、普通名称を登録することができない（GI 法 2 条 3 項、13条 1 項 4 号イ）。

　そして、地理的表示の登録は、対象となる農林水産物等の生産行程管理業務を行う「生産者団体」（GI 法 2 条 5 項）のみが受けることができ（同法 6 条）、当該生産者団体は、産品の特性を確保するための規程である「生産行程管理業務規程」を作成し、それを添付して登録を受けることとなる（同法 7 条 2 項 2 号）。生産者団体は、登録を受けた後においても、個々の生産者に対する生産行程管理業務を行う必要があり、農林水産大臣が生産者団体による生産行程管理業務が適切に行われているかを確認する。

　次に、地理的表示が登録された場合の効果については、農林水産大臣は登

録された地理的表示やGIマークの日本国内での不正使用があった場合には措置命令を行うことができ（GI法5条）、当該命令に違反した場合には罰則の対象となる（同法39条、40条）。

(iii) 海外における日本の地理的表示の保護

GI法に基づく保護は日本に限定されており、日本で登録された日本の地理的表示が直ちに海外で法的に保護されるわけではない。海外で保護を受けるためには、当該国における地理的表示保護制度に従った対応が必要となるのが原則である。

もっとも、魅力的な産品については世界において広く流通する可能性があり、国内に留まらず海外においても地理的表示による保護を受ける必要がある。そのため、日本において登録された日本の地理的表示を諸外国においても保護させることを目的として、国家間の協定が結ばれはじめている[120][121]。

(2) ジビエによる農山漁村振興
(i) 食用としての野生鳥獣肉

ジビエとは、食材となる野生鳥獣肉のことでフランス語（gibier）に由来する。日本でもシカ肉は「もみじ」、イノシシ肉は「ボタン」の愛称で食されてきた。これらの野生鳥獣は、牛や豚等の家畜と異なり、餌や飼養方法等の管理がされていないため、寄生虫やE型肝炎ウイルスを保有している可能性があり、また、食用に解体する際に病気の有無等の検査が義務付けられておらず、食品衛生上のリスクが高い食品であるとして敬遠されることもあった。

他方で、野生鳥獣による農林水産業への被害が拡大してきたことを背景に、

---

120) 平成28年のGI法の改正により、外国において登録された地理的表示を国内で保護する仕組みが設けられた。すなわち、日本の地理的表示保護制度と同水準の地理的表示保護制度を有する国との間で、日本国内で当該国の農林水産物等の名称を保護することおよび当該国において日本の農林水産物等の名称を保護することについて条約等の国家間の国際約束が締結されており、かつ、日本国等の要請により当該名称の保護について必要な措置を講ずると認められる場合には、当該国における地理的表示は、所定の手続を経た上で、農林水産大臣の指定により日本においても保護される（同法23条〜32条）（相互主義）。相互主義により、日本の地理的表示についても外国において保護される可能性が高まる。

121) 本書執筆時点において、EUおよび英国との間の経済連携協定（EPA）が締結されている。

平成26年に、鳥獣保護法が「鳥獣の保護及び『管理』並びに狩猟の適正化に関する法律」と改称され、野生鳥獣の狩猟を通じた鳥獣被害の抑制が図られるようになった。狩猟により確保された野生鳥獣を安心・安全に食用として活用するために、鳥獣保護法の改正に併せて、野生鳥獣肉の衛生管理に関する指針（ガイドライン）が公表され、狩猟から放血、運搬、食肉用の処理、加工、調理および販売、そして消費時の取扱いが規定され、より安心・安全にジビエを楽しむ環境が整備された。

(ii)　国産ジビエ認証

　農林水産省は、2018年に食肉処理施設の自主的な衛生管理等を推進するとともに、より安全なジビエの提供と消費者のジビエに対する安心の確保を図るため、上記野生鳥獣肉の衛生管理に関する指針（ガイドライン）を含む衛生管理および流通規格の遵守、適切なラベル表示によるトレーサビリティの確保等に取り組む食肉処理施設を国産ジビエ認証として認証する制度の運用を開始した[122]。国産ジビエ認証制度を利用して他の地域のジビエと差別化を図り、地域ならではのジビエとしてのブランド化を図ることが期待されている。

---

[122]　2024年6月現在現在38施設が認証されている（農林水産省ウェブサイト（URL：https://www.maff.go.jp/j/nousin/gibier/ninsyou.html））。

第6章 農林水産・食品ビジネスの グローバル進出

◇Ⅰ はじめに

　日本国内の市場には規模や成長可能性等の様々な観点での限界があり、農林水産・食品ビジネスに限らず、海外に事業展開を行うことは、経営戦略上重要な検討事項になることが多い。企業に投資する立場からも、グローバル進出の成否が企業価値に大きく影響を与えることから、重要な関心事になる。また、拠点としては日本国内を中心に据えつつも、輸出を拡大していくという経営戦略もあり得るところであり、日本貿易振興機構（JETRO）の発表[1]によると、2024年の日本の農林水産物・食品輸出額（少額貨物輸出を含む。）は約1.5兆円とのことである。日本国内での新規参入時においても、海外への事業展開を見込むことはより重要となってきており、現に政府は食料・農業・農村基本計画において2030年までに農林水産物・食品の輸出額を5兆円とする目標を設定している[2]。また、自社生産品・商品のブランディングという観点からも、早期から海外への展開を意識する必要性も高まっている。

　2022年3月に農林水産省が公表した「農林水産物・食品の輸出拡大を後押しする食産業の海外展開ガイドライン」では、輸出に留まらず海外現地で事業を行うメリットとして図表6-1のポイントが整理されている。

---

1) 日本貿易振興機構「日本の農林水産物・食品輸出の動向」（2024年12月分）。
2)「食料・農業・農村基本計画」（令和2年3月）32頁。

［図表6-1］海外展開のメリット

観点	メリット
商品	・現地ニーズに合った生産・製造ができる ・現地の輸出規制に左右されづらい
価格	・現地生産によって輸送費等を削減でき、現地市場においても競争力のある価格設定ができる ・国内産品原料を一部利用した高付加価値化
流通	・現地生産・製造を行うと、輸出入工程や流通工程が省略・短縮できる ・適切な現地パートナーを見つけ、鮮度を維持した商品供給ができる ・現地製造により第三国輸出の可能性も広がる
販促活動	・現地拠点を活用した情報収集ができる ・現地で直接営業できる ・現地消費者に直接情報発信し、日本食文化全体の普及も狙える

出典：農林水産省「農林水産物・食品の輸出拡大を後押しする食産業の海外展開ガイドライン（詳細版）」14頁をもとに筆者ら作成。

　他方で、このようなグローバル市場への進出には以下のような様々なリスクがあり、こうしたリスクが顕在化すると、事業や経営成績・財政状態・キャッシュフロー等に重大な悪影響を及ぼす可能性がある。

- ・地政学的リスクを含む各国の政治・経済状況の動向
- ・為替変動・物価変動のリスク
- ・顧客の嗜好の違い
- ・商慣習の違い
- ・輸出入規制、労働規制、関税を含む、現地法令・税制への適応
- ・現地の許認可の取得の困難さ
- ・自社の海外オペレーションや海外サプライチェーンのモニタリングやリスクマネジメントの困難さ
- ・現地のインフラの安定状況
- ・言語や異文化コミュニケーションの困難さ

・戦争やテロ等の可能性
・自然災害や地理的条件

　企業がグローバル進出を行う方法は様々なものがあり、その実行に当たっては現地法令の遵守をはじめとして、多くの法的事項を検討しなければならない。以下では、その中でも特に複雑で難易度が高いと考えられる① M&A による海外進出、②海外ライセンス、および③通商について紹介する。

◇II　M&A による海外進出

1　M&A による海外進出の手法

　日本企業が M&A により海外進出をする場合、大きく分けると、①既存の現地企業を買収する、②現地パートナーと合弁事業を開始するということが考えられる。M&A という点においては、**第 2 章**で述べた事項が概ねそのまま該当するものの、一般に日本企業による国内 M&A に比べて海外 M&A はリスクが高いとされているところ、農林水産・食品ビジネスについても、以下のような点に留意する必要があろう。

(1)　デュー・ディリジェンス・M&A 契約・表明保証保険における留意事項
　日本でも同様であるが、海外においても、農林水産・食品ビジネスの事業主体は、大企業ではなく、中小企業（あるいは個人）であることが多い。当然ながら、中小企業や個人事業主の事業においては、コンプライアンスが徹底されておらず、法務、財務、税務、人事関係などのあらゆる面で管理不足である可能性があり、徹底したデュー・ディリジェンス（Due Diligence、以下「DD」という。）の実施が必須といえる。農林水産・食品ビジネスについては、現地において何らかの規制の対象となっていることも多く、仮に、許認可や規制の関係で長年にわたって適切な対応がとられていなかったということが、買収完了後に発覚してしまったような場合には、事業継続にも重大な支障を生じかねないものである。

　しかしながら、DD を徹底的に実施したとしても、売主・対象会社から意図的に隠匿され、あるいは意図的でないにしろ、十分な開示が得られなかった問題点を DD の中で発見することは容易ではない。そのため、M&A 取引の最終契約において、売主に表明保証をしてもらい、事後的に問題が生じた場合には、売主に対する補償請求を行うことが一般的な対応である。もっとも、上記のとおり、農林水産・食品ビジネスの事業主体は、大企業ではなく、中小企業（あるいは個人）であることが多いところ、売主に補償請求に応じる資力がないケースも想定される。そのような場合を見越して、M&A の対価の一部をエスクローに入れておく、あるいは対価の一部を繰延払とすることで、将来の補償請求の担保としていくこともあるが（そのほかに、そもそもそういったリスクを織り込んで M&A の対価を低くするということもあり得る。）、このようなアレンジは売主にとっては代金の一部をクロージング時点で受け取れないことを意味するため、ハードルが高い。

　M&A の最終契約における対応が難しい場合には、表明保証保険の活用を検討することが考えられる。表明保証保険は、売主による表明保証に違反があった場合に、保険会社が保険金の支払を行うというもので、欧米では M&A 取引において一般的に行われており、日本でもここ数年利用例が急増している。表明保証保険を利用すれば、取引実行後に問題が発覚し、表明保証違反に基づく補償請求を検討しなければならなくなったような場合、売主に資力が十分でなくとも、保険会社から支払を受けられるため、売主の資力を懸念して、売主にとってハードルの高いエスクローや繰延払を合意する必要性が低くなる。しかし、表明保証保険にも一定の限界があり、株式の保有、環境問題、知的財産権、移転価格など、表明保証保険から一般的に除外される項目が一定程度あることに加えて、そもそも DD を十分に実施できなかった領域、DD で明らかになったリスク（いわゆる known risk）については、表明保証保険の対象からカーブアウトされてしまうのが通常である。中小企業や個人事業主の場合、そもそも対象会社の資料が不十分で DD を十分に実施できないケースや、DD を実施すると様々なリスクが発見されてしまうケースもよくあるため、そのような場合には、対価に反映させる（減額する）か、上記で述べた M&A の最終契約における対応を検討せざるを得ない場合もあ

る。

(2)　現地特有の法制度について

　海外 M&A のリスクが高いとされる要因の一つとして、現地の法制度が日本におけるものとは異なっており、日本企業としては M&A 取引を実行する前の段階においては、現地の法制度に起因するリスクを認識しにくいという問題がある。たとえば、農林水産ビジネスにおいては不動産が重要であることは既に述べたところであるが、不動産制度は、国によって法体系が全く異なることも多く、所有権、賃貸借、利用権について、現地の法制上一定の制約がかかっている場合があり、特に、農地、森林、洋上などについては、現地固有の規制に注意しなければならない。こうした規制については、法務DD で一定程度明らかになるものではあるが、権利者を変更すること（特に現地国にとっては外国企業に変更すること）の手続の煩雑さ、国レベルの手続だけでなく、地方政府レベルでの手続も含め、実務面も含めて事前に把握しきるのは必ずしも容易ではない。食品ビジネスでは、上記のような不動産に関連する事項はあまり問題にならないかもしれないが、たとえば、包装など表示の規制も国や地方政府によって様々であるし、フランチャイズ方式でビジネスを展開している場合、国によってはフランチャイザー側に負担の大きなフランチャイジー保護法制をとっており、詳細な情報開示や取引条件についての複雑な規制が存在する場合もある。こうした点も、法務 DD で一定程度は明らかになるものの、実務面まで含めて詳細を確認しておくことが、実際に M&A 取引を実行した後の事業運営をスムーズに行うために重要となってくる。

(3)　旧経営陣の活用とインセンティブプランについて

　上記で述べた留意事項のとおり、農林水産・食品ビジネスについて、現地事業を買収し、買収直後から対象会社の運営を日本企業が単独で担うことは容易でないこともある。この場合、取引実行後も、対象会社の事業をスムーズに継続する観点から、旧経営陣をそのまま引き続き起用するということも考えられ、そのために旧経営陣との間で経営委任契約やサービス契約を締結

することも比較的よく見られる。なお、経営委任契約やサービス契約において、一定期間の業務遂行を合意したとしても、ほとんどの国において役職員側で途中で退職することは可能とされているため、買収後もしっかりと業務遂行をしてほしいということであれば、従前どおりの雇用条件を継続するだけではなく、インセンティブプランを設計することが有用であることも多い。インセンティブプランの内容は様々であるが、対象会社を100%子会社として維持する必要性があるため、対象会社の株式を利用する株式報酬制度を設計することは難しく（なお、親会社となる買主が日本の上場会社である場合には親会社株式等の日本の株式報酬制度の対象にすることはあり得る。）、毎年の純利益やEBITDAなどをベースにインセンティブにすることが多い。

2 合弁事業の活用

1で述べたとおり、海外の企業の買収は大きなリスクを伴うものであり、よほどその地域での事業や海外M&A取引の経験が豊富であるといった事情がなければ、取引実行後に単独で事業運営ができるか不安に思う日本企業も少なからずある。そのような場合には、現地パートナーと合弁事業を行うことも一案である。合弁事業といっても様々なパターンがあり得るが、特に、農林水産・食品ビジネスとの関係で留意すべき点は、以下のとおりである。

(1) 合弁事業のストラクチャー・ガバナンス

合弁事業のストラクチャーを検討するに際して重要なポイントの一つは、合弁事業に関連する取引のどの部分で利益を得るかという点である。合弁会社の利益を配当することによって利益を得る形（合弁会社をプロフィットセンターとする考え方）であれば、合弁会社自体の経営が重要であり、また、配当を十分得るためには、自らがマジョリティとなるような合弁会社を指向し、現地の合弁パートナーをマイノリティとしつつ、販売対応・レギュレーション対応などの特定のオペレーションについて、現地パートナーにサポートしてもらうといったことが考えられる。他方で、たとえば、日本から農産物や加工品等を輸出し、合弁会社を通じて現地で販売するような場合や日本側か

ら合弁会社にライセンスを提供し、合弁会社に現地で事業を行わせるような場合には、自社と合弁会社との間の売買取引やライセンスのロイヤルティ収入や技術支援料という形で利益を得ることも考えられる（合弁会社をコストセンターとした上で、関連取引で利益を得る考え方）。この場合には、合弁会社自体においてはマイノリティでも構わないという判断もあり得る。M&Aで100%買収することに不安があるが、一部現地パートナーにサポートしてもらいたいということであれば、前者の方法が、商品や技術は提供するが、現地でのオペレーションはある程度現地パートナーにお願いするということであれば、後者の方法がフィットするものと思われる。

　自社が合弁会社のマジョリティとなる場合においては、どの程度の重要な経営事項について、合弁パートナーに拒否権を与えるかが問題となるが、各年の予算や設備投資計画を含めた事業計画については、できるだけ自社単体で決めることができるようにしておくことが望ましい。その一方で、合弁会社の資金繰りが悪化し、追加の資金が必要になったようなケースにおいては、事前に合弁パートナーに出資比率に応じた追加資金の提供義務を課すことが望ましいものの、合弁契約においてそのような合意をすることは容易ではない。実際上は、マジョリティ出資者として、事業計画について権限と裁量を有する以上、ダウンサイドのリスクも取らざるを得ず、自社からの貸付け等で対応せざるを得ないケースも多い。

　合弁会社のマイノリティになる場合には、合弁会社の運営自体は基本的には合弁パートナーに委ねることになるが、少なくとも自社と合弁会社の間の売買やライセンス取引については、自社の同意がなければ条件の変更ができないことを確保する必要がある。また、合弁会社の事業が悪化したようなケースにおいては、マイノリティといえども合弁事業の終了を検討せざるを得ないケースもあり、出口戦略をきちんと合弁契約において定めておくことが重要となる。

(2)　合弁事業の出口戦略

　事業環境や当事者の状況の変化を理由に、合弁事業は一定期間経過後に解消に向かうことが多く、これは、農林水産・食品ビジネスについても当ては

まる。合弁事業開始時点の想定から、様々な事業環境の変化が起き得るところ、クロスボーダーの合弁事業においては、国内における合弁事業に比べて、その時点で新たに合意の上、関係を見直したり、条件を変更することが容易でないことも多い。このため、合弁事業開始時点から、出口戦略をしっかりと検討し、それぞれのシナリオにそった対応を契約において定めておくことが望ましい。

　たとえば、当初は現地パートナーのサポートを得つつ、その後は単独での事業運営を目指すような場合には、合弁契約において相手方の保有する合弁会社持分を取得することを請求できるコールオプションを定めておくことが望ましい。仮に、一定期間経過後や、合弁事業の経営成績が相当程度悪化したような場合、重要な意思決定について意見が異なる場合（いわゆるデッドロックの場合）などには撤退したいということであれば、自社の保有する合弁会社持分を相手方に売却することを請求することができるプットオプションを定めておくことが望ましい。

　合弁を終了させるその他のプロセスとしては、合弁事業（合弁会社の持分）を第三者に売却することや合弁会社を解散・清算することがある（解散・清算手続の中で合弁会社の事業を第三者に売却することもある。）。一般に、事業に継続企業（going concern）としての価値がある場合には、解散・清算するよりも第三者に合弁会社ごと、あるいは事業ごと売却するほうが価値が高くなるはずであるため、合弁契約に、解散・清算手続の前に売却プロセスを定める場合もある。また、合弁事業に継続企業としての価値がある場合には、解散・清算手続は、いずれの合弁当事者にとっても望ましくない結論であることが通常であることから、合弁契約上は、解散・清算手続を請求できる建付けとしつつ、実際にはその段階で、一方の合弁当事者による合弁事業の取得や第三者への売却について合意されることも多い。

◇Ⅲ　海外ライセンス

1　ブランド農産物と知的財産権

　日本には、品種改良により、高品質で顧客訴求力が高く、高額な取引の期待できる農産物（これらの農産物を本節では「ブランド農産物」という。）が多数存在する。こうしたブランド農産物は、単に高品質であることだけでなく、商品としての知名度を上げ、他の商品との差別化を図りつつ、その特徴を消費者に認識してもらうことが特に重要となる。そのため、特定の地域での、または、事業者固有のブランドを確立するための戦略が必要となる。

　同時にブランドが毀損されたり、希釈化したりすることのないように、法的に保護することも重要である。日本国内でブランド（農産物）を保護するためには、たとえば、①ブランド農産物に係る品種自体を育成者権[3]により保護する、②ブランドの名称やロゴなどを商標権により保護する、③地理的表示の登録により地域の特産品の名称を保護する、④ブランド農産物に係る栽培方法等を特許権により保護する、⑤収穫方法や選別方法等のノウハウを「営業秘密」として保護するなどの方法が考えられる。

　もっとも、日本の知的財産権は、日本国内でのみ効力を有する。そのため、海外へのブランド農産物の輸出や海外でのビジネス展開を検討するのであれば、海外における知的財産権の取得とそれによるブランド（農産物）の保護が必要となる。

3）農林水産植物の新品種を保護する育成者権は種苗法に定められている。具体的には、所定の要件を満たした品種が、審査を経て品種登録されることにより育成者権が発生する（種苗法18条、19条１項）。育成者権は、品種登録の日から25年（木本性植物については30年）間存続する（同法19条２項）。育成者権者は、原則として、登録品種および当該登録品種と特性により明確に区別されない品種について業として利用する権利を専有する（同法20条１項）。なお、植物の新品種の保護等に関する国際的なルールを定めるものとして、UPOV条約（International Convention for the Protection of New Varieties of Plants（植物の新品種の保護に関する国際条約）。同条約は、1961年にパリで作成され、1972年、1978年および1991年に改正された。日本は、1991年改正条約を批准している。）がある。

2　海外ライセンスとは

　しかし、これまでブランド農産物の知的財産権による保護、特に海外における保護は、必ずしも十分といえるものではなかった。実際、シャインマスカットや章姫（あきひめ）などのイチゴが海外に持ち出され、中国や韓国等で栽培されるなど[4]日本のブランド農産物が海外で無秩序かつ相当な規模で生産・販売されている。さらには日本以外で無断栽培された日本由来の農産物が栽培国から別の国に輸出され、当該国における日本からのブランド農産物の市場を侵食している。このようにして、日本のブランド農産物の国際的な競争力が低下しているのが現状である。

　このような状況を踏まえ、農林水産省は、2023年12月に、育成者権者または品種開発者が海外ライセンスを行うことに関し、海外ライセンスで目指すべき方向性およびその実現のための海外ライセンスの方針・戦略のあり方・考え方についての指針（以下「海外ライセンス指針」という。）を公表した[5]。

　海外ライセンス指針において、「ライセンス」とは、「登録品種又は一般品種について、その育成者権者等が、当該品種に係る知的財産権その他の知的財産（ブランド、栽培技術などを含む。）に由来する権原に基づき、他者に対し、当該品種その他品種に係る知的財産の利用を許諾・許可すること」と定義され、「海外ライセンス」とは、「海外における品種その他の知的財産の利用についてのライセンス」と定義されている。海外ライセンス指針は、品種に係る育成者権を主眼としつつ、育成者権だけではなく、その他の関連する知的財産に由来する権原を利活用することも念頭に置いている[6]。

　農業分野においては、上述の例のとおり、従前、農産物に係る育成者権その他の知的財産やその重要性が必ずしも十分に認識されず、適切なライセンス契約が締結されないままに品種が流出・利用されてしまった例がある。また、ノウハウなどが広く提供されてしまった例もあるように思われる。しか

---

4 ）農林水産省　第3回優良品種の持続的な利用を可能とする植物新品種の保護に関する検討会（令和元年6月28日）資料2「国内育成品種の海外への流出状況について」。
5 ）農林水産省「海外ライセンス指針」（令和5年12月）。

しながら、国内の農業従事者とは異なる文化的背景などを持つ海外事業者を相手とする場合には、国内での流通を前提とした農業分野における従前の認識のままでは、日本のブランド農産物が流出し、これを保護することが難しくなってしまう。そこで、海外ライセンス指針において言及されている事項を念頭に、海外における関連する知的財産権を確保しつつ、当該国の法制度や契約実務を踏まえた上で、個別の具体的な事情に即したライセンス契約がより一層重要となると考えられる。

3　海外ライセンス戦略

　海外ライセンス指針は、目指すべき方向性を踏まえて、海外ライセンスの戦略について、以下の4つの点に関して、その方向性を示している。これらについて概説する。

(1)　ターゲット市場と品種の選定

　海外ライセンス指針は、国内農業振興および輸出促進に寄与する体制への転換を大きな目標としている。この目標を踏まえて、市場としては、①輸送条件、検疫条件、価格ニーズ等により日本からの農産物の輸出が困難な市場や、②生産・出荷時期をずらすこと等により日本からのブランド農産物の輸出との棲み分け・連携等が可能な市場が選定対象となる。

　ライセンスに係る品種の選定に関しては、ニーズの高いものや新たなニーズの創出だけではなく、継続的なライセンス生産・販売によるロイヤルティの確保のため、育成者権の存続期間満了前に新たな登録品種へ更新することが目標とされている。また、侵害発生時の損害や日本からの輸出農産物との

6）種苗法上の「品種」は重要な形質に係る特性の全部または一部によって他の植物体の集合と区別することができ、かつ、その特性の全部を保持しつつ繁殖させることができる一の植物体の集合（同法2条2項）であり、「植物体」は、農林水産植物（農産物、林産物および水産物の生産のために栽培される種子植物、しだ類、せんたい類、多細胞の藻類その他政令で定める植物）の個体と定義されている（同法2条1項）。したがって、現行法上、育成者権により保護を受けることができる品種は植物であることが前提となり、魚や動物は含まれない。

競合リスクを低減するため、日本で利用されていない品種の再評価・活用も
検討対象となる。

(2)　生産国とパートナーの選定

　生産国について、海外ライセンス指針では以下の3つの観点から選定する
ものとされている。

　①侵害リスクを低減するため、品種保護制度の有無やその運用実態、政
治・制度の安定性などのカントリーリスク、ライセンスビジネスの成熟度を
考慮すること。

　②高品質な農産物の生産や有利な条件での輸出・販売の観点から、生産条
件（栽培時期、栽培適地、栽培技術の水準など）、ターゲット市場への輸出条件
（検疫、関税等）、経済的条件（生産・流通コストなど）も考慮すること。たと
えば、生産条件が適合しない場合、生産された農産物の品質が低下し、当該
農産物に係るブランドの価値を毀損してしまうなどのリスクも考えられる。

　③海外における無断栽培の効果的な抑止に関して、侵害リスクの高い国に
おいて、信頼できる者にのみライセンスを付与し、同国における無断栽培の
監視体制を構築すること。

　また、パートナーについては、日本からの輸出との棲み分け・連携を図る
ための販売管理が行える者、ライセンス契約を遵守する信頼できる者を選定
し、また、ロイヤルティの確保の観点から、流通・販売業者について、ター
ゲット市場における販売力がある者を選定することが示されている。

(3)　無断栽培・流通の抑止と対応

　無断栽培・流通の抑止と対応として、海外ライセンス指針では以下の4つ
の観点からまとめられている。

　①品種登録については、侵害リスクが高く、権利行使の可能性が高い国
（ライセンスを行う主要な生産国、主要な輸出先国、競合品の輸入量が多い国、輸
出元国など）で行うこと、UPOV条約加盟国においては、UPOV条約で未譲
渡性（UPOV条約上の新規性）が認められる期間内（出願期間：4年、果樹等は
6年）に出願する必要がある[7]。

②農産物の名称等に係る商標権、農産物の栽培・生産に係るノウハウの営業秘密としての保護[8]、栽培技術や機械等に係る発明の特許権による保護といった育成者権以外の他の知的財産制度を複層的に取得・活用する。また、日本産品の品質・ブランド価値の源泉となる栽培技術について、重要な知的財産として適切に保護・管理できるよう、秘密保持契約を締結することなどにより、技術流出の防止措置を講じることが考えられる。

③未譲渡性が失われ、海外において育成者権の保護ができない品種であっても、「特定の栽培技術に基づく農産物」として市場で有利に販売できる場合などについては、これらの知的財産に由来する権原（たとえば、当該栽培技術についての特許権）に基づくライセンスを行うことなどを検討する必要がある。

④監視と侵害対応については、日本からの海外における無断栽培等の監視・侵害対応の負担・コストの大きさを踏まえて、パートナーにより現地での侵害監視を機能させる。パートナーによる侵害監視の実効性を担保するためには、優良な品種や、高品質農産物を生産するための栽培技術、これらに裏打ちされたブランドを示す商標等をパートナーが独占的に利用できる契約とするなど、パートナーにも経済的メリットのある契約関係を構築することなどが考えられる。他方で、侵害対応にはコストがかかることに鑑みて、ライセンス戦略への影響の度合いに応じて対応にメリハリをつけることも有効である。

(4)　ロイヤルティの設定

海外ライセンス指針で指摘されているとおり、果樹については、一度苗木を植えると20年以上の長期間収穫物が生産・販売されることになるため、ロイヤルティについては、苗木に対して設定するだけでなく、収穫量、栽培

---

7) UPOV条約非加盟国においては、未譲渡性が認められる期間が短い場合もあるため留意が必要である。また、そもそも品種保護制度が整備されていない国も存在する。
8) 日本の不正競争防止法上の「営業秘密」としての保護という観点からのものではあるが、農業分野特有の事情や慣行を踏まえた、技術・ノウハウ等の保護のあり方について言及したものとして、公益社団法人農林水産・食品産業技術振興協会（JATAFF）「農業分野における営業秘密の保護ガイドライン」（令和4年3月）がある。

面積等に対しても設定し、収穫・販売が行われる間の長期にわたり得られる
ようにすることが望ましい。対象となる農産物の性質等を考慮したロイヤル
ティを設定する必要がある点は留意すべきである。また、育成者権の存続期
間満了後のロイヤルティ確保の観点から、登録更新により半永久的に権利を
存続することのできる商標権の取得・ライセンスの検討も考慮すべきである。

4　ライセンス契約について

(1)　ライセンス契約の枠組み

　ライセンスに当たっては、川下の流通・販売業者を特定するとともに、川
上の種苗業者・収穫物生産者と結びつける形で契約を締結し、全ての生産・
流通・販売関係者を特定すべきである。この枠組みにおいて想定される主要
モデルとして、①育成者権者が、種苗業者、生産者および流通業者それぞれ
に対してライセンスをする方法と②育成者権者が流通業者にライセンスし、
当該流通業者が種苗増殖、生産をサブライセンスする方法があり得る。①の
方法による場合には、各当事者との間で個別にライセンス契約を締結するこ
とが可能となり厳格な管理ができる反面、契約締結および期中の管理コスト
が嵩む。これに対して、②の方法による場合には、育成者権者による管理コ
ストを軽減することができる反面、パートナーとなる流通業者が種苗業者、
生産者を管理することになるため、流通業者には高い管理能力が求められる。
　なお、このような契約の枠組みを検討するに当たっては競争法への抵触に
ついて留意する必要がある。また、上記①および②は例示であり、個別具体的
な事情を踏まえて、様々なバリエーションがあり得る点は留意すべきである。

(2)　ライセンス契約において盛り込むべき事項

　海外ライセンス指針では、ライセンス契約において盛り込むべき事項とし
て図表6-2のようなものが指摘されている。
　なお、海外ライセンス指針においても指摘されているとおり、これらは必
ずしも網羅的なものではなく、また、国・地域等に応じて変わり得るもので
ある。また、契約条件の設定に当たっても、各国の競争法への抵触の有無に

ついても留意する必要がある。

[図表6-2] ライセンス契約に盛り込むべき事項

観点	概要
競合の回避	・日本産との競合可能性が高い国内外市場への出荷を制限
登録品種への切替え	・契約期間満了後の伐採・廃棄を規定し、育成者権の存続期間満了前に新たな登録品種への切替えを促進
無断栽培・侵害の防止	・種苗の譲渡・増殖や収穫物の販売量の制限、収穫・販売数量の報告義務を設定 ・パートナーによる無断栽培・流通の監視義務、侵害対応の実施義務を費用負担も含めて設定 ・流出時におけるペナルティとして違約金を設定 ・流通販売業者のみにライセンスする場合、種苗業者、収穫物生産者等を直接管理できないため、流通販売業者との契約で、サブライセンス先である種苗業者、収穫物生産者の名簿提出義務など生産・流通関係者を把握するための義務を規定 ・流通販売業者のみにライセンスする場合、サブライセンスの不履行の責任を規定 ・従属品種について、突然変異や遺伝子組み換えなど従属品種の範囲を具体的に定義し、これを発見した場合の報告義務を規定 ・従属品種の品種登録を受ける地位については、元の品種の育成者権者が取得する旨を定めることが望ましいが、独占禁止法との関係に留意 ・栽培技術・ノウハウの秘密保持を徹底するため、パートナーとの間だけでなく、従業員との間においても営業秘密の管理を遵守させる規定 ・模倣品排除のため、商標がある場合には商標を正規品の証として付す義務を規定 ・侵害発生時にどの国の法が適用されるかについて規定 ・法制度、裁判制度および判決の執行可能性を考慮して裁判管轄を決定 ・準拠法は育成者権者に有利な国の法を選択
販売数量目標達成	・一定以上のロイヤルティが得られるよう、最低販売数量の目標値を設定

出典：農林水産省「海外ライセンス指針」（令和5年12月）5～6頁をもとに筆者ら作成。

◇Ⅳ　農林水産・食品と通商

1　農林水産・食品と通商をめぐる状況

　日本政府は、2020年3月の「食料・農業・農村基本計画」、続いて同年7月の「経済財政運営と改革の基本方針2020」・「成長戦略フォローアップ」において、2025年までに2兆円、2030年までに5兆円という輸出額目標を設定することを閣議決定した。この輸出額目標を達成すべく、2020年11月に決定された「農林水産物・食品の輸出拡大実行戦略」は、これまでに4回改訂されており、輸出促進に向けた様々な施策や取組みが農林水産省主導で実施されている。

　日本産の農林水産物・食品の需要の高さ、政府による輸出促進の取組み、そして円安基調等により、2024年までの日本から海外への農林水産物・食品の輸出は、金額ベースで、以下のように右肩上がりに伸びている。

[図表6-3] 日本の農林水産物・食品の輸出額の推移

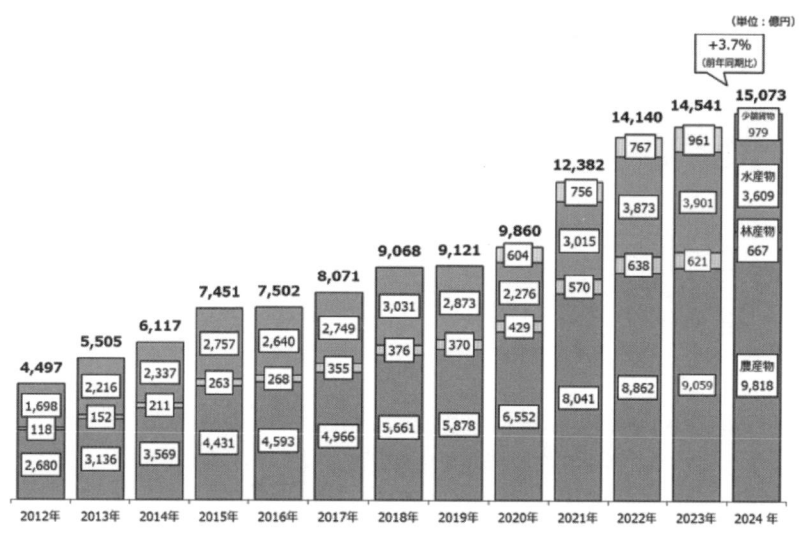

出典：農林水産省「2024年の農林水産物・食品の輸出実績」2頁。

　また、2023年の農林水産物・食品の輸出額上位10か国・地域および輸出先別の主な輸出品目は、以下のとおりである。

[図表6−4]　2023年農林水産物・食品の輸出実績（国・地域別）

順位	輸出先国	輸出額（億円）	主な輸出品目		
			1位	2位	3位
1	中国	2,370	アルコール飲料	ホタテ貝（生鮮等）	丸太
2	香港	2,365	真珠（天然・養殖）	ホタテ貝（調製）	アルコール飲料
3	米国	2,062	ぶり	アルコール飲料	緑茶
4	台湾	1,532	アルコール飲料	りんご	ホタテ貝（生鮮等）
5	韓国	761	アルコール飲料	ホタテ貝（生鮮等）	ソース混合調味料
6	ベトナム	697	粉乳	清涼飲料水	さば
7	シンガポール	548	アルコール飲料	牛肉	ソース混合調味料
8	タイ	511	かつお・まぐろ類	いわし	豚の皮
9	オーストラリア	310	アルコール飲料	清涼飲料水	ソース混合調味料
10	フィリピン	306	合板	たばこ	粉乳

出典：農林水産省「2023年農林水産物・食品の輸出実績（国・地域別）」4頁以下をもとに筆者ら作成。

　日本産の農林水産物・食品の輸出の拡大は、関連した事業について国内だけでなく国外での新たな投資機会を生むことにもつながる。

　通商の観点では、外国から見れば、日本の農林水産物・食品市場への市場アクセス拡大という問題が重大な関心事である。一方、日本の農林水産物・

食品ビジネスの視点からは、付加価値や希少性が高い商品をいかに障害なく、低いコストで、迅速に、海外の市場に送り出すことができるかという点が重要となる。このとき、外国政府により、他国からの輸入品を不当にブロックするような措置や競争を不当に歪める措置があれば、いかに需要がある商品でも海外展開が妨げられてしまう。その際、公平で自由な貿易環境を確保するための国際通商ルールに即した対応が、政府レベルだけではなく企業レベルでも有効な場合がある。時に、輸出入に関する措置は、国家間の外交・経済・安全保障政策の手段としても用いられる。

　そこで本節では、主に輸出に焦点をあて、農林水産物・食品の輸出に関わりが特に深い国際通商ルールを概観した上で、日本産品の外国市場への輸出とそこでの流通の支障ともなり得るいくつかの外国・地域の措置について、国際通商ルールも念頭におきながら解説する。

2　日本産の農林水産物・食品の海外輸出時の通商的障壁への対応

(1)　関税障壁

　農林水産物・食品の輸出時に障害になる通商上の問題、すなわち、国際通商ルールにより禁止や制限されている問題は、大きく分けると関税障壁と非関税障壁に分かれる。

　関税率は、輸出される品目ごとに、全輸出国共通の非特恵税率と特定の輸出国にだけ適用があり得る特恵税率があり、それらのうち、一番低い関税率を適用することができる。日本からの輸出の場面では、近年増加しているEPA（経済連携協定）やFTA（自由貿易協定）に規定されている関税率が特恵税率に該当する。ただし、EPAやFTAの特恵税率を利用するには、輸出の際、適用したい協定ごとに規定されている原産地規則に従って「日本原産」であることを証明する手続を経る必要がある。非特恵税率は、輸入国・地域の政府が国・地域として定めている税率（基本税率や暫定税率と呼ばれる。）と、世界のほとんどの国と地域が加盟しているWTO協定によって各加盟国が宣言した税率があり、これらの税率のうちより低いものが選択できる。結局のところ、こうした非特恵税率と特恵税率のうち、一番有利な関税率の中

から、輸出規模や対応コストも勘案して最も関税負担を低減できる税率を選択すればよいことになる。EPAの例としては、日本の農林水産物・食品関連の輸出先のトップである中国も加盟している「地域的な包括的経済連携協定（RCEP：Regional Comprehensive Economic Partnership）」[9] においては、農産物・食品・アパレル・化学製品を対象とする関税の減免が重点的に実施された。具体的には、ほたて貝やぶり等の水産物や米加工品や調味料等の食品等の日本産品についても、段階的な関税の完全撤廃が約束された[10]。もっとも、輸入通関時に関税分類（HSコード）の認識が税関当局と一致せずEPA/FTAの特恵税率の適用ができないトラブルも見られることから、適用される関税ルールに則った個別の的確な対応が必要になる。

(2)　非関税障壁

　非関税障壁とは、関税以外で、およそ外国産品の輸入国へのアクセスや輸入国内での流通を妨げる措置や状況を指し、様々なパターンがある。法令上または事実上、輸出の障害になるものである。たとえば、（後述するGATT11条で原則禁止されている）輸出入の禁止・数量制限や、国際貿易に対する偽装した制限となるような検疫措置や基準・認証制度が代表例であるが、実際に問題になる事例は、こうしたものに限られない。輸入国内での差別的な国内流通・販売規制も、通商ルールとの抵触が問題になり得る。

　実際には、こうした非関税障壁は、日本からの農林水産物・食品の輸出との関係でも、一見すると輸入国側の正当な規制や手続等に過ぎないと見えてしまう場合も少なくない。そのため、輸出事業者が通商的な問題点に気がつかず、不当な規制を甘受し、的確に対応することができていない事例も散見される。

　また、非関税障壁の範囲は広い。たとえば、日本への農林水産物・食品輸

9）地域的な包括的経済連携（RCEP）協定は2022年1月に日本、ブルネイ、カンボジア、ラオス、シンガポール、タイ、ベトナム、豪州、中国、NZの10か国について発効した経済連携協定である。その後、韓国、マレーシア、インドネシア、フィリピンについて発効している。

10）外務省・財務省・農林水産省・経済産業省「地域的な包括的経済連携（RCEP）協定」（URL：https://www.customs.go.jp/kyotsu/kokusai/news/rcep/rcep.pdf）12頁。

出額トップの中国を例にとれば、食品衛生の分野だけでも、食品安全法が食品全般の製造・加工・販売・貯蔵・運送・安全管理等に関する規制の骨格を定め、その下位の食品安全法実施条例が実施細則を定める。そのほかにも、輸入食品の安全管理を定める輸出入食品安全管理弁法をはじめ、多数の規制法令が関係する。加えて、輸入時には、検疫に関する出入管動植物検疫法およびその下位法令に基づく措置が問題となる。中央・地方政府による措置の中には、法令に根拠が直接示されていないものもある。

　海外への農林水産物・食品の輸出が輸入先国の法令や当局の措置に準拠することは大原則である。しかし、それらがそもそも国際的なルールや考え方に反しているのであれば、準拠する以前に、その法令や措置自体の妥当性を検証した上で、必要な対処を検討することも必要であろう。実務上、コンプライすべき制度や当局の対応に以下で紹介するような基本的な通商ルールに抵触するような不当な点はないか、目配りを意識することが重要となるであろう。

3　輸出時に気をつけたい通商ルール

　以下では、農林水産物・食品の輸出との関係で特に重要な通商ルールに焦点を当てて、その主な規律について紹介する。1994年の関税および貿易に関する一般協定（以下「GATT」という。）は、通商協定の束であるWTO協定の中でも農林水産物・食品を含む物品に適用される基本的かつ最も重要な国際ルールである[11]。

(1)　輸出入の数量制限の禁止
　ある品目の輸入そのものを禁止したり、輸入数量に上限を設けたりする行為は、輸入コストを上昇させる輸入関税の引き上げよりも、直接的な貿易制限効果がある。そこで、農林水産物・食品を含め、物品の輸出入を禁止した

---

11) EPAやFTAにおいては、WTOルールよりも自由な貿易を目指す方向のルールが定められることもあるが、基本的な枠組みはWTOルールが基準となっているため、以下ではWTOルールを中心に述べる。

り数量制限を行ったりする国や地域の行為は、原則として全て禁止されている（GATT11条１項）。

　この原則ルールにはいくつかの例外があり、GATT の原則ルール全体に対する例外と、本条に対する個別の例外がある。前者は追ってまとめて後述するが（⑷参照）、後者としては、たとえば、輸入国内の農業または漁業の生産制限措置の実施との関連で必要な農・水産品の輸入制限がある。

⑵　国際貿易に対する偽装した制限となる検疫措置や基準・認証制度

（ⅰ）　基準・認証制度

（a）　「基準」と「認証」

　「基準」とは、産品の品質や生産方法等に関する規格であり、「認証」とは、特定の産品がその基準に適合しているかについて判断する手続である（併せて、以下「基準・認証」という。）。基準・認証制度は、輸入国内の消費者保護、健康保護、環境保護、技術規格の統一、品質要求、情報提供等、様々な身近な目的のために幅広く採用されている。これは、輸入国の国産品だけでなく、輸入品にも等しく（時には、輸入品に限って）適用されるため、輸入国の基準・認証に適合しない産品の市場アクセスはブロックされる。もっとも、基準・認証は、人や動植物の生命・健康の保護や環境保全といった合法的目的を達成するためのものであるため、通商ルールに整合することも多い一方で、通商ルールに反する不当な措置の隠れ蓑として利用されることもある。農林水産物・食品分野では、食品へのラベリング（表示）規制、製品の生産方法（特定の農林畜産関係の生産方法や漁獲方法）の指定等の規制、添加物規制等が「基準」の典型的な例であり、多くの農林水産物・食品類に関わっている。

　この基準・認証制度については、WTO ルールの１つである貿易の技術的障害に関する協定（以下「TBT 協定」という。）が各国・地域が輸出入品に関して行ってはならない事項を定めている。TBT 協定は、基準を以下の２つの種類に分け、「強制規格」についてより強い規律を、「任意規格」についてはより国際調和に力点を置いた規律を、それぞれ規定している。また、認証について、「基準認証手続」を定義している。

［図表6‒5］通商ルールで規律されている「基準」と「認証」の種類

用語	意味
強制規格 （technical regulation）	産品の特性または生産工程・生産方法について規律する文書であって、その遵守が義務付けられているもの。たとえば、ラベリング（表示）規制、特定の生産方法の指定や禁止等。
任意規格 （standard）	その遵守が任意である規格。代表的な日本の任意規格に、JIS（日本産業規格）やJAS（日本農林規格）。国際レベルではISO（国際標準化機構）等。
基準認証手続 （conformity assessment procedures）	ある特定の産品（例：チーズ）が基準（＝強制規格または任意規格）に適合しているかどうかを判断する一連の手続。産品のサンプリング、試験・検査、適合性の評価・確認・保証手続、登録・認定・承認手続等を含む。

(b)　基準・認証制度についての通商ルール

　TBT協定は、これらについて、輸入品が輸入国で不当に取り扱われないようなルールを定めている。

　まず強制規格については、強制力があるゆえ農林水産物・食品を含むあらゆる輸出入品について最も影響が大きい類型であるが、TBT協定は、輸入品が公正に扱われることを実現するためのルールとして、特に重要な以下の2つのルールを定めている。

① **輸入品に対する強制規格の最恵国待遇と内国民待遇の確保**

　ⓐ　各国や地域は、強制規格の制定や運用にあたり、同種の輸入品に対して同等の待遇を与えなければならない（最恵国待遇）。また、同種の輸入品に対して国産品と同等の待遇を与えなければならない（内国民待遇）（TBT協定2.1条）。すなわち、たとえばある輸入国は、輸出国Aと輸出国Bの同種の産品同士を差別するような強制規格の制定や運用を行ってはならない。

　ⓑ　差別的かどうかは、ある日本からの輸入品の競争条件が、他国産品や国内産品との比較において不利になっているかどうかで判断される。

   ⓒ　ただし、解釈上、輸入品の不利な状況が、専ら規制上の正当な区別に
　　　起因しているといえる場合には、本条違反は認められない。これが偽
　　　装された輸入品の制限であるかどうかの判断ポイントとなる。

②　**強制規格が国際貿易に不必要な障害を与えないこと**

   ⓐ　強制規格は、正当な目的[12] の達成のために必要である以上に貿易制
　　　限的であってはならない（TBT 協定2.2条）。

   ⓑ　ある強制規格が「必要以上に貿易制限的かどうか」は、(i)強制規格が
　　　掲げる目的に貢献しているか、(ii)強制規格が輸入品にどれほどの悪影
　　　響を及ぼしているか、そして(iii)強制規格の目的が達成できないときの
　　　不利益（リスク）はどれほどか、という全体的なバランシングにより、
　　　決定される。

   ⓒ　上記の検討は、その強制規格に対する考え得る代替手段を仮定し、比
　　　較検討される。

　つぎに、任意規格については、WTO 加盟国が自国の標準化機関に対して
以下で述べるような規格についての規律（輸入品への最恵国待遇と内国民待遇、
および、国際貿易に不必要な障害を与えないこと）を守らせるための措置をと
ることを義務付けている。さらに、基準認証手続についても、手続において
無用な不便が特定の輸入品だけに生じないようにする規律等の細かいルール
が定められているが、核となる規律は上記と同じ2つの規律である。

　農林水産物・食品を海外に輸出する際には、現地の様々な安全基準や表示
義務等の法令や当局の指導を遵守して輸入・販売を行わなければならないが、
それらがこうした国際ルールにそもそも整合したものであるかを意識するこ
とにより、偽装された輸入制限であることが疑われる事情がある場合には、
通商ルールを根拠として当局に対して意見を申し入れることが解決のために
有用な場合がある。

---

12) ここでの「正当な目的」としては、たとえば、国家安全保障上の必要、詐欺的行為の防
　　止、人の健康・安全の保護、動植物の生命・健康の保護、および環境の保全を指すが、こ
　　れらに限られない（TBT 協定2.2条）。

(ⅱ)　検疫措置

(a)　検疫

　各国・地域は、領域内の人、動物、植物の健康保護や環境保護のために国境での検疫措置をとることができる。場合によっては、輸入国の要請に応じて病害虫等について輸出国側で実施される検査検疫もこれに含まれる。遺伝子組み換え食品やホルモン飼育牛肉等も、世界的には検疫措置の対象となっている。

　こうした検疫措置がある輸入をブロックする場合、上記のとおりGATT11条１項で一般的に禁止された輸入制限に該当するのが原則だが、WTO協定の１つである衛生植物検疫措置の適用に関する協定（以下「SPS協定」という。）のルールに沿った検疫措置については、GATT違反であっても正当化され許容される輸入制限だとみなされる。

　検疫措置は多くの場合には正当な輸入制限措置であるが、中には政治的な背景等により偽装された疑いのある輸入制限として輸出国の特定の農林水産物・食品産業に打撃を与える場合もある。

(b)　検疫措置についての通商ルール

　SPS協定は、各国・地域が必要な検疫措置をとることを権利として認める一方で、それが濫用されないためのルールを規定している。実務上も念頭においておくべき重要なルールには以下のようなものがある（SPS協定の２条、３条および５条の各項より抜粋）。

　検疫措置が、

①　人・動植物の生命健康等の保護のために必要な限度であること。

②　科学的な原則に基づいていること（ただし、予防原則に基づき、科学的根拠が不十分な場合でも、一定の条件のもとで、暫定的な検疫措置をとることができる。）。

③　国際基準に基づいていること（ただし、科学的に正当な理由がある場合には、国際基準よりも高い保護水準の検疫措置をとることもできる。）。

④　「同一または同様の条件」である限り、特定の国からの輸入品だけを、また、自国国産品を輸入品に対して、恣意的または不当に差別するもの

ではないこと。

　したがって、食品の人の健康への安全確保を一応の目的として掲げている輸入国側の措置であっても、上記のようなルールに反する輸出入に影響を与え得る何らかの措置は不当な非関税障壁である可能性があるため、注意が必要であり、場合によっては、こうした通商ルールを根拠として当局に対して意見を申し入れることが問題解決のために有用な場合がある。

(3)　差別的な内国措置の禁止

　農林水産物・食品が外国に輸出されていくとき、障害となり得るのは技術的な強制規格や健康保護のための検疫措置だけではない。輸入国内で課される内国税等の財政措置や、販売・流通規制等の非財政措置も、物流、ひいてはその国での円滑な販売の成否、さらには輸出される日本産品の競争力に直接影響する要因といえる。

　通商ルールは、こうした財政・非財政の措置について、ある国からの輸入品とそのほかの国からの輸入品との間での、また、輸入国の国産品と輸入品との間での、法的なおよび事実上の差別的な待遇を一般的に禁止するルールを定めている（GATT1条の最恵国待遇義務、同3条の内国民待遇義務）[13]。したがって、たとえば、ある輸入国が、当該国内で日本産品が適用を受ける流通規制に関して、輸入品のうち日本産品だけに事実上であっても強い規制を課したり、当該国の国産品には課されない特殊な規制を課して流通を阻害したりすることは、許されない場合がある。

(4)　原則ルールへの例外（正当化事由）

　以上が、農林水産物・食品の輸出の文脈でも特に重要と思われる通商ルールであるが、上記(1)で紹介した「輸出入の数量制限の禁止」および上記(3)で紹介した「差別的な内国措置の禁止」を含むGATTで定められている全ての義務的な原則ルールには、違反が正当化できる「例外」事由が特に定められている[14]。GATTの例外規定群には、以下の「一般的例外」と「安全保障

---

13) 差別待遇の有無は、「同種の産品」同士、すなわち、基本的には競合関係にある産品同士において、問題になる。

例外」の2種類が規定されている。

(i)　一般的例外

　一般的例外とは、一定の場合に、輸出入制限や追加関税等の本来はルール違反となる措置を例外的に認めるルールである。まず、全部で10項目の限定列挙された例外事由のいずれかの措置にあたることが必要となるが、農林水産物・食品の輸出入とも関わりがあり得る項目には、以下の4項目がある[15]。

　(a)　公徳の保護のために必要な措置

　(b)　人、動物または植物の生命または健康の保護のために必要な措置

　(e)　刑務所労働の産品に関する措置

　(g)　有限天然資源の保存に関する措置（ただし、この措置が国内の生産または消費に対する制限と関連して実施される場合に限る。）

　過去には、(a)については、アザラシの狩猟方法がEUの「公徳」に反すると認められたケースがある。(b)の「生命または健康の保護」は、上記(2)で紹介したSPS協定のルールに沿う措置を各国・地域がとることができるということを示している。(e)の「刑務所労働の産品」は、文字どおりでは狭くも見えるが、(a)の「公徳」と並んで、人権を守るための措置の正当化事由としても用いられる項目である。(g)の「有限天然資源」には、様々なものが入り得るが（本稿のスコープ外ではあるものの「清浄な大気」も含まれる。）、農林水産関連としては、たとえばマグロやウミガメが問題になったことがある。持続可能な水産資源の利用と輸出が望まれることになる。

　ある措置が上記のような項目にあたる場合で、かつ、その措置がある正当な目的に厳に合致して運用されている場合（つまり、措置が恣意的でも、不当な差別でも、偽装された貿易制限（保護主義的制限）でもない場合）には、その措置が例外的に正当化される。

(ii)　安全保障例外

---

14)　なお、一方で、上記(2)で紹介したTBT協定とSPS協定には、ここで述べるGATTの例外の直接適用はないので注意されたい。

15)　以下の(a)以下の符合は、GATT20条各号の号数に対応している。

　安全保障例外[16]) は、近時は、農林水産物・食品分野というよりは、経済安全保障の文脈において、主に鉱工業製品の輸出入との関係で問題になることが多い。ある措置が、限定列挙された 3 つの状況のいずれかに該当し、かつ、措置国が安全保障上の重大な利益の保護のために「必要であると認める」ことが例外の要件である。

　その 3 つの状況には、核物質関係と軍需品関係等の項目も挙げられているが、農林水産物・食品の輸出入にも関係し得る項目として、「戦時その他の国際関係の緊急時」にとられる措置がある。これはすなわち、「国際関係の緊急時」にあたるような情勢が発生しているときには、それに関わるある国は、最恵国待遇義務を無視してある別の国からの輸入品だけを差別的に輸入制限や流通規制することや、あるいはより強力に、当該国からの産品だけを輸入禁止とすることも、許容されることを意味する。日本が農林水産物・食品の輸入を依存している国がこの例外を理由にして輸出を制限する可能性は、日本の食料安全保障上の懸念となり、ビジネス上のリスクでもある。ちなみに、これまでの WTO での紛争解決における先例では、2014年当時のクリミア情勢が、当時のロシアにとっての「国際関係の緊急時」に該当するという判断がある。

4　輸出や外国市場での流通に影響する各国の措置の具体例

　以上みてきた日本の輸出トレンドや農林水産物・食品にも関わる主要な通商ルールの概要を念頭に置きながら、津々浦々各国・地域による多数の措置が問題になり得るため網羅することは難しいが、以下ではいくつかのカテゴリーごとに実際に問題となった、あるいは今後も注意すべき主要ないくつかの具体的事例を紹介する。

(1)　安全性等を名目とする輸入・流通規制
　2011年 3 月の福島第一原子力発電所事故に関連する日本産の水産物や農

---

16) 物品貿易に関しては、GATT21条に規定されている。

産物等に対する輸入制限や検査要求を実施する輸入国・地域数は、当初よりも減少しているものの、日本の主要な貿易相手国では依然として中国および韓国による措置が障害となっている。

中国は、2023年8月のALPS処理水海洋放出を契機として、食品安全の懸念に対処するためとして、日本産水産物の輸入を全面的に停止する措置を開始した。この措置について、日本政府は、SPS協定で必要とされている科学的原則に基づかない不当な輸入制限措置であるとの懸念があるとの立場で、解決のための協議や意見表明等を行っている[17]。ホタテの消費用および加工用の中国向け輸出が不可能になったことから生産者への影響は大きかったが、代替輸出先を確保する等の動きが促進された。

韓国は、事故直後から日本産水産物等に対する輸入規制を順次導入し、2013年9月には規制を強化した。8県産の水産物の輸入禁止措置のほか、輸入を禁止しない食品についても含有放射線の追加検査要求措置等を講じられている（2024年7月時点）。こうした措置について、日本政府は、日本産水産物を恣意的にまたは不当に差別するものであること、必要以上に貿易制限的であること、輸入規制に関する情報提供が不十分であること等により、SPS協定に違反するものだという立場で是正を求めている[18]。

(2)　包装・パッケージ規制

EUでは、包装・包装廃棄物規則案「PPWR：Packaging and Packaging Waste Regulation」が2024年3月に暫定合意され、同年12月に正式に採択された。この規則自体は、全材質の包装と、全発生源からの包装廃棄物をカバーしており、2025年2月に発効してから多くの規制は2030年から適用が開始される。本規則によれば、持続可能性のための要件を満たさない包装は、EU域内に輸入や域内での販売が禁止される。たとえば、包装の有害懸念物質の含有量は最小化しなければならず、一定濃度以上の鉛、カドミウム、水銀、六価クロムやPFASを含有してはならない。また、全ての包装は「リサイクル可能」でなければならない。そのほか、プラスチック包装のリサイクル原料

17）経済産業省「2024年版不公正貿易報告書」20頁。
18）経済産業省「2024年版不公正貿易報告書」152頁。

最低含有率等についての制限も設けられている。ただ、EU の他の法令に倣い細則は今後制定されていく実施規則による上、各義務規定は適用除外も含め複雑な規則となっている。流通する包装自体に対する規制以外にも、EU 域内の飲食店そのほかの事業者が使用してはならない包装形式に関する義務等も規定されている。

　本規制の影響を受ける企業としては、リサイクルが難しく日本製品に使用されている高機能多重包装等の取扱いがどうなるか等、外国産品にとって差別的あるいは必要以上に貿易制限的な措置とならないかについても今後留意しながら（たとえば、日本酒の瓶が当初規則案では輸入禁止対象になっていた。）、EU 向けの食品を輸出・製造・販売している企業としては、コンプライアンスだけではなく、その前提としてそもそものルール自体が正当かという点、ひいては包装についての新たな事業機会につながる可能性等、事業活動の様々な点に影響を及ぼし得る重要な規則といえるであろう。

(3)　人権侵害関連の措置

　米国は、1930年関税法307条に基づき、強制労働により製造された物品の輸入を禁止することが従来から可能であった。しかし、2022年 6 月から施行されたウイグル強制労働防止法（UFLPA：Uyghur Forced Labor Prevention Act）は、新疆ウイグル自治区で全部または一部が採掘、生産または製造された物品、および、同法が定めるいわゆるエンティティーリストに掲載されている企業により製造された物品に対して、強制労働に依拠しているとの「反証可能な推定」を及ぼす。製造過程に強制労働が一切介在していないことを反証することの実務上のハードルは非常に高いため、米国国境での差し押さえが発生した場合には、そもそも UFLPA が適用される要件が満たされないことを反証することが有効である。具体的には、新疆ウイグル自治区以外から原料を調達し、原料混在もなく、エンティティーリスト企業とも関係がないことを、サプライチェーンを追跡して示すことが求められる。

　米国は、UFLPA の執行戦略における重点項目に、食品としては、2022年にトマト、2024年に水産物を加え、輸入差止と禁止に注力していることから、対米輸出関連では、注意が必要である。

一方、EU でも、強制労働により生産された製品の EU 域内での流通およ
び EU 域外への輸出を禁止する規則案が2024年 4 月に承認される等、規制が
強化されている。

米国または EU 向けの輸出については、日本産か外国産かを問わず、こう
した人権関係の通商措置の動向の注視とコンプライアンスが今後とも益々重
要となるであろう。

コラム⑲〈企業による外国の通商関連措置の問題への対応〉

　本文で紹介したいくつかの国際的なルールは、商品を輸出する相手国の制
度・法令やその当局の運用がそもそもおかしい場合に、最も力を発揮できる 1
つのツールであるといえる。そのような場合が頻発するわけではないかもしれ
ないが、そのようなツールがあることを日頃から意識しておかなければ、輸出
先国の制度・法令や運用の問題点に気付くことなく厳格な規制を甘受せざるを
得なかったり、実は不当なあるいは不透明な当局の指示にただ従うことにもな
りかねない。

　関連する通商措置の妥当性に疑念があり、そのまま受け入れることが難しい
場合の対応ルートは、①外国政府や当局に当事者として直接意見を申し入れる、
パブリックコメントをする、ロビイングを行うというルートと、②日本政府を
通じて外国政府や当局への意見申し入れや働きかけ等を行うルートがある。後
者の場合、事案ごとに関連する産業を所管する農林水産省や経済産業省の担当
部署が一次的な窓口になることが多いが、その先は、直接本省から相手国の在
京公館や本国に所在する担当官庁に意見を申し入れる方法のほか、日本政府の
在外公館を通じて相手国の［首都］に申し入れる方法、または WTO の関係
する委員会の場で問題を提起する等の国際機関の場を通じた働きかけや協議・
紛争解決を行う場合もある。

　いずれの場合も、まずは、国際ルールに照らしてどういう問題があるのかを
正確かつ具体的に把握することが重要なため、専門家に簡単に分析を依頼する
ことも一案であろう。外国当局に対して弁明や意見申し入れをする場合にも、
国際条約のしっかりとした根拠に基づいて行うだけでも、相手国の受け取り方
が異なり、スムーズに事が進むことも少なくない。米欧、中国、アジア各国等、
地域にかかわらず、個別企業ではタイムリーで的確な対応に苦慮するケースで

あっても、法律事務所等の代理人が依頼者に代わって弁明や意見申し入れを行うことも少なくない。

事項索引

さ行

な行

ら行

◇執筆者略歴

笠原　康弘（かさはら　やすひろ）
第1章Ⅰ・Ⅳ、第2章、第4章Ⅰ・Ⅱ、第6章Ⅰ・Ⅱ担当
主な業務分野は、M&A／企業再編、プライベートエクイティ・ベンチャーキャピタル、一般企業法務。米国およびブラジルにおける勤務経験を活かし、国際案件も幅広く取り扱っている。2005年東京大学法学部卒業。2006年弁護士登録。2006年〜現在、長島・大野・常松法律事務所勤務。2012年 Columbia Law School にて LL.M. 取得。2012年〜2014年長島・大野・常松法律事務所事務所ニューヨーク・オフィス（Nagashima Ohno & Tsunematsu NY LLP）に勤務し、2014年 Machado Meyer Sendacz Opice Advogados(São Paulo) に勤務。また、2016年から2018年まで東京大学法学部 非常勤講師（民法）。2019年から2022年まで東京大学法科大学院みなし専任実務家教員。

伊藤　伸明（いとう　のぶあき）
第4章Ⅲ担当
M&A における国内外の競争当局への企業結合審査対応、カルテル等の独占禁止法違反被疑事件、下請法違反被疑事件など、独占禁止法、下請法に関する案件を中心に取り扱う。2006年早稲田大学政治経済学部卒業。2009年名古屋大学法科大学院修了。2010年弁護士登録。2010年〜現在、長島・大野・常松法律事務所勤務。2016年 Columbia Law School 卒業（LL.M.）。2016年 〜2017年、2019年 Ashurst（London）勤務。2017年〜2019年公正取引委員会事務総局経済取引局企業結合課勤務。

宮城　栄司（みやぎ　えいじ）
序章、第1章Ⅲ、第3章、第5章Ⅰ・Ⅱ・Ⅴ、第6章Ⅰ・Ⅱ・Ⅲ担当
資源・エネルギー、インフラ、不動産ファイナンス、プロジェクトファイナンス、J-REIT および私募ファンドの組成・運営等を含むインフラ・不動産取引全般、一般企業法務を取り扱う。近時は、テクノロジー、カーボンニュートラル、農林水産分野等に積極的に取り組む。2007年大阪大学法学部卒業。2009年京都大学法科大学院修了。2010年弁護士登録。2010年〜現在、長島・大野・常松法律事務所勤務。2015年〜2017年国土交通省勤務。2018年 University of Southern California Gould School of Law 卒業（LL.M.）。2023年〜慶應義塾大学大学院法務研究科非常勤講師。

宮下　優一（みやした　ゆういち）
序章、第3章、第6章Ⅰ・Ⅱ担当
キャピタルマーケット分野を中心に取り扱い、IPO・公募増資、サステナブルファイナンス、サステナビリティ情報開示等の豊富な経験を有する。2007年大阪大学法学部卒業。2009年京都大学法科大学院修了。2010年弁護士登録。2010年～現在、長島・大野・常松法律事務所勤務。2016年 University of California, Los Angeles, School of Law 卒業（LL.M., specializing in Business Law - Securities Regulation Track）。2016年 Thompson Hine LLP（New York）勤務。2016年～2017年 SMBC 日興証券株式会社資本市場本部エクイティ・キャピタル・マーケット部勤務。

渡邉　啓久（わたなべ　よしひさ）
序章、第1章Ⅰ・Ⅱ、第3章、第5章Ⅳ担当
資源・エネルギー、建設・インフラストラクチャー、プロジェクトファイナンス、証券化・ストラクチャードファイナンス、J-REIT、海外不動産投資その他不動産取引全般、農林水産分野、気候変動問題、海洋資源保護や生物多様性保護等のカーボンニュートラル・サステナビリティ分野に関する法務を主に取り扱う。2007年慶應義塾大学法学部政治学科卒業、2009年慶應義塾大学大学院法務研究科修了。2010年弁護士登録。2010年～現在、長島・大野・常松法律事務所勤務。2016年 University of San Diego School of Law にて LL.M. を取得。2016年～2017年 Slaughter and May ロンドンオフィスにて勤務。2023年～慶應義塾大学大学院法務研究科非常勤講師。

鳥巣　正憲（とす　まさのり）
第1章Ⅳ、第4章Ⅱ、第5章Ⅲ担当
厚生労働省での勤務経験を活かし、ライフサイエンス・ヘルスケア分野を中心に、国内外の M&A、ライセンス、共同研究開発等の各種企業取引および規制・官公庁対応等において、幅広くリーガルサービスを提供している。2007年東京大学法学部卒業。2010年早稲田大学大学院法務研究科修了。2011年弁護士登録。2011年～現在、長島・大野・常松法律事務所勤務。2017年 Duke University School of Law 卒業（LL.M.）。2017年～2018年 Steptoe & Johnson LLP（Washington, D.C.）勤務。2019年～2021年厚生労働省大臣官房勤務。

岡　竜司（おか　りゅうじ）
第3章、第5章Ⅴ担当
買収ファイナンス、事業再生ファイナンスを中心としたファイナンス取引、再エネプロジェクトを含むエネルギー関連案件、金融レギュレーションその他企業法務について幅広く取り扱っている。2011年京都大学法学部卒業。2013年京都大学法科大学院修了。2014年弁護士登録。2014年～現在、長島・大野・常松法律事務

所勤務。2020年 Duke University School of Law にて LL.M. を取得。2021年 Fasken Martineau DuMoulin LLP（Toronto）にて勤務。

近藤　亮作（こんどう　りょうさく）
第6章Ⅳ担当

国際通商実務（各国通商関連措置、アンチ・ダンピング等の貿易救済事案、サプライチェーン、人権、環境保護・気候変動ほか）、紛争処理、コンプライアンス、コーポレート業務、労務問題等を幅広く取り扱っている。2004年早稲田大学法学部卒業。2007年一橋大学法科大学院修了。2008年弁護士登録。2014年 University of Illinois College of Law 修了。2017年〜2020年外務省経済局国際貿易課国際経済紛争処理室勤務。2020年〜2022年在ジュネーブ国際機関日本政府代表部一等書記官。2022年〜現在、長島・大野・常松法律事務所勤務。

羽鳥　貴広（はとり　たかひろ）
第5章Ⅰ・Ⅱ、第6章Ⅰ・Ⅱ・Ⅲ担当

特許、営業秘密、商標等の知的財産に関する紛争・交渉・取引や国内外の紛争関連案件を中心に企業法務に関するアドバイスを提供している。2011年東京大学法学部卒業。2013年早稲田大学大学院法務研究科修了。2014年弁護士登録。2014年〜現在、長島・大野・常松法律事務所勤務。2020年 Munich Intellectual Property Law Center にて LL.M. を取得。2020〜2021年 Gleiss Lutz（Munich）に勤務。

田澤　拓海（たざわ　たくみ）
第1章Ⅱ、第2章、第5章Ⅳ担当

M&A／企業再編、ベトナム法務、不動産取引、上場リート、一般企業法務を中心に、国内および国外の企業法務全般についてリーガルサービスを提供している。2018年東京大学法学部卒業。2020年弁護士登録。2020年〜現在、長島・大野・常松法律事務所勤務。

松田　悠（まつだ　はるか）
第1章Ⅰ、第3章、第5章Ⅳ担当

不動産証券化、不動産ファイナンス、J-REIT を中心とした不動産取引一般、再エネプロジェクトを含むエネルギー関連案件、プロジェクトファイナンス、中国法務その他国内および国外の企業法務全般について幅広く取り扱っている。2018年東京大学法学部卒業。2020年東京大学法科大学院修了。2020年弁護士登録。2020年〜現在、長島・大野・常松法律事務所勤務。

執筆者略歴

灘本　宥也（なだもと　ひろや）
第5章Ⅰ・Ⅱ担当
M&A・コーポレートや個人情報・データプロテクション、フードテックを含むテクノロジー関連法務を中心として、企業法務全般に関するアドバイスを提供している。2021年東京大学法学部卒業。2022年弁護士登録。2022年〜現在、長島・大野・常松法律事務所勤務。

三浦　雅哉（みうら　まさや）
第1章Ⅰ、第4章Ⅰ担当
訴訟・紛争解決、人事労務分野を中心に取り扱うほか、学生時代に地元の農家や有害鳥獣駆除に取り組む人々と関わってきた経験から農林水産法務の分野にも積極的に取り組む。2021年慶應義塾大学卒業。2022年〜現在、長島・大野・常松法律事務所勤務。

水野　奨健（みずの　しょうけん）
第1章Ⅲ、第4章Ⅲ、第5章Ⅳ担当
M&A・コーポレート分野を中心に国内および国外の企業法務全般についてリーガルサービスを提供している。農林水産分野や宇宙分野に関連する法律問題にも取り組んでいる。2018年東京大学法学部卒業。2020年東京大学法科大学院修了。2022年〜現在、長島・大野・常松法律事務所勤務。

〈執筆協力〉
福原　あゆみ（ふくはら　あゆみ）
第4章Ⅰ執筆協力
法務省・検察庁での経験をバックグラウンドとして、企業の危機管理・争訟を主たる業務分野としており、人権デュー・ディリジェンスの取組みやサプライチェーンにおける人権対応など、人権コンプライアンス（ビジネスと人権）の案件にも多数携わっている。2006年京都大学法学部卒業。2007年検事任官。2011年University of Michigan Law School 卒業（LL.M.）。2016年〜現在、長島・大野・常松法律事務所勤務。経済産業省「サプライチェーンにおける人権尊重のためのガイドライン検討会」委員（2022年）。

農林水産・食品ビジネス法務
——投資・融資におけるポイント解説

2025年4月10日　初版第1刷発行

編　　　者　　長島・大野・常松法律事務所
　　　　　　　農林水産・食品プラクティスチーム

編著者　　　笠原康弘　　宮城栄司
　　　　　　　宮下優一　　渡邉啓久
　　　　　　　鳥巣正憲　　岡　竜司

発行者　　　石川雅規

発行所　　　鸞商事法務
　　　　　　　〒103-0027 東京都中央区日本橋3-6-2
　　　　　　　TEL 03-6262-6756・FAX 03-6262-6804〔営業〕
　　　　　　　TEL 03-6262-6769〔編集〕
　　　　　　　https://www.shojihomu.co.jp/

落丁・乱丁本はお取り替えいたします。　印刷／そうめいコミュニケーションプリンティング
©2025 長島・大野・常松法律事務所　　　　　　　Printed in Japan
　　　農林水産・食品プラクティスチーム
　　　　　　　Shojihomu Co., Ltd.
　　　ISBN978-4-7857-3152-6
　　　＊定価はカバーに表示してあります。

JCOPY ＜出版者著作権管理機構 委託出版物＞
本書の無断複製は著作権法上での例外を除き禁じられています。
複製される場合は、そのつど事前に、出版者著作権管理機構
(電話03-5244-5088、FAX 03-5244-5089、e-mail: info@jcopy.or.jp)
の許諾を得てください。